科学出版社“十三五”普通高等教育本科规划教材

固体物理学

（专题篇）

（第三版）

陈长乐　编著

科学出版社

北　京

内 容 简 介

《固体物理学》全书分为基础篇和专题篇，以简明的方式，系统地介绍了固体物理学的基础理论及若干专题，物理图像清晰，论述深入浅出，取材新颖. 本书是专题篇，共7章，介绍近几十年来固体物理学的前沿进展，内容包括半导体、固体的介电性与铁电性、固体磁性、超导电性、固体中的电子关联、非晶态固体与无序体系、介观体系与纳米固体.

本书可作为普通高等院校高年级本科生和硕士研究生的教材，也可供相关人员参考使用.

图书在版编目(CIP)数据

固体物理学. 专题篇 / 陈长乐编著. -- 3版. 北京 ：科学出版社，2024. 10.
(科学出版社"十三五"普通高等教育本科规划教材). -- ISBN 978-7-03-079440-6

Ⅰ. O48

中国国家版本馆CIP数据核字第20247LS991号

责任编辑：窦京涛 / 责任校对：杨聪敏
责任印制：师艳茹 / 封面设计：无极书装

科学出版社 出版
北京东黄城根北街16号
邮政编码：100717
http://www.sciencep.com

北京市金木堂数码科技有限公司印刷
科学出版社发行 各地新华书店经销

*

1998年9月西北工业大学出版社第一版
2007年 2 月第 二 版 开本：720×1000 1/16
2024年 10 月第 三 版 印张：13 3/4
2025年 1 月第十九次印刷 字数：277 000

定价：49.00元

(如有印装质量问题，我社负责调换)

前　言

从1987年起，作者在西北工业大学为应用物理系、材料学院的本科生和研究生开设“固体物理学”课程，本书是根据作者的课程讲义，经过教学实践，多次修改、补充而成的，并于1998年由西北工业大学出版社出版第一版，2007年由科学出版社出版第二版，多年来受到同行老师和学生的厚爱，多次重印.

近年来，固体物理学科的研究工作取得了突飞猛进的发展，新现象、新概念和新技术层出不穷，研究领域不断扩大，人们对其认识也在不断深化，因而在教学中必须不断地更新内容，吸收最新研究成果，以扩大学生视野，使之尽早了解、接触学科前沿. 为了满足固体物理学日新月异发展对教学提出的要求，作者对原书内容和安排进行了较大的补充和改动，并由科学出版社再版. 为适应教学的需要，分为基础篇和专题篇.

基础篇讲述固体物理学的基础内容，包括晶体结构、晶体结合、晶格振动与晶体的热学性质、能带理论、金属电子论和晶体的缺陷与相图，其内容可在60学时左右讲授完毕；专题篇概述了几个专题以及反映现代固体物理学发展前沿的新领域，包括半导体、固体的介电性与铁电性、固体磁性、超导电性、固体中的电子关联、非晶态固体与无序体系、介观体系与纳米固体，可供高年级本科生和硕士研究生进一步学习现代固体物理学选用.

本书力求深入浅出，以简明的方式，完整、准确地讲解固体物理学的基本概念、基本规律和基本方法. 对繁杂的研究对象和内容进行系统化讲述，帮助学生尽快掌握课程体系和理论框架，降低教学难度.

本书的出版得到科学出版社、西北工业大学物理科学与技术学院和西北工业大学教材科的大力支持. 西北工业大学应用物理学专业历届学生在使用过程中对本教材印刷错误和疏漏提出更正. 西北工业大学物理科学与技术学院“凝聚态结构与性质”陕西省重点实验室的博士和硕士研究生在书稿校正、插图绘制等方面作了大量工作，西安交通大学李普选高级工程师绘制、修正了部分插图，作者在此一并表示衷心感谢. 本书难免存在不妥之处，恳切希望读者批评指正.

作　者

2023年5月

目　　录

第 1 章　半　导　体

在所有固体材料中,半导体是最令人感兴趣的,因而也是被人们最广泛研究的材料之一. 它已经成为电子、信息等产业和技术领域无可替代的物质基础. 今天,半导体材料以及以半导体制造的器件仍在不断地发展.

半导体的导电性能介于金属和绝缘体之间. 在热力学温度零度下,它不导电;在室温下,它的电阻率约为 $10^{-4} \sim 10^{-7}\,\Omega \cdot m$,至少比金属的电阻率大 10^3 倍,而至少比绝缘体的电阻率小 10^7 数量级. 半导体的性质密切依赖于温度、杂质、光照、压力等多种因素,这些因素的影响无不与半导体的电子运动有关. 本章在能带理论的基础上介绍半导体电子论中具有普遍意义的基本内容.

1.1　半导体晶体结构

半导体包含了物理性质和化学性质不同的很多材料,根据材料的结合性质,可分为以下几类.

1. Ⅳ 族半导体

这是最常用最重要的半导体,如 Si、Ge 和 α-Sn(灰锡)等. 它们都位于周期表的第 4 列,是典型的共价晶体. 每个原子与其周围的 4 个原子形成满壳层结构,成键的价电子处在 $2s^2 2p^2$ 的杂化轨道上,如图 1.1.1 所示. Ⅳ族半导体都具有金刚石结构,由两个相同的原子组成一个基元,基元代表点构成面心立方格子.

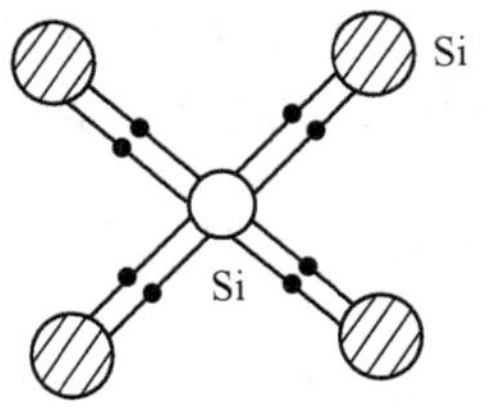

图 1.1.1　硅中的正四面体键
小黑点表示形成共价键的电子

2. Ⅲ-Ⅴ族化合物半导体

此类半导体的典型代表是 GaAs、InSb、GaP 等,化合物中的元素分别处于周期表的第 3 列和第 5 列. Ⅲ-Ⅴ族化合物以共价键和离子键的混合键结合;它既具有共价键的方向性的特点,又具有离子键具有极性的特点,称为有极键. 其正四面体键如图 1.1.2 所示,与图 1.1.1 的差别是电子分布偏向于负电性较高的原子,如 GaAs 中的 As 原子. Ⅲ-Ⅴ类化合物都为闪锌矿结构.

Ⅲ-Ⅴ族化合物的极性特征,使其晶格在外电场的作用下可以发生极化. 即在

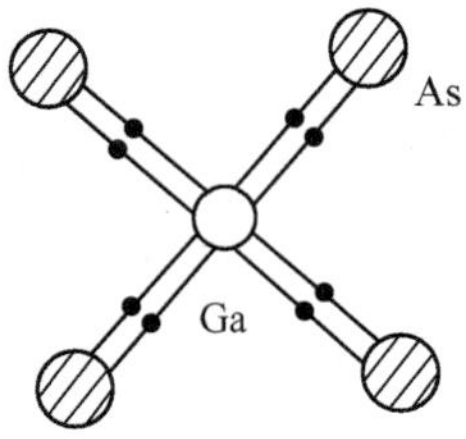

图 1.1.2　GaAs 的正四面体键

这类材料中离子位移对介电常量有贡献，它表现在光学声子与光子的相互作用，导致在红外波段出现强的色散.

3. Ⅱ-Ⅵ族化合物半导体

CdS 和 ZnS 是此类半导体的典型代表. 大部分此类化合物也是闪锌矿结构，也是具有极性的共价键结合. 但结合键的离子性成分更大，从而材料的极性特征较Ⅲ-Ⅴ族化合物更强.

1.2　半导体的能带结构

如果把电子占满的能量最高的能带称为价带，而把能量最低的空能带称为导带，那么半导体与绝缘体的差别仅在于价带与导带之间的能隙较小. 在一般温度下，价带上的少量电子在热激发下跃迁到空带，使导带底部带有少量电子，而价带顶部带有少量空穴，结果使两个能带都成为部分填充的，从而具有一定的导电性. 我们称这些能对电流有贡献的电子和空穴为载流子. 显然，这些载流子的运动，取决于半导体的能带结构.

由于在半导体中导电涉及的仅是导带底部的电子与价带顶部的空穴，这两个能带其他部分的电子和其他能带的电子不参与导电，因此研究半导体的能带结构主要是研究价带顶边、导带底边的结构以及两带之间的能隙. 在能带的带顶和带底，电子运动可看成是具有有效质量 m_e^* 的自由电子运动. 因此，对满带顶部，如果带顶极值能量是 $E_V(k_0^V)$，则满带顶部的能量 $E_V(k)$ 为

$$E_V(k) = E_V(k_0^V) - \frac{\hbar^2}{2}\left[\frac{(k_x - k_{0x}^V)^2}{m_{hx}^*} + \frac{(k_y - k_{0y}^V)^2}{m_{hy}^*} + \frac{(k_z - k_{0z}^V)^2}{m_{hz}^*}\right] \tag{1.2.1}$$

式中，m_h^* 为空穴的有效质量，它与电子有效质量的关系为 $m_h^* = -m_e^*$. 对价带底部，如果带顶极值能量是 $E_V(k_0^C)$，同样有

$$E_C(k) = E_C(k_0^C) + \frac{\hbar^2}{2}\left[\frac{(k_x - k_{0x}^C)^2}{m_{ex}^*} + \frac{(k_y - k_{0y}^C)^2}{m_{ey}^*} + \frac{(k_z - k_{0z}^C)^2}{m_{ez}^*}\right] \tag{1.2.2}$$

由式(1.2.1)及式(1.2.2)所示的能谱，其等能面在 K 空间为椭球面. 为简单计，下面仅讨论一种最简单的情形：等能面为球面，也就是 m^* 是标量的情形. 此时，式(1.2.1)与式(1.2.2)分别为

$$E_V(k) = E_V(k_0^V) - \frac{\hbar^2 (k - k_0^V)^2}{2m_h^*} \tag{1.2.3}$$

$$E_C(k) = E_C(k_0^C) + \frac{\hbar^2 (k - k_0^C)^2}{2m_e^*} \tag{1.2.4}$$

对大部分具有立方晶系的半导体,这是一个有效的模型.从以上讨论可以看到,半导体能带结构的主要参量是电子、空穴的有效质量和满带与导带之间的能隙 $E_g=E_C(k_0^C)-E_V(k_0^V)$.下面对这两个参量予以分别讨论.

1. 能隙

能隙的宽度是导带底边与价带顶边的能量之差,$E_g=E_C(k_0^C)-E_V(k_0^V)$,是影响半导体性质的基本参量,可由半导体的本征吸收等现象的实验测定.在研究和测定能隙时,有以下两种情况必须区别:

若导带底边和价带顶边位于 k 空间中的同一点,即 $k_0^V=k_0^C$ 时,称这种情况下的带隙为**直接带隙**;否则,则称之为**间接带隙**.两种带隙分别如图 1.2.1(a)、(b)所示.半导体也因它们的带隙不同而分为直接带隙半导体和间接带隙半导体.它们在光吸收、发光、输运等现象上有明显的区别.对图 1.2.1(a)所示的直接带隙,导带的最低点和价带的最高点出现于同一个 k 值处,直接光跃迁是垂直的,k 没有显著的变化,因为吸收的光子具有很小的波矢.直接跃迁吸收阈频率 ω_g 确定能隙$E_g=\hbar\omega_g$.对图 1.2.1(b)所示的间接跃迁涉及光子和声子.因为导带边和价带边在 K 空间中远离,间接过程的阈能比真正的能带隙大.两个带边之间的间接跃迁的吸收阈相应于 $\hbar\omega=E_g+\hbar\omega_q$,此处 ω_q 是波矢大小为 $q\approx -k_0^C$ 的发射声子的频率.这是因为在较高的温度下声子已经存在;如果声子和光子一起被吸收,则阈能为 $\hbar\omega=E_g-\hbar\omega_q$.注意,这个图仅仅表示阈跃迁.一般说来,两个能带中凡是能够保持波矢和能量守恒的点之间几乎都能发生跃迁.

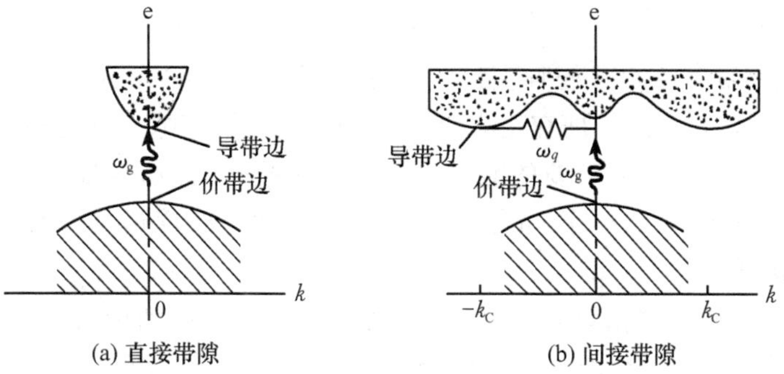

图 1.2.1 直接带隙和间接带隙

光的本征吸收和发射是测定能隙常用的方法.价带顶部 K_V 态的电子吸收一个光子 $\hbar\omega$ 跃迁到导带底部的 k_C 态时,满足能量方程

$$\hbar\omega \geqslant E_g \quad \text{或者} \quad \frac{2\pi\hbar c}{\lambda} \geqslant E_g \tag{1.2.5}$$

式中，ω、λ 是光子的圆频率和波长. 式(1.2.5)中的等号确定了一个临界波长

$$\lambda_0 = \frac{2\pi\hbar c}{E_g}$$

称为**本征吸收边**，它的大小由能隙 E_g 所决定. 电子不能吸收波长大于 λ_0 的光波而发生跃迁. 对带边跃迁，式(1.2.5)可近似写成

$$\hbar\omega \approx E_g \tag{1.2.6}$$

同时，本征吸收还必须满足准动量守恒

$$\hbar\boldsymbol{k}_0^{\mathrm{C}} - \hbar\boldsymbol{k}_0^{\mathrm{V}} = \hbar\boldsymbol{k}_{光子} \tag{1.2.7}$$

一般情况下，本征吸收光子的波矢 $k_{光子} = 2\pi/\lambda_0 = \omega_0/c = E_g/(\hbar c) \approx 10^6\,\mathrm{m}^{-1}$，而布里渊区的线度 $2\pi/a$ 约为 $10^{10}\,\mathrm{m}^{-1}$ 的数量级，与靠近布里渊界面的电子波矢 k_0^{C}、k_0^{V} 比较，可认为 $k_{光子} \approx 0$. 因此，对直接带隙和间接带隙，本征吸收的机制不尽相同.

对直接带隙，$k_0^{\mathrm{C}} = k_0^{\mathrm{V}}$，动量守恒方程(1.2.7)成立. 这表明跃迁前后电子的波矢不变. 这种跃迁称为竖直跃迁.

对间接带隙，因为 $k_0^{\mathrm{C}} \neq k_0^{\mathrm{V}}$，为使得本征吸收能够进行，必须伴随吸收或发射一个声子，即满足

$$E_g = \hbar\omega_{光子} + \hbar\omega_{声子} \approx \hbar\omega_{光子} \tag{1.2.8}$$

及

$$\hbar k_0^{\mathrm{C}} - \hbar k_0^{\mathrm{V}} = \hbar k_{光子} + \hbar q_{声子} \approx \hbar q_{声子} \tag{1.2.9}$$

由于声子能量 $\hbar\omega_q \approx k_{\mathrm{B}}\Theta_{\mathrm{D}}$(德拜温度)，一般最高为 eV 的几百分之一，它远小于 $\hbar\omega_{光子}$，在式(1.2.8)中已经把它略去. 也就是说，在间接带隙的跃迁(称之为非竖直跃迁)过程中，电子跃迁所需要的能量主要由光子提供，而所需要的准动量主要由声子提供. 由于这是一个电子、光子和声子之间的两级碰撞过程，所以其跃迁概率远小于竖直跃迁.

与上述的本征吸收相对应的逆过程，是导带电子跃迁到价带空能级而发射光子. 这称为电子空穴复合发光. 一般情况下，电子集中在导带底边，空穴集中在价带顶边，因此发射光子的能量基本上等于能隙宽度. 因此，可用测定发射光子波长来测定能隙 E_g. 表 1.2.1 给出了常用半导体的能隙值. 由于与上述光吸收同样的原因，直接带隙半导体的这种发光概率远大于间接带隙半导体. 因此，制作半导体电子-空穴复合发光器件时，一般都选用直接带隙半导体.

表 1.2.1 价带和导带之间的能隙

晶体	带隙*	E_g/eV		晶体	带隙	E_g/eV	
		0K	300K			0K	300K
金刚石	i	5.4		HgTe**	d	−0.30	
Si	i	1.17	1.14	PbS	d	0.286	0.34
Ge	i	0.744	0.67	PbSe	d	0.165	0.27
Sn	d	0.00	0.00	PbTe	d	0.190	0.30
InSb	d	0.24	0.18	CdS	d	2.582	2.42
InAs	d	0.43	0.35	CdSe	d	1.840	1.74
InP	d	1.42	1.35	CdTe	d	1.607	1.45
GaP	i	2.32	2.26	ZnO		3.436	3.2
GaAs	d	1.52	1.43	ZnS		3.91	3.6
GaSb	d	0.81	0.78	SnTe	d	0.3	0.18
AlSb	i	1.65	1.52	AgCl			3.2
SiC		3.0		AgI			2.8
Te	d	0.33		CuO		2.172	
ZnSb		0.56	0.56	TiO		3.03	

* i 为间接能隙,d 为直接能隙.

** HgTe 是半金属,能带交叠.

2. 带边有效质量与回旋共振

半导体能带结构的另一个基本参量是价带顶边空穴和导带底边电子的有效质量,这可由式(1.2.1)与式(1.2.2)明显看出. 与能隙一样,带边有效质量也可由实验测定. 常用的方法是利用回旋共振现象设计的方法来测定的.

为了说明回旋共振现象,先讨论布洛赫电子在恒定外磁场中的运动. 为简单计,只考虑一种载流子,如电子在磁场中的运动方程是

$$\hbar\frac{\mathrm{d}\boldsymbol{k}}{\mathrm{d}t}=-e\boldsymbol{v}\times\boldsymbol{B} \tag{1.2.10}$$

式中,$\boldsymbol{B}$ 是外磁场,$\boldsymbol{v}$ 是电子速度,$\boldsymbol{v}=\frac{1}{\hbar}\nabla_k E(\boldsymbol{k})$,按照式(1.2.10),$\boldsymbol{k}$ 在 δt 时间间隔内的改变量 $\delta\boldsymbol{k}$ 由下式给出,有

$$\delta\boldsymbol{k}=-\frac{e}{\hbar}[\boldsymbol{v}(\boldsymbol{k})\times\boldsymbol{B}]\delta t \tag{1.2.11}$$

上式表明电子在 K 空间运动,其位移 $\delta\boldsymbol{k}$ 垂直于 $\boldsymbol{v}$ 和 $\boldsymbol{B}$ 所确定的平面,即 $\delta\boldsymbol{k}\perp\boldsymbol{B}$ 及 $\delta\boldsymbol{k}\perp\boldsymbol{v}$. 由 $\delta\boldsymbol{k}\perp\boldsymbol{B}$ 可知,电子的轨道处于与磁场垂直的平面内. 由于

$$\frac{\mathrm{d}E(\boldsymbol{k})}{\mathrm{d}t}=\nabla_k E(\boldsymbol{k})\cdot\frac{\mathrm{d}\boldsymbol{k}}{\mathrm{d}t}=\hbar\boldsymbol{v}(k)\cdot\frac{1}{\hbar}(-e\boldsymbol{v}\times\boldsymbol{B})=-e\boldsymbol{v}\cdot(\boldsymbol{v}\times\boldsymbol{B})=0 \tag{1.2.12}$$

说明磁场的作用不改变电子的能量,却可使电子在等能面上运动.

若取 $\boldsymbol{B}$ 的方向为 z 轴方向,$\delta\boldsymbol{k}\perp\boldsymbol{B}$ 可表示为 $\delta\boldsymbol{k}\perp B\boldsymbol{k}$,即 $\delta k_z=0$,k 在 z 方向保

持常量 k_z＝常量. 所以 k_z＝常量的平面与等能面的交线，就是电子在 k 空间的运动轨道，轨道平面垂直于磁场，如图 1.2.2 所示.

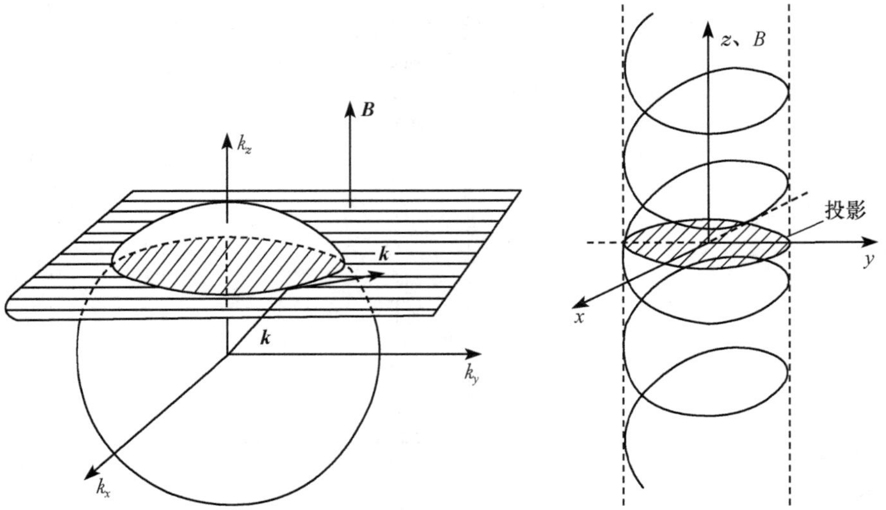

(a) 在磁场作用下自由电子在 k 空间运动的轨迹　　(b) 在磁场作用下电子在实空间运动的轨迹

图 1.2.2　磁切作用下电子的运动轨迹

下面，我们计算电子在闭合轨道上的回旋频率. 设 $\boldsymbol{v}$ 与 $\boldsymbol{B}$ 之间的夹角为 θ，用 $v_\perp$ 表示 $\boldsymbol{v}$ 垂直于 $\boldsymbol{B}$ 分量. 式(1.2.11)可写成

$$\delta k = -\frac{e}{\hbar} v \sin\theta B \,\mathrm{d}t = -\frac{e}{\hbar} v_\perp B \,\delta t = \frac{e}{\hbar}\frac{1}{\hbar}\nabla_k E(k)_\perp B \,\delta t \qquad (1.2.13)$$

式中，$\nabla_k E(k)_\perp$ 表示 E 的梯度在轨道平面上的投影. 这样，回旋时间也就是运动周期为

$$T = \oint \frac{\delta k}{\dot{k}} = \oint \frac{\delta k}{\left(\dfrac{\mathrm{d}k}{\mathrm{d}t}\right)_\perp} = \frac{\hbar^2}{eB}\oint \frac{\delta k}{(\nabla_k E)_\perp} \qquad (1.2.14)$$

式中已用到由式(1.2.13)得到的 $(\mathrm{d}k/\mathrm{d}t)_\perp = +(eB/\hbar^2)(\nabla_k E)_\perp$. 回路积分号表示这个积分要在 K 空间循环一周. 为了进一步改写式(1.2.14)，考虑 k_z＝常量平面内 E 和 $E+\Delta E$ 的两个轨道，因为

$$\Delta E = (\nabla_k E)_\perp \,\Delta k$$

所以

$$T = \frac{\hbar^2}{eB}\oint \frac{\delta k \Delta k}{\Delta E} = \frac{\hbar^2}{eB}\frac{1}{\Delta E}\oint \delta k \Delta k = \frac{\hbar^2}{eB}\frac{1}{\Delta E}\Delta A(E) \qquad (1.2.15)$$

式中，$\Delta A(E)$ 为两轨道之间的面积. 当 $\Delta E \to 0$ 时，有

$$\lim_{\Delta E \to 0}\frac{\Delta A}{\Delta E} = \frac{\partial A(E)}{\partial E}$$

所以

$$T=\frac{\hbar^2}{eB}\frac{\partial A(E)}{\partial E} \tag{1.2.16}$$

式中，$A(E)$能量为 E 轨道面积. 由此可知，电子在轨道上的回旋频率

$$\omega_c=\frac{2\pi}{T}=\frac{2\pi eB}{\hbar^2}\left[\frac{\partial A(E)}{\partial E}\right]^{-1} \tag{1.2.17}$$

由式(1.2.16)或式(1.2.17)，可建立电子有效质量 m_e^* 与 ω_c 的关系. 例如，若布洛赫电子具有球性费米面，即 $E=\frac{\hbar^2k^2}{2m^*}$，则

$$\begin{aligned}A(E)&=\pi(k_x^2+k_y^2)=\pi(k_x^2+k_y^2+k_z^2-k_z^2)=\pi(k^2-k_z^2)\\&=\pi\left(\frac{2m_e^*}{\hbar^2}\frac{\hbar^2k^2}{2m_e^*}-k_z^2\right)=\pi\left(\frac{2m_e^*}{\hbar^2}E-k_z^2\right)\end{aligned}$$

对于 k_z＝常量，有

$$\left.\frac{\partial A(E)}{\partial E}\right|_{k_z=\text{const}}=\pi\frac{2m_e^*}{\hbar^2}$$

代入式(1.2.16)，得

$$T=\frac{\hbar^2}{eB}\frac{2\pi m_e^*}{\hbar^2}=\frac{2\pi}{eB}m_e^* \tag{1.2.18}$$

或者用回旋频率表示

$$\omega_c=\frac{eB}{m_e^*} \tag{1.2.19}$$

由式(1.2.19)可知，如果测出布洛赫电子的回旋频率 ω_c，即可测出电子的有效质量. ω_c 可由所谓回旋共振方法测出：若在垂直于磁场方向上再加一频率为 ω 的交变电场 $\boldsymbol{E}$，则电子在电场的作用下沿电场 $\boldsymbol{E}$ 的方向振荡，电子就可以从交变电场中吸收能量. 当 $\omega_E=\omega_c$ 时，交变电场与电子回旋运动同步，电场能量被电子强烈吸引——共振吸收；电子将在朗道能级之间跃迁. 这种共振吸收现象称为回旋共振. 知道了 B 的大小，再测出电子吸收能量最大时所对应的电场频率(通常在微波频率范围)，即可由

$$\omega_E=\frac{eB}{m_e^*}$$

求出有效质量 m_e^*.

这里需要指出，用回旋共振测半导体电子的有效质量，必须满足 $\omega_c\tau>1$ 的条件. τ 是弛豫时间，即电子的自由飞行时间. $\omega_c\tau=2\pi\tau/T>1$，表示电子在受到相继两次碰撞期间已经绕磁场转了许多圈. 只有此时，电子才可能周期运动；否则，其轨道是不完整的. 这就要求必须减少杂质、缺陷对电子的散射. 因而要求半导体材料

必须是高纯度的,而且实验必须在低温下进行.

一般情况下,半导体的费米面并非球面,如锗、硅等都是如此. 因而其回旋半径在不同方向是不同的,也就是说回旋频率是各向异性的. 所以我们测定的有效质量实际上是有效质量的张量分量.

有了有效质量的张量分量,就可通过有效质量与能谱 $E(k)$ 的关系,确定相应等能面的曲率;从而得出费米面的形状,或者得知对应价带顶边和导带底边等能面的情况.

1.3　杂质半导体

1.1 节和 1.2 节讨论的是纯净半导体,也称为本征半导体,它的显著特点是两类载流子——电子和空穴的数目相等. 但在大多数实际应用中,我们要求只有一种载流子起主导作用,另一种载流子可忽略不计. 这种半导体可通过用适当杂质元素对其掺杂获得,称之为杂质半导体. 杂质对半导体的电学、光学、热学等性质产生重要影响,有时甚至是决定性的. 通过人为掺杂以控制半导体性质的原理和技术是整个半导体技术的重要基础.

1.3.1　杂质的局域态

当杂质原子替代基质原子而占据某些格点位置后,晶格周期性在这些点被破坏. 此时,晶体中的电子除了在允带中的由布洛赫波描述的共有化运动外,杂质所产生的局域场还给电子附加局域化的电子态——束缚态,正是这个束缚态能级的存在,大大地改变了纯净半导体的性质.

例如,在 Si 晶体中有控制地加入五价的 P 或 Sb、As 等,当杂质原子成分小于 10^{-6} 时,这些杂质以替位方式存在于基质中. 五价的杂质原子的 4 个价电子与周围的 4 个 Si 原子形成共价键,第 5 个电子不能进入已饱和的共价键,因而不能像其他 4 个价电子那样被固定在成键方向上. 但由于杂质原子的核还有一净正电荷,这个多余的电子被这个正电荷中心所吸引,在杂质原子的周围运动,形成一个类似氢原子的结构. 因而此类氢结构的基态能级与氢原子类似,有

$$E_{\mathrm{d}}=-\frac{m_{\mathrm{e}}^{*}e^{4}}{2(4\pi\varepsilon_{0}\varepsilon_{\mathrm{r}}\hbar)^{2}}=\frac{1}{\varepsilon_{\mathrm{r}}^{2}}\frac{m_{\mathrm{e}}^{*}}{m_{\mathrm{e}}}\left[-\frac{m_{\mathrm{e}}e^{4}}{2\times(4\pi\times\varepsilon_{0}\hbar)^{2}}\right]=\frac{1}{\varepsilon_{\mathrm{r}}^{2}}\frac{m_{\mathrm{e}}^{*}}{m_{\mathrm{e}}}E_{\mathrm{d}}^{\mathrm{H}} \tag{1.3.1}$$

式中,$E_{\mathrm{d}}^{\mathrm{H}}$ 为氢原子基态能量,$E_{\mathrm{d}}^{\mathrm{H}}=13.6\mathrm{eV}$,$m_{\mathrm{e}}^{*}$ 与 m_{e} 分别为布洛赫电子的有效质量和自由电子质量. 对 Si 来说 $\varepsilon_{\mathrm{r}}=11.7$,而 $m_{\mathrm{e}}^{*}/m_{\mathrm{e}}$ 通常都小于 1,若采用典型 $\varepsilon_{\mathrm{r}}=10$ 和 $m_{\mathrm{e}}^{*}/m_{\mathrm{e}}=1/5$,则 $E_{\mathrm{d}}\approx E_{\mathrm{d}}^{\mathrm{H}}/500$,即杂质中心对电子的束缚能只有氢原子的 1/500,约为 0.01eV. 而杂质类氢结构的等效玻尔半径

$$r_d = \varepsilon_r \frac{m_e}{m_e^*}\left(\frac{\varepsilon_0 \hbar^2 4\pi^2}{\pi m_e^2}\right) = \varepsilon_r \frac{m_e}{m_e^*} a_0 \tag{1.3.2}$$

式中，a_0 为氢原子玻尔半径，由式(1.3.2)可得 r_d 约为 2.65×10^{-9} m，远大于晶格常数. 由以上分析可知，这类杂质对电子的束缚能极小，电子很容易逃离而成为共有化电子，因此，此束缚能级非常靠近导带底边，称为浅杂质能级.

同样的分析可以说明，由三价的杂质原子替代基质电子，可以产生一个靠近价带顶边的浅杂质能级. 只不过此时的束缚态结构是由一个负电荷中心束缚一个空穴组成的.

1.3.2 施主与受主

以上两种杂质局域束缚能级分别称为施主能级与受主能级.

施主能级是束缚电子的杂质局域态相应的能级，它位于导带底边附近. 此能级上的电子很容易被激发而跃迁到导带底部而成为导电载流子. 施主能级失去电子后成为空能级，不能参与导电，而且电子由施主能级跃迁到导带要远比满带到导带容易得多. 因此，主要含施主杂质的半导体，导带上的电子数要大大多于价带的空穴数. 这种以导带电子为主要载流子的半导体称为 n 型半导体. 其能带结构如图 1.3.1(a)所示.

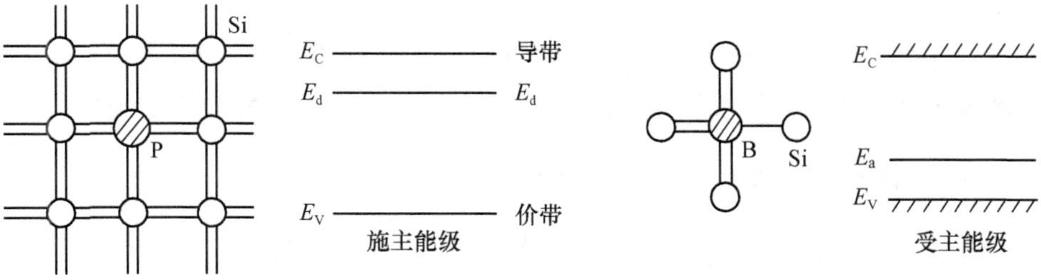

(a) n 型半导体结构示意图　　(b) p 型半导体结构示意图

图 1.3.1　n 型和 p 型半导体结构示意图

受主是束缚孔穴的杂质局域态相应的能级. 它位于价带顶边附近，是一个不带电子的空能级. 价带顶部的电子极容易跃迁到受主能级上而在价带上留下空穴. 由于受主能级是一个局域态，这种态上的电子不能参与导电，而电子由满带跃迁到受主能级要比跃迁到导带容易得多. 因此，主要含受主杂质的半导体，其价带的空穴数要比导带的电子数多得多. 这种以空穴为主要载流子的半导体称为 p 型半导体，其能带结构如图 1.3.1(b)所示.

由以上讨论可见，浅杂质能级对半导体的导电性起着决定性的作用.

1.3.3 深杂质能级

有些杂质或缺陷能级在带隙中处于距带边远的位置，称为深能级，并且常产生

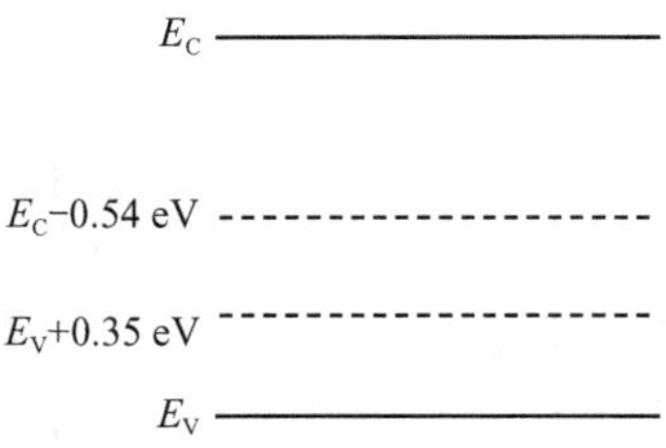

图 1.3.2　硅中金的深能级

多重能级. 图 1.3.2 画出了硅晶体中Ⅵ族元素杂质的能级. 代替 Si 原子的Ⅵ族杂质原子除了用 4 个价电子与近邻的 Si 原子组成共价键外,多余的两个电子被核的两个正电中心所束缚,很像一个类氦原子. 处于同一个壳层上的两个电子相互对正电中心的屏蔽是不完全的,平均来说,每个电子受到正电中心的束缚力大于单个电子受一个正电中心的束缚力. 因而其能级比浅能级离导带边远. 若一个电子电离后,另一个电子因失去屏蔽而受到更强的束缚,则第二电离能更高,即第二能级离导带边更远.

深能级杂质和缺陷对半导体材料性质有多方面的影响. 例如,由于它们是有效的复合中心,从而使载流子的寿命大大降低;它可以成为不产生辐射的复合中心,从而影响发光效率;以及由于深受主能级存在及自发辐射,可降低浅杂质能级的有效密度,从而大大提高材料的电阻率.

1.4　载流子的统计分布

载流子的浓度是半导体的一个最重要的参数,而载流子的浓度与满带、施主电子的激发相关. 本节利用费米统计的一般理论,说明载流子激发的定量规律.

1.4.1　半导体载流子浓度的费米统计及近似处理

半导体中的电子与金属中的电子一样,仍遵从费米分布规律. 因此,可利用一般费米统计的方法计算导带中的电子浓度. 若 E_C 表示导带底边的能量,E_C'表示导带顶边的能量,$g_C(E)$为导带单位体积的能态密度,则导带电子浓度 n 为

$$n=\int_{E_C}^{E_C'} g_C(E)f(E)\mathrm{d}E \tag{1.4.1}$$

式中

$$f(E)=\frac{1}{\mathrm{e}^{(E-E_F)/(k_BT)}+1} \tag{1.4.2}$$

为费米分布函数. 但式(1.4.1)的计算将是困难的. 这主要是因为解含有费米分布函数的积分是困难的,而且一般也无法给出整个导带上的能态密度 $g_C(E)$. 因此,必须根据半导体的具体情况,对上述积分进行简化处理.

1. 费米分布的玻尔兹曼近似

半导体与金属能带结构的显著区别是,半导体的费米能处于能隙内,而且距导

带底边 E_C 和价带顶边 E_V 的距离往往比 k_BT 大得多，即

$$(E_C - E_F)/(k_BT) \gg 1, \qquad (E_F - E_V)/(k_BT) \gg 1$$

因而式(1.4.2)中的

$$(E - E_F)/(k_BT) > (E_C - E_F)/(k_BT) \gg 1$$

故积分中可近似有

$$f(E) \approx e^{-(E-E_F)/(k_BT)} \tag{1.4.3}$$

这表明导带中的电子很接近经典的玻尔兹曼分布. 而且由于导带中 $f(E) \ll 1$，说明在导带中的能级被电子占据的概率平均来说是很小的. 我们称之为电子分布是非简并化的. 图 1.4.1 的费米分布函数曲线和能带的位置相比，表明整个导带位于费米分布的尾巴部分. 说明由于导带远离 $E_F[f(E_F)=1/2]$，所以导带接近于空带. 而价带在 E_F 的另一边，且远离 E_F，故价带接近于充满电子.

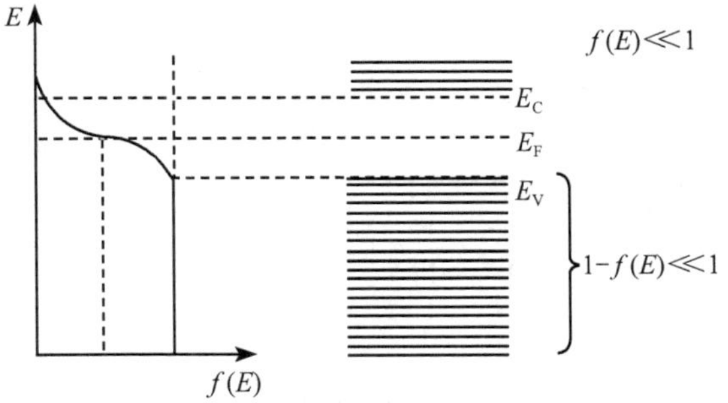

图 1.4.1 费米分布函数

2. 能态密度的自由电子近似

由于半导体中的载流子主要集中分布在导带底边和价带顶边附近，因此导带底边附近的电子与价带顶边附近的空穴都可用具有有效质量 m_e^* 和 m_h^* 的自由电子描述，因而可直接引用自由电子的能态密度公式写出导带底和价带顶的能态密度，有

$$g_C(E) = \frac{4\pi(2m_e^*)^{\frac{3}{2}}}{h^3}\sqrt{E - E_C} \tag{1.4.4}$$

$$g_V(E) = \frac{4\pi(2m_h^*)^{\frac{3}{2}}}{h^3}\sqrt{E_V - E} \tag{1.4.5}$$

并且用它们可近似表示导带与价带的能态密度.

1.4.2 载流子浓度与 E_F

根据以上的分析和近似，导带上的电子浓度可由下式计算，即

$$n=\int_{E_C}^{\infty} f(E)g_C(E)\mathrm{d}E \tag{1.4.6}$$

上式积分上限已取为∞大，这是因为仅在导带底边 $g_C(E)f(E)$ 有较大的值，而在更高能级上，$f(E)g_C(E)$ 实际上趋于零. 把式(1.4.3)、式(1.4.4)代入式(1.4.6)，得

$$n=\frac{4\pi(2m_e^*)^{\frac{3}{2}}}{h^3}\int_{E_C}^{\infty}\mathrm{e}^{-(E-E_F)/(k_BT)}\sqrt{E-E_C}\,\mathrm{d}E$$

$$=\frac{4\pi(2m_e^*)^{\frac{3}{2}}}{h^3}\mathrm{e}^{-(E_C-E_F)/(k_BT)}\int_{E_C}^{\infty}\mathrm{e}^{-(E-E_C)/(k_BT)}\sqrt{E-E_C}\,\mathrm{d}E$$

令

$$x=\frac{E-E_C}{k_BT}$$

及利用

$$\int_0^{\infty}x^{\frac{1}{2}}\mathrm{e}^{-x}\mathrm{d}x=\frac{1}{2}\sqrt{\pi}$$

最后可得

$$n=N_C\mathrm{e}^{-(E-E_F)/(k_BT)} \tag{1.4.7}$$

式中

$$N_C=\frac{2(2\pi m_e^* k_BT)^{\frac{3}{2}}}{h^3} \tag{1.4.8}$$

称为导带**有效能态密度**. 式(1.4.7)表明，导带的电子数就如同 N_C 个能级集中在导带底边 E_C 处时所含有的电子数.

对价带的**空穴浓度**，也很容易通过类似的计算求得. 若价带顶边的能量为 E_V，由于价带能级为空穴占据的概率就是不为电子所占据的概率，并考虑到离价带顶边远处的价带能级上出现空穴的概率为零，则价带上的空穴浓度为

$$P=\int_{-\infty}^{E_V}[1-f(E)]g_V(E)\mathrm{d}E=N_V\mathrm{e}^{-(E_F-E_V)/(k_BT)} \tag{1.4.9}$$

式中

$$N_V=\frac{2\times(2\pi m_h^* k_BT)^{3/2}}{h^3} \tag{1.4.10}$$

称为价带有效能态密度.

把式(1.4.7)与式(1.4.9)相乘，得

$$nP=N_CN_V\mathrm{e}^{-(E_C-E_V)/(k_BT)}=N_CN_V\mathrm{e}^{-E_g/(k_BT)} \tag{1.4.11}$$

上式说明：半导体中两种载流子乘积是一个仅依赖于能隙宽度 E_g 与温度的量，而与半导体的费米能 E_F 无关. 即对给定能隙的半导体，在一定温度下，导带电子越多，价

带空穴就越少，或者空穴越多，电子就越少；与杂质无关(杂质原子可能影响费米能).

由(1.4.7)和(1.4.9)两式可知，要求得半导体载流子浓度，关键是确定费米能 E_F. 因为 E_F 不仅与晶格结构、基质原子的结构有关，而且还与杂质原子有关，以下我们分别予以讨论.

1. 本征半导体(intrinsic semiconductor)

无杂质和缺陷的半导体，其费米能及载流子浓度完全取决于半导体本身的性质，称之为**本征半导体**. 在本征半导体中，由于无杂质能级存在，所以每向导带激发一个电子，必同时在价带留下一个空穴，即导带上的电子密度与价带上的空穴密度相等. 由这个基本事实，可确定本征半导体的费米能 E_{FI} 及载流子浓度 n_I，分别称 E_{FI} 和 n_I 为本征费米能和本征载流子浓度.

令式(1.4.7)与式(1.4.9)相等，即

$$N_C e^{-(E_C-E_{FI})/(k_B T)} = N_V e^{-(E_{FI}-E_V)/(k_B T)} \tag{1.4.12}$$

由上式可解出本征费米能

$$\begin{aligned} E_{FI} &= \frac{1}{2}(E_C+E_V)+\frac{1}{2}k_B T \ln N_V/N_C \\ &= \frac{1}{2}(E_C+E_V)+\frac{3}{4}k_B T \ln \frac{m_h^*}{m_e^*} \\ &= \frac{1}{2}(E_g+E_V+E_V)+\frac{3}{4}k_B T \ln \frac{m_h^*}{m_e^*} \\ &= \frac{1}{2}E_g+\frac{3}{4}k_B T \ln \frac{m_h^*}{m_e^*}+E_V \end{aligned} \tag{1.4.13}$$

由于 $k_B T$ 很小，m_h^* 与 m_e^* 相差不大，式(1.4.13)第二项比第一项小得多，所以可以近似认为 E_{FI}处于带隙的中间，这与本节开始的假定正好相符.

把 E_{FI}的表示式(1.4.13)代入式(1.4.7)和式(1.4.9)，可得本征载流子浓度

$$n = P = n_I = \sqrt{N_C N_V} e^{-E_g/(2k_B T)} \tag{1.4.14}$$

以及

$$nP = n_I^2 = N_C N_V e^{-E_g/(k_B T)} \tag{1.4.15}$$

与式(1.4.11)一致.

2. 非本征半导体(extrinsic semiconductor)

若半导体中掺入杂质，一般情况下，带隙中既有施主能级又有受主能级. 导带上的电子可来自于价带的热激发和施主的热电离；价带上的空穴可产生于带间的热激发或受主的热电离；此外电子还可以从施主能级落入受主能级. 上述各过程在图 1.4.2 中标明. 此时两种载流子浓度不相同，且费米能 E_F 与杂质原子有关，因

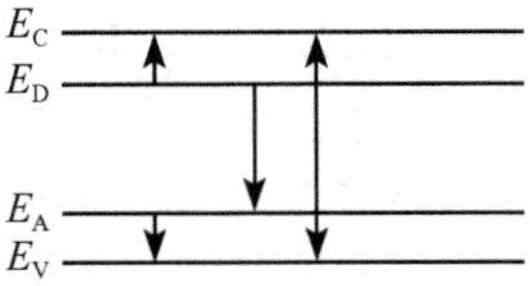

图 1.4.2　半导体中心的各种电子过程

而称之为**非本征半导体**.

虽然在非本征半导体中两种载流子数目不同，但晶体中的各种电荷必须满足晶体电中性的要求. 如果我们用 n、p、N_A^-、N_D^+ 分别表示电子、空穴、离化受主(受主接受一个电子)、离化施主(施主贡献一个电子给导带，留下一个正电荷)的浓度，则电中性条件要求

$$n + N_A^- = P + N_D^+ \tag{1.4.16}$$

若用 N_D 表示施主杂质浓度，N_A 表示受主杂质浓度，则有

$$N_A^- = N_A f(E_A) \tag{1.4.17}$$

$$N_D^+ = N_D[1 - f(E_D)] \tag{1.4.18}$$

这里需要指出：由于杂质局域态能级 $E_D(E_A)$ 上只能容纳一个电子，与费米分布每个能级上容纳自旋相反的两个电子的情况不同，因而 $f(E_A)$、$f(E_D)$ 不是真正的费米分布函数. 可以证明，为反映不允许有两个电子占据一个局域施主(受主)的限制，$f(E_A)$、$f(E_D)$ 应分别为

$$f(E_D) = \frac{1}{\frac{1}{2}e^{(E_D-E_F)/(k_BT)} + 1}$$

$$f(E_A) = \frac{1}{\frac{1}{2}e^{(E_F-E_A)/(k_BT)} + 1}$$

把式(1.4.7)、式(1.4.9)、式(1.4.17)及式(1.4.18)代入电中性条件式(1.4.16)，便可得到一个确定 E_F 的方程. 这样的方程非常复杂，不可能求得 E_F 解析解，需要用计算机进行数值计算. 下面仅就只存在施主杂质的情况进行讨论.

设 n 型半导体只含一种施主杂质，在室温下，载流子将主要是由施主能级热电离到导带的电子，因而方程(1.4.16)成为

$$n = N_D^+$$

把 n、N_D^+ 的表达式代入，可得到

$$N_C e^{-(E_C-E_F)/(k_BT)} = N_D[1 + 2e^{(E_F-E_D)/(k_BT)}]^{-1} \tag{1.4.19}$$

对于一个具体的半导体，方程(1.4.19)很容易求解，从而得到 E_F、N_D 与温度 T 的函数关系，如图 1.4.3 所示.

例如，温度给定，可令新变量

$$x = e^{E_F/(k_BT)}$$

于是方程(1.4.19)可归结为

$$Ax = N_D/(1 + Bx) \tag{1.4.20}$$

从而得到 E_F 与 N_D 的关系. 如硅，在室温 $T=300\text{K}$ 时，若杂质浓度 $N_D=10^{22}\text{m}^{-3}$，

则 $E_F=0.97\text{eV}$. 这说明,在实际的硅 n 型半导体中,E_F 比本征费米能 E_{FI}高很多.

现在分析在 N_D 给定情况下,费米能 E_F 随温度的变化的极限情况:

在 $T\to 0$ 时,导带上为数不多的电子实际上完全是由施主电离提供的. 这时材料的行为如同能隙为 E_C-E_D 的本征半导体. 与本征半导体类比,费米能位于这个"能隙"中间,即

$$E_F=\frac{1}{2}(E_C-E_D) \tag{1.4.21}$$

同理,若用施主浓度 N_D 代替价带有效能级密度 N_V,用施主电离能 $E_I(=E_C-E_D)$ 代替能隙 E_g,则由式(1.4.14)可得 n 的近似表达式为

$$n=(N_CN_D)^{1/2}\mathrm{e}^{-E_I/(2k_BT)} \tag{1.4.22}$$

当温度很高时,施主杂质已全部离化,此时导带上的电子主要来源于价带电子的激发——本征激发. 此时材料的行为已经与一个本征半导体无多大差别,因而费米能 $E_F=E_g/2$. 图 1.4.3 给出一个 n 型半导体的 E_F 随温度 T 的变化曲线. 曲线 1、2、3 分别对应 3 个不同的杂质浓度,E_{FI}是本征费米能级. 由图 1.4.3 可知,杂质浓度越大,呈现本征激发所需温度也越高.

对 p 型半导体的 E_F 与 T 的关系,也与 n 型完全类似,如图 1.4.4 所示.

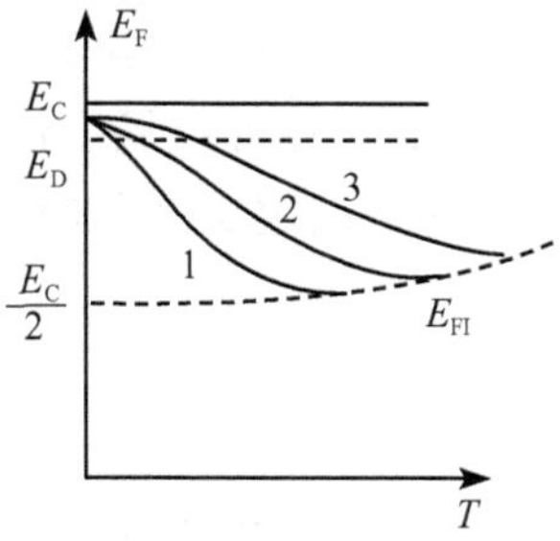

图 1.4.3 n 型半导体中费米能随温度的变化
曲线 1、2、3 为不同杂质浓度 3>2>1,
E_{FI}是本征费米能级

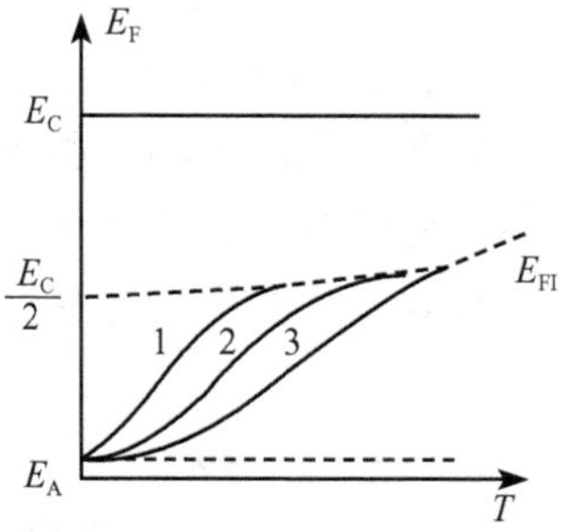

图 1.4.4 p 型半导体中费米能随温度的变化关系
E_{FI}是本征费米能级

1.5 半导体的电导率 霍尔效应

本节讨论半导体载流子在外电场磁场作用下的运动以及与之相关的现象,如电导、霍尔效应等.

1.5.1 载流子在电场中的运动 电导率

由于半导体的载流子是导带底部的电子和价带顶部的空穴,它们都可当做具

有有效质量的自由电荷处理，因此，可按金属自由电子模型处理半导体中的载流子. 与金属不同的是，这里有两种载流子.

1. 电导率与迁移率

若电子的有效质量为 m_e^*，外电场为 $\boldsymbol{\varepsilon}$，电子的运动方程为

$$\hbar \frac{d\boldsymbol{k}}{dt} = m_e^* \frac{d\boldsymbol{v}_e}{dt} = -e\boldsymbol{\varepsilon} \tag{1.5.1}$$

及相应的电导率

$$\sigma_e = \frac{ne^2\tau_e}{m_e^*} \tag{1.5.2}$$

式中，τ_e 为电子的自由时间，n 为导带电子浓度. 同理，对空穴也有

$$\hbar \frac{d\boldsymbol{k}}{dt} = m_h^* \frac{d\boldsymbol{v}_h}{dt} = e\boldsymbol{\varepsilon} \tag{1.5.3}$$

式中，m_h^* 为空穴有效质量，$m_h^* = -m_e^*$. 空穴电导率

$$\sigma_h = \frac{pe^2\tau_e}{m_h^*} \tag{1.5.4}$$

式中，p 为价带空穴浓度.

电导率是载流子在外场下的漂移运动和载流子受声子、杂质、缺陷散射作用的平衡结果. 通常用载流子的**迁移率**(mobility)μ 来描述载流子在外电场中漂移运动的难易程度，显然载流子的迁移率直接影响电导率. 迁移率的定义为：在单位电场强度下，引起载流子的平均漂移速度的数值. 即

$$v = \mu\varepsilon \tag{1.5.5}$$

下面求电子、空穴的迁移率.

一个载流子，如电子，在外电场作用下将会发生漂移运动，若其自由飞行时间为 τ_e，则由式(1.5.1)可知，在 $dt=\tau_e$ 时，速度的平均增量 δv 为

$$\delta v = \frac{e\tau_e}{m_e^*}\varepsilon \tag{1.5.6}$$

由于在无外电场情况下，载流子的平均速度 $v=0$，若从加上电场时计时，则在 $t=\tau_e$ 时，电子的平均速度

$$v = v + \delta v = \delta v \tag{1.5.7}$$

即电子的平均速度就是 $t=\tau_e$ 时的速度增量，把式(1.5.7)、式(1.5.6)与式(1.5.5)比较，可得电子的迁移率 μ_e 为

$$\mu_e = \frac{e\tau_e}{m_e^*} \tag{1.5.8}$$

同理可得，空穴的迁移率

$$\mu_{\mathrm{h}} = \frac{e\tau_{\mathrm{e}}}{m_{\mathrm{h}}^{*}} \tag{1.5.9}$$

于是,电导率可表示为

$$\sigma_{\mathrm{e}} = ne\mu_{\mathrm{e}} \qquad (\mathrm{n}\ 型) \tag{1.5.10}$$

$$\sigma_{\mathrm{h}} = pe\mu_{\mathrm{h}} \qquad (\mathrm{p}\ 型) \tag{1.5.11}$$

对单纯 n 型或 p 型半导体,其电导率分别由式(1.5.10)与式(1.5.11)表示. 如果一半导体中同时存在电子和空穴两种载流子,则电导率为

$$\sigma = \sigma_{\mathrm{e}} + \sigma_{\mathrm{h}} = ne\mu_{\mathrm{e}} + pe\mu_{\mathrm{h}} \tag{1.5.12}$$

2. 电导率与温度的关系

电导率通过载流子浓度、迁移率等与温度联系起来. 如对本征半导体,$n=p=n_{\mathrm{I}}$,利用式(1.4.14),可得其电导率 σ_{I} 与温度 T 的关系为

$$\sigma_{\mathrm{I}} = (N_{\mathrm{C}}N_{\mathrm{V}})^{1/2}\mathrm{e}^{-E_{\mathrm{g}}/(2k_{\mathrm{B}}T)}(\mu_{\mathrm{e}} + \mu_{\mathrm{h}})e \tag{1.5.13}$$

对只含施主杂质的 n 型半导体,其电导率 σ 为

$$\sigma = \sigma_{\mathrm{I}} + \sigma_{\mathrm{e}}$$

利用式(1.4.22),σ 可写成

$$\sigma = (N_{\mathrm{e}}N_{\mathrm{V}})^{1/2}\mathrm{e}^{-E_{\mathrm{g}}/(2k_{\mathrm{B}}T)}(\mu_{\mathrm{e}} + \mu_{\mathrm{h}})e + (N_{\mathrm{C}}N_{D})^{1/2}\mathrm{e}^{-E_{\mathrm{I}}/(2k_{\mathrm{B}}T)}\mu_{\mathrm{e}}e \tag{1.5.14}$$

由式(1.5.13)和式(1.5.14)可知,只要我们知道了 μ_{e}、μ_{n} 对温度的依赖关系,便可得 σ 与温度的关系. 下面讨论 μ_{e} 与温度的关系.

由 1.4 节讨论知载流子满足玻尔兹曼统计,即有

$$\tau_{\mathrm{e}} = \frac{\bar{l}_{\mathrm{e}}}{\bar{v}_{\mathrm{e}}}$$

式中,$\bar{l}_{\mathrm{e}}$、$\bar{v}_{\mathrm{e}}$ 分别为平均自由程和平均速率. 利用普通物理中分子运动论的结果

$$\frac{1}{2}m_{\mathrm{e}}^{*}\bar{v}_{\mathrm{e}}^{2} = \frac{3}{2}k_{\mathrm{B}}T$$

得

$$\mu_{\mathrm{e}} = \frac{e\bar{l}}{m_{\mathrm{e}}^{*}\bar{v}} = \frac{e\bar{l}}{(m_{\mathrm{e}}^{*})^{1/2} \times (3k_{\mathrm{B}}T)^{1/2}} \tag{1.5.15}$$

另外,上式中的 $\bar{l}$ 也是温度的函数,$\bar{l}$ 依赖于散射机制. 若为杂质散射,$\bar{l}$ 将依赖于杂质浓度. 若为电子-声子散射,$\bar{l}$ 将与声子数目成反比,温度较高时声子数 $n_{\mathrm{a}} \sim T$,所以 $\bar{l} \sim T^{-1}$,此时,迁移率 $\mu_{\mathrm{e}} \sim T^{-3/2}$.

综合 n、p 及 μ_{e}、μ_{h} 对温度的关系,对半导体的电导率与温度的关系可有如下判断:当温度升高时,虽然迁移率的值会因散射加剧以 $T^{-3/2}$ 函数形式减小,但载流子浓度随温度升高而近于指数增大,所以半导体电导率随温度升高而急剧增大(到达饱和区后,载流子浓度基本上不变,σ 将因 μ 的减少而略有降低),表现出很强的

热敏性. 这与金属的电导率有明显的不同. 因为金属的载流子浓度——自由电子浓度与温度无关,温度升高,传导电子的迁移率因与声子碰撞更频繁而减小,所以金属的电导温度系数是负的,而且很小.

1.5.2　半导体的霍尔效应

在普通物理中已经知道,当载流子为电子时,霍尔系数为

$$R_e = -\frac{1}{ne} \tag{1.5.16}$$

与此类似,很容易推得,当载流子为空穴时,霍尔系数为

$$R_h = \frac{1}{pe} \tag{1.5.17}$$

即霍尔系数 R_h 是正的.

如在半导体中同时存在两种载流子时,经过计算此时的霍尔系数为

$$R = \frac{p\mu_h^2 - n\mu_e^2}{e(n\mu_e + p\mu_h)^2} \tag{1.5.18}$$

霍尔效应的主要应用是确定载流子浓度,如式(1.5.16)和式(1.5.17)所示. 还可以由霍尔系数的符号,确定是空穴导电还是电子导电,从而确定半导体的类型. 现在利用式(1.5.18),来说明不同半导体霍尔系数的正负.

对本征半导体有 $n=p$,因为一般有 $\mu_e>\mu_h$,故 $R<0$. 对于温度较高时的本征激发范围的杂质半导体,也可以看成 $n\approx p$,因此同样有 $R<0$.

对 p 型半导体,当温度较低,在杂质电离范围时,$p\gg n$,即满足 $p\mu_h^2>n\mu_e^2$ 时,$R>0$ 但当温度逐渐升高,本征激发增加,会有较多的电子从价带跃到导带,电子与空穴数的比值不断变小,当 $p\mu_h^2=n\mu_e^2$,$R=0$. 如果温度继续增高,达到 $p\mu_h^2<n\mu_e^2$ 时,$R<0$. 因此对 p 型半导体来说,在温度由杂质激发增高到本征激发范围过程中,霍尔系数将改变符号.

对 n 型半导体,在杂质激发温度区,$n\gg p$,$R<0$. 到达本征激发温度区,无论温度多高,空穴浓度总不会超过电子浓度,且 $\mu_e>\mu_h$,所以始终保持 $p\mu_h^2<n\mu_e^2$,故 n 型半导体 $R<0$,不会随温度变化改变符号.

霍尔系数也可以用来确定迁移率. 如对 n 型半导体来说,比较式(1.5.10)与式(1.5.16),得

$$\mu_e = \sigma_e R_e \tag{1.5.19}$$

对 p 型半导体也有类似的关系. 所以,通过测量非本征样品中的电导率和霍尔系数,便可确定电子与空穴的迁移率. 通常把乘积 σR 称为霍尔迁移率,记为 μ_H,它与实际迁移率非常接近.

1.6 非平衡载流子

1.6.1 非平衡载流子 光电导

前面所讨论的载流子是在热平衡条件下由热激发产生的载流子，称为平衡载流子. 其浓度称为平衡浓度，这里用 n_0、p_0 表示. 如果除热激发外，还有其他激励方法产生载流子，如在光作用下，电子从价带跃迁到导带(称为本征光吸收)，将使载流子浓度偏离平衡值，这种偏离平衡浓度的多余载流子称为**非平衡载流子**. 若用 Δn、Δp 分别代表非平衡电子、空穴的浓度，通常情况下，电中性条件要求 $\Delta n=\Delta p$.

半导体中的很多重要现象都与非平衡载流子有关，光电导就是一个明显的例子. 光照前的电导率

$$\sigma_0 = e(n_0\mu_e + p_0\mu_h) \tag{1.6.1}$$

式中，σ_0 称为暗电导率，μ_e、μ_h 分别为电子，空穴的迁移率. 在光照射下发生本征吸收，产生的非平衡电子和空穴的 Δn、Δp 将使电导率变化，此时

$$\sigma = \sigma_0 + \Delta n e\mu_e + \Delta p_e\mu_h e = \sigma_0 + e\Delta n(\mu_e + \mu_h) = \sigma_0 + \Delta\sigma \tag{1.6.2}$$

$$\Delta\sigma = e\Delta n\mu_h(1 + b) \tag{1.6.3}$$

式中，$b=\mu_e/\mu_h$ 称为迁移率比，且 $b>1$，显然，用光照产生非平衡载流子，称作光注入，使样品电导率增大.

1.6.2 非平衡载流子的复合与寿命

除上述的产生过程外，非平衡载流子同时存在着复合过程，即导带上的电子回落到价带上，使电子与空穴成对消失. 只要载流子浓度与其平衡值有偏离，复合过程必然产生，而载流子浓度也将随着各种类型的复合过程，逐渐趋于平衡值.

对不同的材料，复合过程的快慢也是不同的. 为了描述复合的快慢，引入非平衡载流子寿命 τ 的概念. 定义 τ 为非平衡载流子的平均存在时间，也就是非平衡载流子由浓度 Δn 到 $\Delta n\to 0$ 所需的时间. 如果引起复合的速率为 $\mathrm{d}\Delta n/\mathrm{d}t$，显然平均来说有

$$\frac{\mathrm{d}\Delta n}{\mathrm{d}t} = -\frac{\Delta n}{\tau} \tag{1.6.4}$$

式中，负号表示浓度减小. 其解为

$$\Delta n = \Delta n_0 \mathrm{e}^{-\frac{t}{\tau}} \tag{1.6.5}$$

可见光撤去后，Δn 以指数形式减小，τ 是衰减时间常数，当 $t=\tau$ 时，浓度减小为 $\Delta n_0/e$，故称 τ 为非平衡载流子的寿命.

把式(1.6.5)代入式(1.6.3),得

$$\Delta\sigma = \Delta\sigma_0 e^{-t/\tau} \tag{1.6.6}$$

$$\Delta\sigma_0 = e\mu_h(1+b)\Delta n_0$$

因此,可通过测定光电导率的衰减时间常数来确定非平衡载流子寿命.

非平衡载流子寿命 τ 反映了半导体中载流子复合过程的快慢. 寿命越短,载流子复合过程越强,越快;反之,复合则越慢.

1.6.3 复合机制

载流子的复合按中间所经历的过程不同可分为直接复合和间接复合两种.

直接复合是导带电子直接跃入价带而与空穴复合的过程,又称为带间复合.

间接复合过程是导带电子先跃入带隙中的杂质能级,然后再跃入价带与空穴复合. 有些杂质深能级能大大促进载流子的复合,成为主要决定寿命的杂质,称之为复合中心.

复合过程中必然伴随着载流子释放多余能量的过程. 按照能量的释放方式不同,又可分为以下 3 种过程:

(1) 辐射复合. 载流子的多余能量是以光子的形式放出的,或者为满足准动量守恒,在放出光子的同时伴随着吸收或放出声子. 例如,间接带隙的辐射复合就是这样.

(2) 无辐射复合. 载流子的多余能量以声子形式放出的,即将多余能量传递给晶格振动. 一般此过程放出的声子不止一个,故常称为多声子跃迁.

(3) 俄歇复合. 在电子、空穴复合过程中,把能量传递给它们邻近的一个载流子,使之成为一个高能载流子,然后它与晶格或其他载流子碰撞而陆续放出能量.

一般情况下,通过深能级的间接复合过程是决定寿命的主要复合过程,所以 τ 的大小与材料的杂质和缺陷密切相关.

1.6.4 非平衡载流子的扩散

半导体的载流子除了在电场作用下的漂移运动外,还可以存在扩散运动. 当载流子在空间的分布不均匀时,载流子就会从高浓度处向低浓度处扩散,并遵从扩散定律

$$\boldsymbol{j}_e = -D_e \nabla n, \qquad \boldsymbol{j}_h = -D_h \nabla p \tag{1.6.7}$$

式中,$\boldsymbol{j}_e$、$\boldsymbol{j}_h$ 分别为电子、空穴的扩散流密度;∇n 为浓度梯度;D 为扩散系数,是由半导体中的载流子的散射机制决定的参数.

一般说来,非平衡载流子更容易产生扩散运动. 当半导体的局部或表面受到光照时,在这些局部就会产生非平衡载流子,从而导致载流子分布不均匀而发生扩散.

这里需要指出，非平衡电子和空穴是成对产生的，即 $\Delta n=\Delta p$. 如果把半导体中数量较多的载流子称为多子，如 n 型半导体中的电子，而把数量较少的载流子叫做少子，如 n 型半导体中的空穴. 由于多子大大多于少子，所以非平衡载流子的产生使少子的数量发生十分显著的变化，而对多子不会产生明显影响. 例如，室温下 $n_0=2\times10^{15}\,\text{cm}^{-3}$ 的 n 型硅中，空穴浓度只有 $10^5\,\text{cm}^{-3}$，若产生 $10^{10}\,\text{cm}^{-3}$ 的非平衡载流子，电子浓度的变化微不足道，但空穴却增加了 5 个数量级，而且分布梯度很大. 因此讨论扩散时，常常最关心的是非平衡少子的扩散. 少子的扩散可形成显著的扩散电流. 特别是在电场很弱，因而多子漂移电流可以忽略时，少子扩散电流可能成为电流的主要部分.

非平衡少数载流子边扩散边复合，最后形成稳定分布. 下面，以一维扩散为例，分析非平衡少子扩散的基本特点. 设一光束均匀地照射到 n 型半导体表面，在样品表面很薄一层内光注入产生非平衡载流子. 其少数载流子——空穴将通过扩散向体内运动. 在运动过程中非平衡浓度 Δp 满足连续性方程

$$\frac{\mathrm{d}}{\mathrm{d}x}\left(-D_{\mathrm{h}}\frac{\mathrm{d}\Delta p}{\mathrm{d}x}\right)-\frac{\Delta p}{\tau}=0 \tag{1.6.8}$$

第一项表示因扩散造成的积累，第二项表示因复合而造成的损失，方程的普通解为

$$\Delta p=A\mathrm{e}^{-x/L_{\mathrm{h}}}+B\mathrm{e}^{x/L_{\mathrm{h}}} \tag{1.6.9}$$

式中

$$L_{\mathrm{h}}=\sqrt{D\tau}$$

考虑到边界条件为

$$x=0,\quad \Delta p=\Delta p_0;\qquad x\to\infty,\quad \Delta p\to 0$$

式(1.6.9)的特解是

$$\Delta p(x)=\Delta p_0\mathrm{e}^{-x/L_{\mathrm{h}}} \tag{1.6.10}$$

表明在表面产生的非平衡少子在边扩散，边复合过程中随距离的增加而以指数衰减. L_{h} 称为扩散长度，它标志着非平衡空穴深入样品中的平均距离.

把式(1.6.10)代入式(1.6.7)，可得扩散流密度

$$j_{\mathrm{h}}(x)=-\frac{D_{\mathrm{h}}}{L_{\mathrm{h}}}\Delta p(x) \tag{1.6.11}$$

这个扩散流密度就好像 x 处的非平衡空穴 $\Delta p(x)$ 全部是以 $D_{\mathrm{h}}/L_{\mathrm{h}}$ 速度运动而产生的，因此，常称 $D_{\mathrm{h}}/L_{\mathrm{h}}$ 为空穴扩散速度.

对非平衡电子也有类似结果，只需将 Δp 换成 Δn，h 换成 e.

最后指出，无论是载流子漂移运动中的迁移率或者扩散中的扩散系数，都是由半导体的散射机制决定的，因而它们之间必然存在着密切关系. 可以证明这一关系可表示为

$$\frac{D}{\mu}=\frac{k_B T}{e} \tag{1.6.12}$$

称为爱因斯坦关系,式中,e 为载流子电荷.

1.7 pn 结

pn 结是由 n 型半导体和 p 型半导体紧密接触而形成的界面结构. 半导体材料的实际应用大都是以 pn 结为基本单元的. 有关 pn 结的理论则是半导体器件物理的基础.

1.7.1 平衡 pn 结势垒

我们已知,当两块金属相互接触时,由于其费米能级的不同,将引起电子的流动,并在界面两侧形成正负电荷积累,直到电子在这个偶极层中的电势能的差别正好抵消原来费米能的差别为止,从而在界面形成接触电势差. 当 p、n 两种半导体相接触时,情况与金属是完全类似的. pn 结 p 型半导体一侧空穴是多数载流子,在杂质激发范围,空穴数目远大于电子数目,因此 E_F 应在带隙下部靠近价带的位置;而 n 型半导体一侧,电子数目远多于空穴,因而 E_F 处在导带底部附近的带隙中. 由于 pn 结两侧半导体的费米能级不同,接触的结果,就在两种半导体的界面附近形成一定的接触电势差 V_D,显然,$|eV_D|=|eE_{Fn}-eE_{Fp}|$,如图 1.7.1(a)、(b)所示. 在 p 型区,电子静电能升高 eV_D,即整个 P 区电子能级向上移动了 eV_D,正好补偿费米能级的差别,使之拉平.

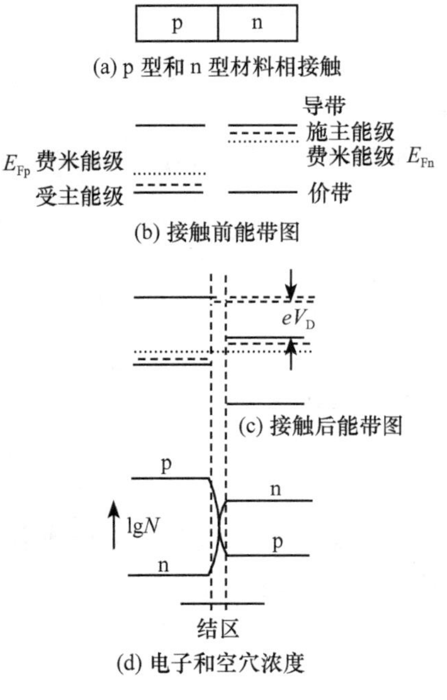

图 1.7.1　pn 结

平衡时在接触界面处形成了能带过渡区,在此区域内电子、空穴分布破坏了原来的电中性,称为空间电荷区或结区. 此区域的强电场对 n 区的电子和对 p 区的空穴都是一个高度为 eV_D 的势垒,称之为平衡 pn 结势垒.

建立稳定 pn 结势垒后,进入 p 型侧电子的浓度 n_{0p},按统计理论表示为

$$n_{0p}=n_{0n}\mathrm{e}^{-eV_D/(k_B T)} \tag{1.7.1}$$

式中,n_{0n} 为 n 型半导体平衡电子浓度. 这是因为 p 型侧电子的电势能比 n 型侧高

eV_D，电子能跨越势垒 eV_D 进入 p 型区的概率为 $e^{-eV_D/(k_BT)}$. 同理，n 型一侧空穴的浓度 p_{0n} 为

$$p_{0n} = p_{0p}e^{-eV_D/(k_BT)} \tag{1.7.2}$$

由此可知，在空间电荷区电子（空穴）由 n(p) 型 $n_{0n}(p_{0p})$ 按指数形式衰减到 p(n) 型区的 $n_{0n}(p_{0p})$，如图 1.7.1(d) 所示.

以上是关于 pn 结的统计理论. 按照载流子的动力学理论，当两种半导体接触后，由于两侧同种载流子浓度不同，从而产生相互扩散，扩散的结果使界面附近形成空间电荷区，电荷区的强电场使电子产生与扩散运动方向相反的漂移. 当扩散与反扩散达到平衡时，就在界面形成一个稳定势垒 eV_D. 可以由边值泊松方程

$$\nabla^2 V = -\frac{\rho}{\varepsilon_0\varepsilon_r} \tag{1.7.3}$$

求得 V_D. 由于界面附近电荷分布是复杂的，故求解上述方程非常困难. 为简化计算，通常选用以下近似：

(1) 突变法近似. 即认为界面两侧的受主浓度 N_A 和施主浓度 N_D 都是常数，且在界面处有一跃变，如图 1.7.2(a).

(2) 耗尽区近似. 对平衡后过渡区的载流子分布作如下假定：在 pn 结附近存在空间电荷区边界 $-x_p$ 和 x_n；在这个区域内载流子浓度为零，或者说在这个区域内载流子完全扩散到对方一侧. 称这个区域为**耗尽区**.

在上述近似下，泊松方程中的电荷密度 ρ 可表示为

$$\rho(x) = \begin{cases} -eN_A, & -x_p < x < 0 \\ eN_D, & 0 < x < x_n \\ 0, & x < -x_p \text{ 和 } x < x_n \end{cases} \tag{1.7.4}$$

便可求得与图 1.7.2(b)(c) 所示的电场 $\varepsilon(x)$ 和电势 $V(x)$. p、n 两侧的电势差即 V_D.

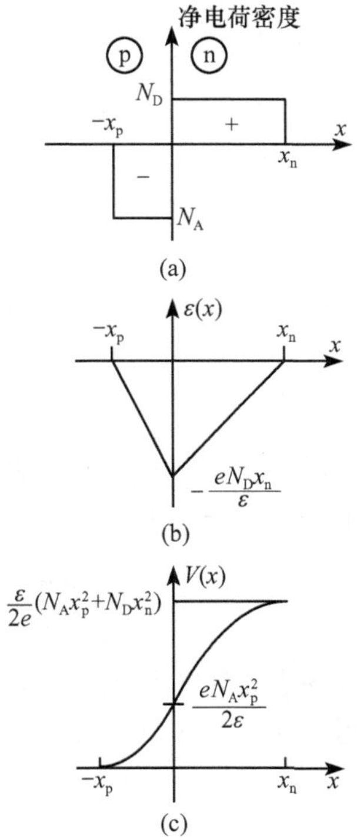

图 1.7.2　pn 结的过渡区中静电荷密度

1.7.2　pn 结的单向导电性

前面已经指出，pn 结势垒是载流子扩散与漂移运动平衡的结果. 如果给 pn 结加上一外电压 V，由于空间电荷区载流子浓度很低，因而电阻很高，因此，pn 结势垒将改变 eV，从而破坏了原来的平衡，引起载流子的重新分布. 下面我们分两种情况讨论.

1. pn 结的正向注入

当外加电场将空间电荷区的电场减弱时，称 pn 结加有正向偏压. 此时 p 区为高电势，n 区为低电势，pn 结势垒高度减少为 $eV_D - eV$，如图 1.7.3 所示. 因此，将有电子从 n 型区进入 p 型区，空穴从 p 型区进入 n 型区，成为非平衡载流子. 这种现象称为 pn 结的正向注入.

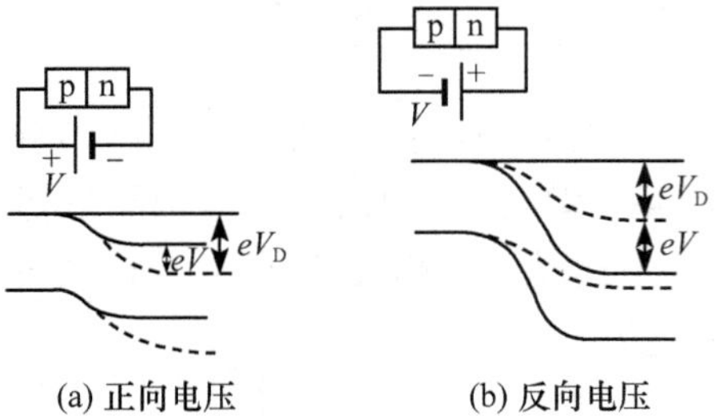

图 1.7.3　pn 结能带图

由于正向注入，使势垒边界上非平衡少数载流子浓度提高到一个新的数值，记为 $n_p(-x_p)$ 和 $p_n(x_n)$，近似用玻尔兹曼规律可将它们写成

$$n_p(-x_p) = n_n \mathrm{e}^{-e(V_D - V)/(k_B T)} \tag{1.7.5}$$

$$p_n(x_n) = p_p \mathrm{e}^{-e(V_D - V)/(k_B T)} \tag{1.7.6}$$

与式(1.7.1)和式(1.7.2)比较，得

$$n_p(-x_p) = n_{0p} \mathrm{e}^{+eV/(k_B T)} \tag{1.7.7}$$

$$p_n(x_n) = p_{0n} \mathrm{e}^{+eV/(k_B T)} \tag{1.7.8}$$

即正向偏压使界面处少数载流子积累，浓度提高了 $\mathrm{e}^{eV/(k_B T)}$ 倍，边界处非平衡载流子的浓度分别为

$$\Delta n_p = n_p(-x_p) - n_{0p} = n_{0p}[\mathrm{e}^{eV/(k_B T)} - 1] \tag{1.7.9}$$

$$\Delta p_n = p_n(-x_n) - p_{0n} = p_{0n}[\mathrm{e}^{eV/(k_B T)} - 1] \tag{1.7.10}$$

这些边界处的非平衡载流子边扩散边复合向体内运动，从而形成扩散电流. 直接利用 1.6 节的式(1.6.11)，得扩散电流密度

$$j_e(-x_p) = e\frac{D_e}{L_e}\Delta n_p(-x_p) = e\frac{D_e}{L_e} n_{0p} \mathrm{e}^{eV/(k_B T)} \tag{1.7.11}$$

$$j_h(x_n) = e\frac{D_h}{L_h}\Delta p_n(x_n) = e\frac{D_h}{L_h} p_{0n} \mathrm{e}^{eV/(k_B T)} \tag{1.7.12}$$

因此，通过 pn 结的总电流密度为电子电流与空穴电流密度之和

$$j = j_e(-x_p) + j_h(x_n) = -j_0[\mathrm{e}^{eV/(k_B T)} - 1] \tag{1.7.13}$$

式中

$$j_0 = e\left(\frac{D_e}{L_e} n_{0p} + \frac{D_h}{L_h} p_{0n}\right) \tag{1.7.14}$$

由以上两式可知，pn 结电流与少子浓度成正比，而随着正向偏压的增大，电流迅速增大如图 1.7.4 中 $V>0$ 部分的曲线所示.

2. pn 结的反向抽取

当 pn 结外加一反向偏压 V 时，p 区为外电场的低电势，n 区为高电势. 外加电场使空间电荷区电场增强，载流子的漂移运动超过了扩散运动. 这时 p 型区中的电子一旦到了空间电荷区边界 $-x_p$，就会被电场拉向 n 区；n 型区的空穴一旦到了空间电荷区边界 x_n，也会被拉向 p 型区，常称这种作用为反向抽取. 反向抽取使 pn 结界面处的载流子浓度小于平衡浓度，非平衡载流子浓度为负值. 这意味着载流子的复合率为负值，即在外电场作用下，实际上有电子、空穴对产生，其中的少数载流子可能扩散到空间电荷区边界而被电场拉向对边而形成反向电流.

若反向偏压 $V=-V_r$，势垒增高 $e(V_D+V_r)$，则与前面讨论的完全类似，得反向电流密度

$$j_r = j_0\left[e^{-eV_r/(k_BT)} - 1\right] \tag{1.7.15}$$

当 $eV_r \gg k_BT$ 时，$e^{-eV_r/(k_BT)} \ll 1$，因而式(1.7.15)为

$$\boldsymbol{j}_r = -\boldsymbol{j}_0$$

为一常量，称为反向饱和电流密度. 通常由于少子浓度很低，因而反向电流很小. 反向电流与反向偏压的关系如图 1.7.4 所示.

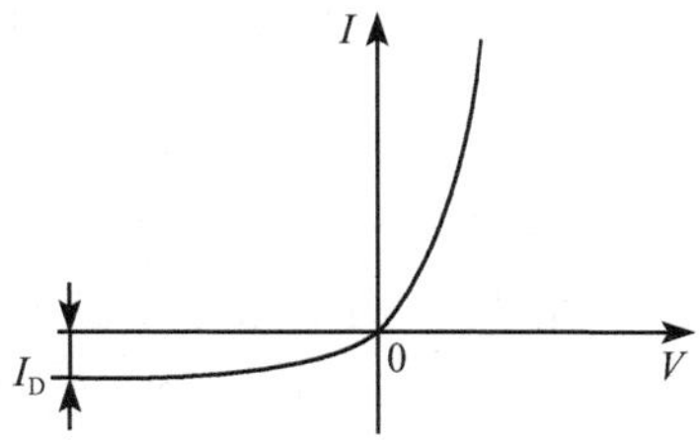

图 1.7.4 pn 结电流与外加电压的关系

图 1.7.4 所示的 pn 结电流与外加电压的关系曲线称为 pn 结的伏安特性. 伏安特性显示出 pn 结具有单向导电性(反向电流可忽略不计)，因而 pn 结具有整流作用.

1.7.3 pn 结的隧道效应

前边讨论的都是具有很低杂质浓度的 p 型、n 型半导体组成的 pn 结，下面讨论高浓度半导体的 pn 结. 对杂质浓度很高的 n 型半导体，其费米能级上升进入导带；p 型半导体的费米能级下降到价带中，这种高掺杂半导体称为简并半导体，以区别低杂质浓度非简并半导体. 当用简并型半导体组成 pn 结时，其伏安特性与非简并 pn 结有明显不同，如图 1.7.5 所示. 在小的正向偏压下，存在着电流峰和谷，出现 $dI/dV<0$ 的负微商电导区(负阻 NDC 区)；在较高的正向偏压下，逐渐趋于普通 pn 结的伏安特性；反向偏压时，反向电流随电压的增加而增加得很快. 具有这种伏安特性的效应称为 pn 结的隧道效应.

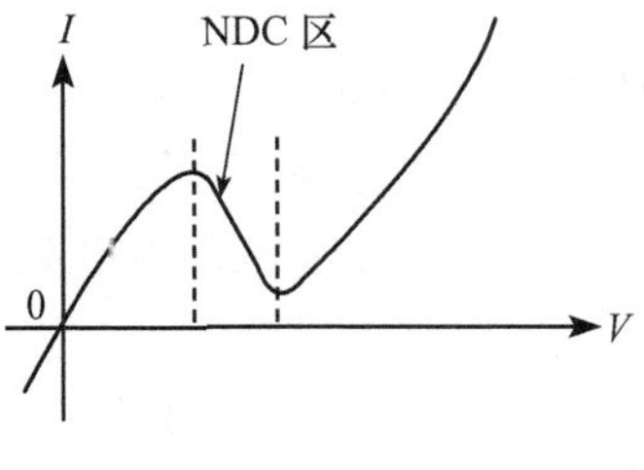

图 1.7.5 隧道二极管的 I-V 特性

简并 pn 结的隧道效应可作如下定性说明：

热平衡时 pn 结的能带图如图 1.7.6 所示. p 型侧,E_F 以下为电子填充;E_F 到 E_{V_p} 为空穴填充. n 型侧, E_F 以上是空态, E_F 至 E_{C_n} 为电子填充;势垒高度 E_{V_p} ,它近似等于带隙宽度 E_g. 如图所示,势垒的宽度为 W. 与普通 pn 结势垒比较,它具有高度较高而宽度较窄的特点 . 按照量子力学中的隧道效应,与普通 pn 结相比,有较多载流子可以以隧道穿透方式进入对方区域. 当零偏压时,pn 结两边穿透的电子数目相等,并无净电流存在 .

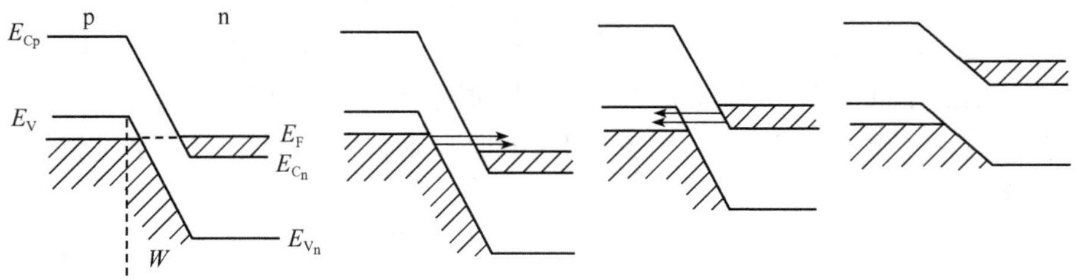

(a) 平衡时情况　(b) 反向偏压下的大隧道电流　(c) 小的正向偏压下所产生的隧道电流　(d) 大的正向偏压下隧道电流为零

图 1.7.6　隧道二极管原理

当加上一小的正向偏电压 V 时,势垒高度变为 $e(V_D - V)$,n 型区电子的位能提高,如图 1.7.6(c)所示. 此时 n 型区一边导带中处于 E_F 到 $E_F - eV$ 之间的电子可以以隧道穿透方式到 p 型区而形成正向电流. 必须注意,这种隧道穿透必须是以 p 型区有空的态存在为前提,否则隧道穿透不能进行.

当正向偏压升高时,正向电流也随之升高. 当 n 型区的导带底 E_C 与 p 型区的费米能级相等时(图 1.7.6(c))穿透概率达到极大,正向电流也将达到极大(V_p 对应的 I_p).

当 V 继续增大,p 型区可提供的空态将下降,因而隧道穿透电子数目减少,正向电流减小,一直到 n 型区的导带底 $E_C \geqslant E_V$ 为止[图 1.7.6(d)]. 这一范围就是负微商电导区.

当 V 进一步增大,电子就可以通过跨越势垒进入 p 型区,即回到普通 pn 结的机制.

当加上反向偏压 V_r 时,n 型区电子能级下降 eV_r,如图 1.7.6(b)所示. p 型区价带中的电子很容易以隧道穿透方式进入 n 型区的导带形成反向电流. 而且 V_r 越大,对应 n 型区的空位越多,穿透概率越大,因而反向电流也就越大. 因此反向电流随反向偏压的增大而增大.

pn 结是半导体器件的基本单元,也是最常用的半导体器件,称之为二极管. 显然,二极管可用来整流、检波. 由简并半导体构成的 pn 结称为隧道二极管,利用隧道二极管的负阻区,可进行微波振荡和微波放大.

1.7.4　pn 结的光生伏特效应

当 $h\nu > E_g$ 的光子透入半导体时，价带中的电子可以吸收光子能量而跃迁到导带，形成电子-空穴对. 电子的这种由价带到导带的激发，称为本征激发，对光子而言称为本征吸收. 在简单情况下，沿光传播方向的光子流密度在半导体内以指数 $\exp(-\alpha x)$ 衰减，α 称为本征吸收系数，$1/\alpha$ 表示光子透入半导体的深度.

如果 pn 结受到光照而产生电子-空穴对，则这些电子、空穴将会被空间电荷区的强电场分别扫向结的两侧，而且在距空间电荷区边界约一个扩散长度范围内的光生少子也将被电场抽取到另一侧，从而形成光致电流. 显然，光致电流 I_L 与 pn 结反向电流的方向一致. 在 pn 结开路的情况下，将在 pn 结两端形成一定的光致电压（光致电动势），使 pn 结正向偏置；若加上负载而形成回路，光生电动势将对负载有一定的功率输出. 这种现象称为光生伏特效应，如图 1.7.7 所示.

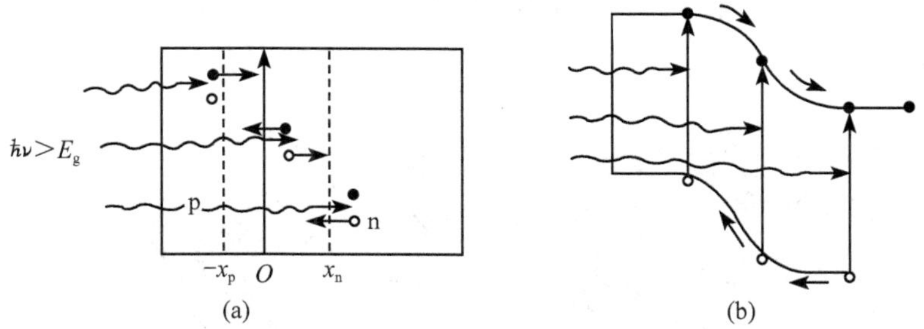

图 1.7.7　光生伏特效应示意图

对理想的 pn 结，I-V 特性为

$$I = I_0\{\exp[-eV/(k_B T)] - 1\} - I_L \tag{1.7.16}$$

令上式，$I=0$，则可得到开路光致电压

$$V_{ep} = (k_B T/e)\ln(1 + I_L/I_0) \tag{1.7.17}$$

利用二极管的光生伏特效应，可以制成太阳能电池和红外探测器或光电二极管. 太阳能电池要在宽广的太阳光谱范围内有较高的光谱响应，以提高光-电能量转换效率，并尽可能做成大面积器件或组件，以提高电功率. 而作为光探测器的光电二极管，则要求在以光信号波长为中心的狭窄波段内有较高的响应，以提高信噪比和探测率. 另外，为了提高响应速度，必须尽可能地降低结电容，因而器件的面积要很小.

1.8　半导体超晶格

半导体超晶格由于其独特性质而引人注目，从 1973 年以来，已经成为半导体新理论和新应用的生长点.

1.8.1 半导体超晶格

超晶格(superlattice)是相对晶态固体材料中原来的晶格周期而言的,它是指晶态固体材料中的原胞要比构成超晶格材料的原胞小得多.因此该材料在实空间以原周期的若干倍形成新的周期结构.半导体超晶格不存在于自然界中,它是一种人工制造的结构材料.采用分子束外延(MBE)、金属有机物气相沉淀(MOCVD)和化学束外延(CBE)等生长技术,可使半导体超晶格得以实现.半导体超晶格不是一种均匀的单一合金成分晶体,而是由两种极薄的不同合金成分的、半导体单晶薄膜周期性地交替生长的多层异质结构.每层薄膜的厚度一般为 10Å～10^2Å(1Å=0.1nm=10^{-10}m).图 1.8.1(b)给出了这种结构的示意图,它是由 GaAs 和 AlAs交替叠合而成的.在每周期内 GaAs 的厚度为 45Å,AlAs 的厚度为 40Å.每个周期共含有 50 个晶格周期.为了比较,图 1.8.1(a)还给出了 GaAs 化合物的晶格结构示意图.

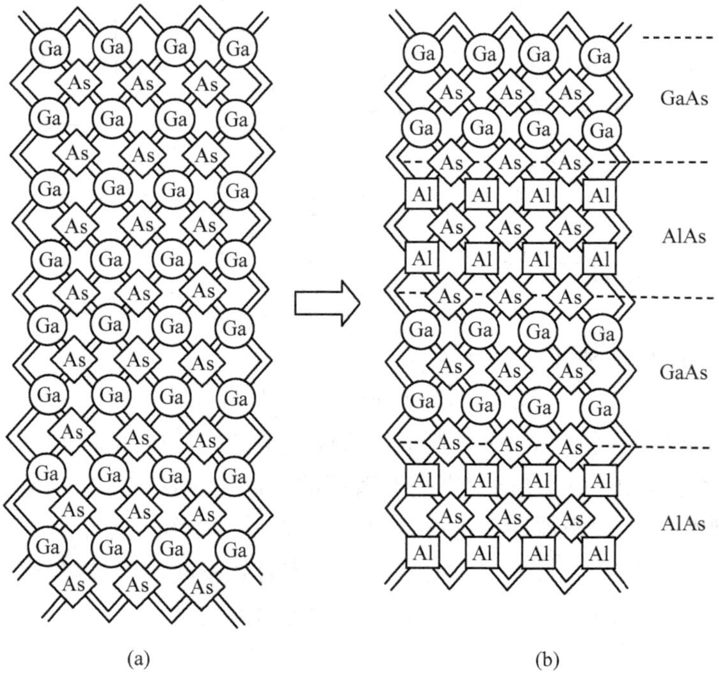

图 1.8.1　通常化合物半导体晶体结构和超晶格结构实例

一般来说,组成超晶格的两种材料具有相同类型的能带结构.由于两种材料的导带边和价带边的能量不相同,故在两种材料的交界处,带边发生不连续的变化.

图 1.8.2 为 GaAs-AlAs 超晶格在垂直两种材料界面方向上的导带和价带势场分布的示意图. E_{g1}、E_{g2} 分别为 AlAs、GaAs 的能隙宽度.

由 1.8.2 图可见,超晶格晶体中除原有的两种材料的晶体周期场外,还在垂直于两种材料界面的方向叠加了一个附加的一维周期势场.

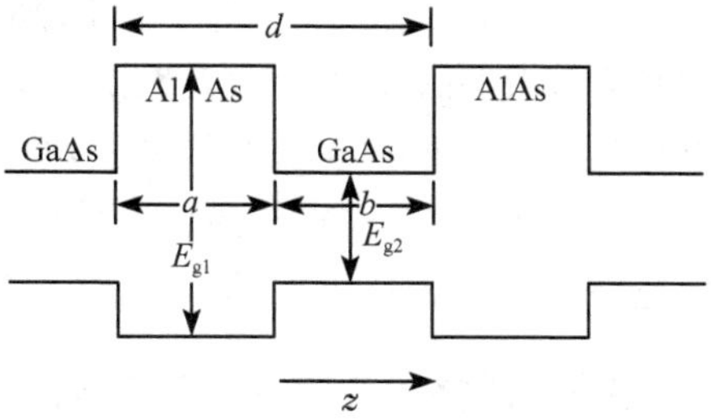

图 1.8.2 半导体超晶格中的势分布

1.8.2 量子阱和附加量子化

若将垂直于界面的方向取作 z 轴,从图 1.8.2 可以看到在 z 方向出现周期为 d 的势阱阵列,称之为多重量子阱. 超晶格中的电子(空穴)将被势阱束缚. 但在平行于 xy 平面内的运动并不受影响. 于是对于导带中的电子,其能量可表示为

$$E(k) = E(k_z) + \frac{\hbar^2}{2m^*}(k_x^2 + k_y^2) \tag{1.8.1}$$

上式表明,在 xy 平面内,电子的动能仍是准连续的,而在垂直于界面的 z 方向,电子的能量取决于附加的一维周期势.

我们知道,如果原来晶体的晶格常数为 a,则其周期性势场可表示为

$$V(z) = V(z + na)$$

与此相对应的,电子能量在 K 空间也具有周期性,即有

$$E(k_z) = E\left(k_z + \frac{2\pi}{a}n\right)$$

类似地,在超晶格晶体中,由于合金成分的周期性变化所引起的周期性势场为

$$V'(z) = V'(z + nd)$$

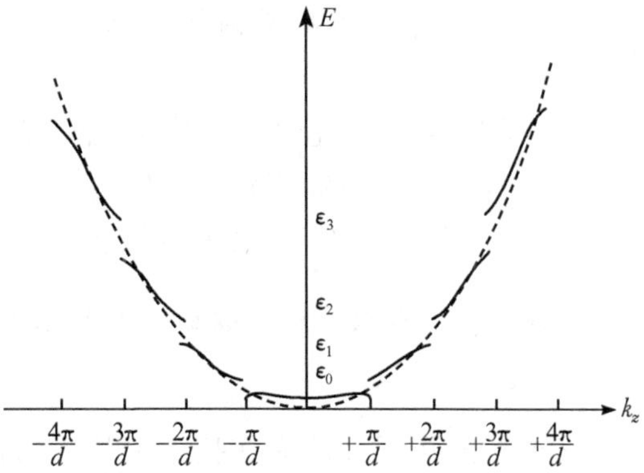

图 1.8.3 超晶格中 E-k 关系

因而,电子能量 E 在 K 空间内除去周期性 $2\pi/a$ 外,还应具有周期性 $2\pi/d$,即

$$E(k_z) = E\left(k_z + \frac{2\pi}{d}n\right)$$

由于 $d \gg a$,因此能量 $E(k_z)$ 所具有的周期 $2\pi/d$ 要比 $2\pi/a$ 小得多. 换句话说,在原有的布里渊区内又可分成许多小区,这些小区的宽度比原有的布里渊区要小得多. 在每个小区的边界产生能量的突变,如

图 1.8.3所示. 与原先的能带相比,超晶格能带的宽度要窄得多. 允许带和禁止带的宽度以及具体的 E-k 关系取决于势的变化情况及超晶格常数. 通过适当选择组成超晶格的材料和改变层的厚度,便可改变 k_z 方向的 E-k 关系.

由此可见,由于在超晶格晶体中引入了附加的一维周期势场,其中电子的能量将呈现新的量子化现象,原来晶格周期势场中的能带分裂成一系列子能带.

1.8.3　超晶格的负阻效应及其应用

这种附加量子化效应使得超晶格晶体产生了许许多多新的物理现象和物理性质,如量子霍尔效应、负阻效应等. 下面简单介绍负阻效应及其应用.

研究表明,当在不同的温度下测量超晶格晶体的电阻时,将会发现样品的电阻随外加电压变化而变化. 当外加电压增加到某一阈值时,微分电阻的数值将会发生突变,在某些温度下会出现负阻现象. 过了突变值以后,随着外加电压的增加,电阻的数值会出现忽大忽小的变化. 电阻的这种异常变化是块状的 GaAs、AlAs 单晶样品所没有的. 关于超晶格晶体的负阻效应可作如下的定性讨论.

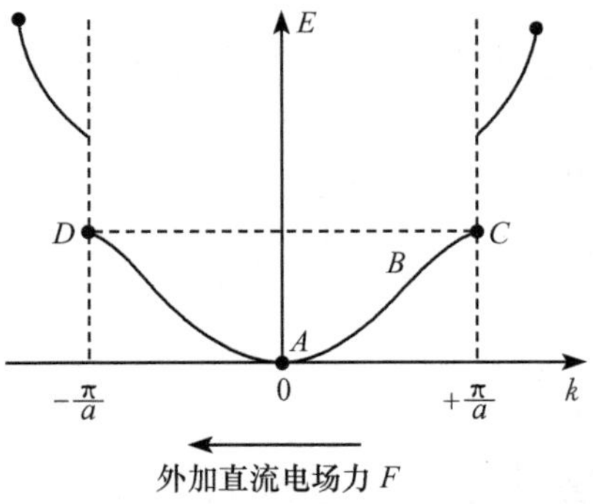

图 1.8.4　在周期性晶体场中外加直流电场以后电子的行为

图 1.8.4 给出了电子在直流电场中受到加速作用以后运动的情况. 假定无外电场时,电子处于 A 点. 当加上直流电场以后,电子被外电场加速并沿$\overrightarrow{AB}$移动到了转折点 B 后,电子的速度就慢慢地减下来,于是晶体进入负阻区域.

然而尽管理论上可以预计在直流电场的作用下晶体可以出现负阻现象,但实际上在通常的半导体晶体中实现是不可能的. 因为此时必须把电子的能量加速到很高,但由于电子被加速过程中受到的散射作用,电子要想得到很高的能量事实上是相当困难的.

但是,在超晶格晶体中,由于附加的周期势的周期 d 要比母晶体中的晶格常数 a 大得多,因此在 K 空间每个子能带所占据的宽度比原有布里渊区的宽度要小得多. 由于小区中的能量和准动量都很小,所以在外电场作用下,电子有可能被加速到越过 E-k 曲线中的 B 点,此时,$\frac{\mathrm{d}^2E}{\mathrm{d}k^2}$变号,电子从正有效质量变成负有效质量,从而可以获得负阻效应.

超晶格半导体材料诞生后不久,便由于其独特的物理性质而在技术上显示出它的重要性. 用超晶格材料研制的一些微电子和光电子器件具有常规材料所不具备的许多优异性能,并使电子器件的设计思想发生了革命性的变化. 使半导体器件的设计和制造由原先的所谓“杂质工程”发展到“能带工程”，并可对其物理特性进行有效控制. 综合超晶格器件的应用前景可以列成表 1.8.1.

表 1.8.1 超晶格器件的可能应用

主要分支	实 例
超高频器件	超高速传真、超高速数据通信、超高速图像传输、超高速多路电话系统
超低功耗器件	非线性变换器、高效率能量变换器、隧道晶体管、高温超导器件
光双稳态器件	光逻辑集成电路
超高密度存储器	大容量光存储器、大容量磁存储器
高效率发光器件	高输出可见光激光器、高效率多色发光器件
控制器件	紫外线控制器、X 射线控制器
传感器	高灵敏度磁传感器、高带域光传感器、高性能音响设备、高灵敏度超声波器件

图 1.8.5 示出了超晶格器件的一个例子——横向超晶格器件. 在这种超晶格结构中，电子是互相平行地通过超晶格晶体的. 开始，电子存在于高迁移率的 GaAs 导带的底部，由于电场加速作用，电子能量不断增大，于是进入 AlGaAs 的导带. 但在 AlGaAs 中电子迁移率较之在 GaAs 中要低. 这样，从高电子迁移率到低电子迁移率的突变，将预示着可能存在负阻特性.

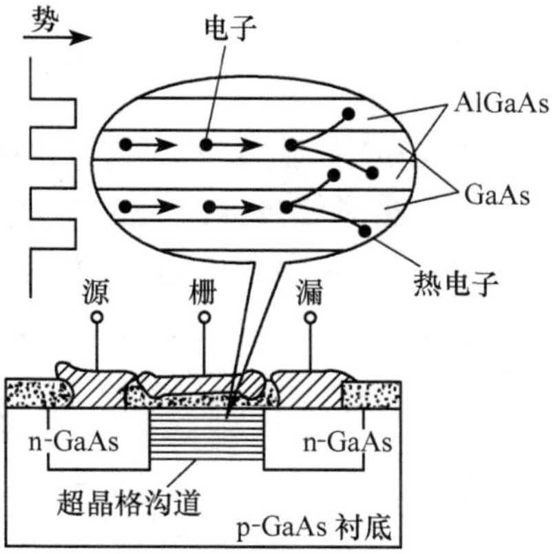

图 1.8.5 横向超晶格器件

1.8.4 二维电子气的能态密度与量子霍尔效应

1. 二维电子气能态密度

如前所述，超晶格半导体附加的周期性引起电子能谱的附加量子化，即在 z 方向形成一系列量子能级 $E_1(z), E_2(z), \cdots$，由式(1.8.1)可知，由于 $[\hbar^2/(2m^*)](k_x^2+k_y^2)$ 形成准连续谱，则相应 z 方向的每一个能级 $E_i(z)$，电子的二维运动形成一个子能带. 子能带的态密度在这里是二维问题. 由在 $k_{/\!/}(k_x, k_y)$ 空间 K 标度下单位体积的态密度为 $1/(2\pi)^2$ 可知，以 $k_{/\!/}=\sqrt{k_x^2+k_y^2}$ 为半径的 $k_{/\!/}$ 空间圆内所包含的允许的 $k_{/\!/}$ 的数目为

$$N=\frac{1}{(2\pi)^2}\pi k_{/\!/}^2=\frac{k_{/\!/}^2}{4\pi} \tag{1.8.2}$$

若改用能量标度

$$N(\varepsilon_{/\!/}) = \frac{1}{4\pi} \times \frac{2m^*}{\hbar^2} \frac{\hbar^2 k_{/\!/}^2}{2m^*} = \frac{m^*}{2\pi\hbar^2}\varepsilon_{/\!/}$$

则能态密度

$$g(\varepsilon) = 2\frac{\partial N}{\partial \varepsilon} = \frac{m^*}{\pi\hbar^2} \tag{1.8.3}$$

2. 量子霍尔效应

普通物理中介绍过，霍尔电压 V_H 与外磁场 B、电流强度的关系为(已设霍尔片的厚度为 1)

$$V_H = R_H IB \tag{1.8.4}$$

式中，$R_H = 1/(ne)$ 为霍尔系数. 类似欧姆定律，把

$$\rho_H = \frac{V_H}{I} = R_H B = \frac{B}{ne} \tag{1.8.5}$$

称为霍尔电阻，显然，若保持导体中的电子数密度 n 不变，则 ρ_H 与 B 成线性关系.

所谓**量子霍尔效应**是指在超晶格半导体中，ρ_H 并非总是与 B 成正比关系. 当改变磁场，测量霍尔电阻时，发现在某些范围的 B 值出现平台，即随着 B 的增大，ρ_H 并不增加，如图 1.8.6 所示，而且平台值是量子化的，精确地等于 h/e^2 的 $1/i$ 倍，i 是正整数. 也称整数量子霍尔效应.

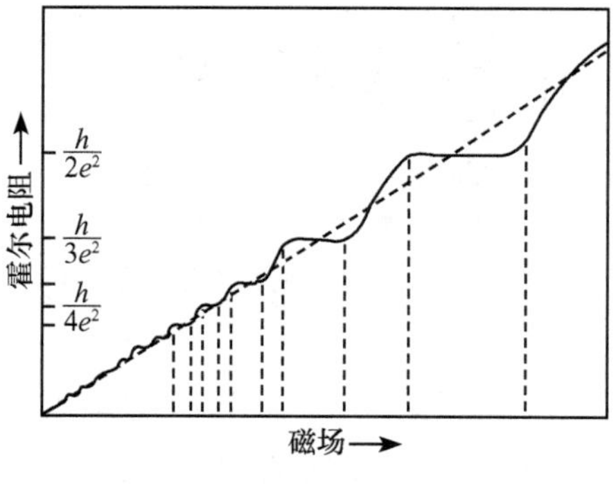

图 1.8.6 霍尔电阻 ρ_{xy} 与磁场 B 的关系，ρ_{xy} 出现平台区，在平台区上，当磁场改变时，霍尔电阻不变

量子霍尔效应是超晶格附加量子化的宏观表现. 当在 z 方向加上磁场 B 后，原在 xy 平面内自由运动的准连续能谱，将量子化为朗道能级

$$E_i(z) = \left(i + \frac{1}{2}\right)\hbar\omega_c, \qquad i \text{ 为正整数}$$

式中，$\omega_c = eB/m^*$ 为回旋共振频率.

每一个朗道能级包含的量子态数目等于原来连续谱中能量间隔 $\hbar\omega_c$ 内的态数目. 这样就可由原来二维自由电子气的能态密度式(1.8.3)，得到朗道能级的简并度为

$$g(E)\hbar\omega_c = \frac{m^*}{\pi\hbar^2}\hbar\frac{eB}{m^*} = \frac{2Be}{\pi\hbar} \tag{1.8.6}$$

如果考虑到电子自旋在磁场中的分裂，朗道能级的简并度为

$$\frac{1}{2}g(E)\hbar\omega_c = \frac{Be}{\pi\hbar} \tag{1.8.7}$$

如果电子刚好填满到第 i 个朗道能级，那么电子数为 $n=ieB/h$，代入式(1.8.5)中得霍尔电阻为

$$\rho_H = \frac{1}{i}\left(\frac{h}{e^2}\right), \qquad i\text{为正整数} \tag{1.8.8}$$

由此可知 ρ_H 与 B 无关，即出现霍尔电阻平台，且平台值是量子化. 显然，平台本身相当于填满的朗道能级. 国际计量委员会已经决定，从 1990 年 1 月起用量子霍尔电阻标准替代原来的标准电阻的实物基准.

分数量子霍尔效应

1982 年崔琦(D. C. Tsui)，施特默(H. L. Störmer)和戈萨德(A. C. Gossard)在很低的温度下(T=0.5K)和更强的磁场下(B=28T)发现新的霍尔电阻平台.

$$\rho_H = \frac{1}{i}\frac{h}{e^2}$$

当 $i=\frac{1}{3},\frac{2}{3},\frac{2}{5},\frac{3}{5}\cdots$分数值时出现新的平台，称为分数量子霍尔效应，$i$ 的数值主要有

$$i=\frac{P}{2P+1}=\frac{1}{3},\frac{2}{5},\frac{3}{7},\frac{4}{9},\cdots \quad P=1,2,3,\cdots$$

$$i=\frac{P}{2P-1}=\frac{2}{3},\frac{3}{5},\frac{4}{7},\frac{5}{9},\cdots \quad P=2,3,4,\cdots$$

分数量子霍尔效应不能在单电子图像下得到理解，现在的共识是分数量子霍尔效应是在强磁场作用下，二维电子系统中多电子(面密度约为 $10^{11}/\text{cm}^2$)强关联运动的结果. 1998 年因发现和解释分数量子霍尔效应，崔琦、施特默和劳克林获得诺贝尔物理学奖.

习　题

1.1　设一维半导体，晶格常数为 a，导带底及价带顶附近的能谱可分别表示为

$$E_C(k) = \frac{\hbar^2 k^2}{3m_0} + \frac{\hbar^2(k-k_1)^2}{m_0} \quad \text{及} \quad E_V(k) = \frac{\hbar^2 k_1^2}{6m_0} - \frac{3\hbar^2 k^2}{m_0}$$

式中，m_0 为电子质量，$k_1=2\pi/a$，试求：

(1) 禁带宽度；

(2) 导带底与价带顶的电子有效质量；

(3) 价带顶电子跃迁到导带底时准动量的变化；

(4) 如 $a=0.314\times10^{-9}$m，试写出以上各量在 SI 制中的数值.

1.2　硅的样品提纯直到每立方米只含有 10^{18} 的施主原子，在什么温度下它将不再表现出原来的行为？(E_g=1.1eV，T=300K 时，载流子浓度为 $2\times10^{16}m^{-3}$.）

1.3　锑化铟的介电常量 $\varepsilon=\leqslant17$，电子有效质量为 $m_e^*=0.014m_e$. 计算：

(1) 施主电离能；

(2) 基态轨道半径；

(3) 在相邻杂质的轨道开始重叠时的施主浓度；在这个浓度下，什么效应会发生，为什么？

1.4　已知 T=300K 时，硅的本征载流子浓度 $n_i=1.5\times10^{10}cm^{-3}$，如费米能级在禁带中央 E_i 以上 0.26eV 处，试计算此处时电子与空穴的数密度.

1.5　某半导体中掺入浓度为 $N_D=10^{13}cm^{-3}$ 的施主杂质，施主电离能 E_I=1meV，有效质量为 $0.01m_c$，m_c 为自由电子质量. 试估算 T=4K 时的导带电子的数密度及霍尔系数. 已知 $k_BT\leqslant E_g$.

1.6　已知 n 型硅 E_g=1.10eV，施主电离能为 0.05eV，掺杂浓度 $N_D=10^{15}cm^{-3}$，当 T=300K 时 E_F 位于禁带中央以上 0.29eV 处，试计算此时施主能级上的电子数密度.

1.7　300K 时锗的本征电阻率为 0.47Ω·m. 如果电子和空穴的迁移率分别为 $\mu_n=0.36m^2\cdot V^{-1}\cdot s^{-1}$ 及 $\mu_p=0.17m^2\cdot V^{-1}\cdot s^{-1}$，试计算锗的本征载流子数密度.

1.8　已知 GaAs 的 E_g=1.42eV，$m_e^*=0.068m_e$. m_h 可取 $0.5m_e$，m_e 为自由电子质量，试求其 300K 时的导带底与价带顶的有效状态密度 N_C 和 N_V 以及本征载流子浓度.

1.9　如 300K 时硅的电子与空穴的迁移率分别为 $\mu_n=1350cm^2\cdot V^{-1}\cdot s^{-1}$ 与 $\mu_p=500cm^2\cdot V^{-1}\cdot s^{-1}$，试计算其本征电导率.

1.10　已知硅样品为长方体形，几何尺寸为沿 x 方向长 2.5mm，y 方向宽 0.25mm，z 方向高 50μm. 若现沿 x 方向通以 2mA 的电流，沿 z 方向施以 $0.5Wb/m^2$ 的磁场，y 方向测得的电压为 1.25mV，x 方向样品两端的外加电压为 85mV，试计算载流子的数密度及迁移率. 假设样品中只有一种载流子.

第2章　固体的介电性与铁电性

在外电场作用下固体有两种响应：一种是固体中电荷长程迁移、输运形成传导电流. 另一种响应是产生电偶极矩，或者引起固体中固有的电偶极矩转向，这种响应称为固体的介电性. 绝缘体具有典型的介电性，称之为电介质. 而半导体兼有传导和介电两种特性.

本章的主要内容有：介质极化及极化的微观机制，局域电场与静态介电常量，弛豫极化与介电损耗，铁电性，铁电性的微观理论，铁电相变的朗道理论等.

2.1　介质极化与退极化场

在外电场 $\boldsymbol{E}_0$ 作用下，介质中本来是电中性的原子都将被极化，即原子中带正电荷的原子核与带负电荷的电子在外电场作用下发生相对位移，这样原子就产生了电偶极矩 $\boldsymbol{P}$，而这时电偶极矩又会在其周围产生电场. 假若介质中所有原子的电偶极矩在位置 $\boldsymbol{r}$ 处产生的总电场为 $\boldsymbol{E}_P(\boldsymbol{r})$，这样介质中位置 $\boldsymbol{r}$ 处的实际电场 $E_L(\boldsymbol{r})$ 应该是外电场 $E_0(\boldsymbol{r})$ 与 $\boldsymbol{E}_P(\boldsymbol{r})$ 的矢量和

$$\boldsymbol{E}_L(\boldsymbol{r})=\boldsymbol{E}_0(\boldsymbol{r})+\boldsymbol{E}_P(\boldsymbol{r})=\boldsymbol{E}_0(\boldsymbol{r})+\boldsymbol{E}_d(\boldsymbol{r}) \tag{2.1.1}$$

我们称 $\boldsymbol{E}_L(\boldsymbol{r})$ 为 $\boldsymbol{r}$ 点的局域电场（简称局域场）或有效电场 $\boldsymbol{E}_{\mathrm{eff}}(\boldsymbol{r})$. 它是介质中各原子实际受到的电场，并非外电场 E_0. 而电偶极矩产生的 $\boldsymbol{E}_P(\boldsymbol{r})$，由于它总是与 $\boldsymbol{E}_0$ 和极化强度 $\boldsymbol{P}$ 反向，被称为退极化场 $\boldsymbol{E}_d(\boldsymbol{r})$.

当我们对介质中某点的电场进行测量时，尽管从宏观上看是个“点”，但从微观上来说，它包含了成千上万个原子所以实验上测量到的电场 $\boldsymbol{E}$（宏观电场）实际上是该小区域中局域电场 $E_L(\boldsymbol{r})$ 的平均值，当外电场 $\boldsymbol{E}_0(\boldsymbol{r})$ 是均匀场 $\boldsymbol{E}_0$ 时 $\boldsymbol{E}$ 可写成

$$\boldsymbol{E}=\overline{\boldsymbol{E}_L(\boldsymbol{r})}=\boldsymbol{E}_0+\overline{\boldsymbol{E}_P(\boldsymbol{r})}=\boldsymbol{E}_0+\boldsymbol{E}_d(\boldsymbol{r}) \tag{2.1.2}$$

在电磁学中通常所说的电场都是宏观电场 $\boldsymbol{E}$，它实际是局域场 $\boldsymbol{E}_L(\boldsymbol{r})$ 的平均值. 因此退极化场 $\boldsymbol{E}_d(r)$ 的计算是电介质理论的首要问题，它不仅与介质有关，也与介质的外形有关，这里简述不同形状介质的结果.

首先介绍电容器极板间电介质的电场.

图 2.1.1 示出了一个放在外电场 $\boldsymbol{E}_0$ 中的平板介质样品，图中用小箭头表示在外电场作用下原子产生的电偶极矩，箭头前端表示偶极矩的正电荷，尾端表示负

电荷.

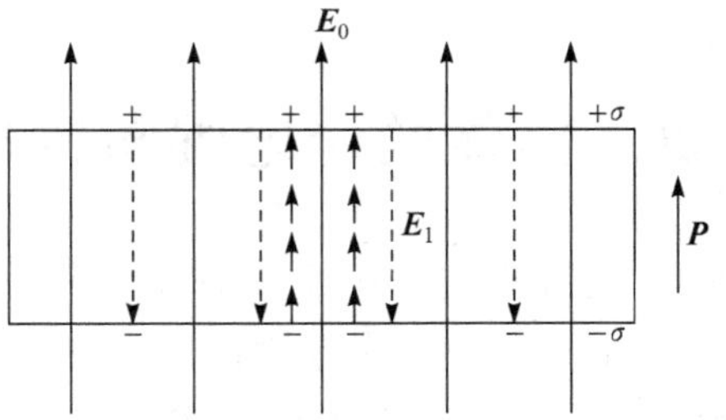

图 2.1.1　平板样品在垂直板面的外电场 $\boldsymbol{E}_0$ 作用下的极化情况

在介质内部,正负电荷相互中和.因此对于均匀的晶体样品,其内部不会出现宏观电荷.但对于处在样品表面的原子偶极矩的电荷却无法中和,因此在样品表面出现表面束缚电荷密度 σ.显然 σ 与原子偶极矩 $\boldsymbol{P}_i$ 有关,因而也与极化强度 $\boldsymbol{P}$ 有关.这是因为介质中极化强度 $\boldsymbol{P}$ 的定义是单位体积中原子偶极矩的矢量和.假设介质中第 i 类原子的数密度为 N_i,则

$$\boldsymbol{P} = \sum_i N_i \boldsymbol{P}_i \tag{2.1.3}$$

由静电场理论,知 $\boldsymbol{P}$ 与介质表面束缚电荷密度 σ 之间有

$$\sigma = \boldsymbol{n} \cdot \boldsymbol{P} = \rho\cos\theta \tag{2.1.4}$$

式中 $\boldsymbol{n}$ 表示介质表面法线方向单位矢量,θ 表示表面法线方向与极化强度 $\boldsymbol{P}$ 之间的夹角.对于如图 2.1.1 所示的平板介质,设外电场 $\boldsymbol{E}_0$ 与表面垂直,则平板介质的极化强度 $\boldsymbol{P}$ 与表面垂直,$\theta=0$,因而 $\sigma=|\boldsymbol{P}|=P$.此表面电荷将在介质中产生退极化电场强度 E_d,由高斯定理可知

$$E_d = \frac{\sigma}{\varepsilon_0} = \frac{P}{\varepsilon_0} \tag{2.1.5}$$

考虑到 $\boldsymbol{E}_d$ 与 $\boldsymbol{P}$ 的方向相反,式(2.1.5)可写成

$$\boldsymbol{E}_d = -\boldsymbol{P}/\varepsilon_0$$

因此平板介质中的总宏观电场 $\boldsymbol{E}$ 可写成

$$\boldsymbol{E} = \boldsymbol{E}_0 + \boldsymbol{E}_d = \boldsymbol{E}_0 - \boldsymbol{P}/\varepsilon_0 \tag{2.1.6}$$

再介绍椭球形介质中的电场.

若介质的外形是图 2.1.2 所示的椭球形,由静电学方法可计算得到沿椭球三个轴方向的退极化电场为

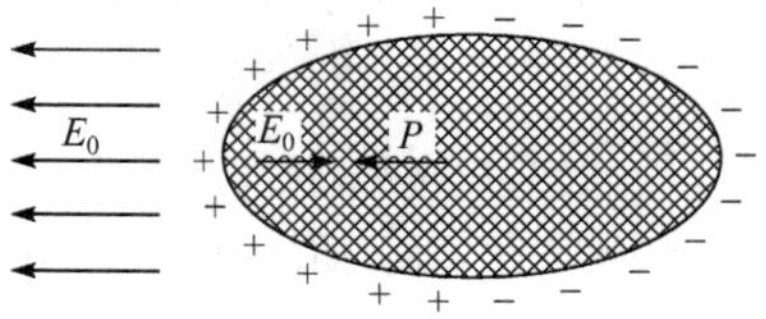

图 2.1.2 椭球样品在外电场 $\boldsymbol{E}_0$ 中的极化情况

$$\begin{cases} E_{dx}=-N_x\dfrac{P_x}{\varepsilon_0} \\ E_{dy}=-N_y\dfrac{P_y}{\varepsilon_0} \\ E_{dz}=-N_z\dfrac{P_z}{\varepsilon_0} \end{cases} \tag{2.1.7}$$

式中，N_x、N_y、N_z 是由椭球形状决定的常数，称为退极化因子. 在球形情况下

$$N_x=N_y=N_z=\frac{1}{3} \tag{2.1.8}$$

即对球形介质

$$\boldsymbol{E}_d=-\frac{1}{3}\frac{\boldsymbol{P}}{\varepsilon_0} \tag{2.1.9}$$

一般情况下退极化场可表示成

$$E_d=-N\frac{P}{\varepsilon_0} \tag{2.1.10}$$

式中 N 是由介质外形决定的退极化因子. 表 2.1.1 给出了一些特殊外形的退极化因子.

表 2.1.1 某些特殊情况下的退极化因子

形状	外加电场取向	N	形状	外加电场取向	N
球	任意	1/3	长圆柱	垂直侧面	1/2
平板	垂直表面	1		平行侧面	0
	平行表面	0			

任意形状介质内的宏观电场 $\boldsymbol{E}$ 应表示成

$$\boldsymbol{E}=\boldsymbol{E}_0+\boldsymbol{E}_d=\boldsymbol{E}_0-N\frac{\boldsymbol{P}}{\varepsilon_0} \tag{2.1.11}$$

由静电学知道，在均匀介质中极化强度与宏观电场 $\boldsymbol{E}$ 成正比

$$\boldsymbol{P}=\varepsilon_0\chi\boldsymbol{E} \tag{2.1.12}$$

其比例系数χ即是介质的极化率. 应注意χ是个宏观量，与其对应的微观量是原子

的极化率 α_i，其定义是处在 $\boldsymbol{r}$ 点的第 i 类原子在局域电场 $\boldsymbol{E}_L(\boldsymbol{r})$ 作用下所产生的原子偶极矩 $\boldsymbol{P}_i$ 为

$$\boldsymbol{P}_i=\alpha_i\boldsymbol{E}_L(\boldsymbol{r}) \tag{2.1.13}$$

式(2.1.12)是式(2.1.13)的平均值表达式. 把式(2.1.11)代入式(2.1.12)，可得

$$\boldsymbol{P}=\frac{\varepsilon_0\chi}{1+N\chi}\boldsymbol{E}_0 \tag{2.1.14}$$

由此可见，介质内的极化强度 $\boldsymbol{P}$ 的大小，不仅与介质的内禀性质(α_i 及 χ)有关，而且也与介质的外形(退极化因子 N)有关

2.2　极化的微观机制

前面看到，涉及固体介电性质的有两类物理量，即宏观物理量(宏观电场 $\boldsymbol{E}$，极化强度 $\boldsymbol{P}$，及介质的极化率 χ)及微观物理量(局域电场 E_L，原子偶极矩 $\boldsymbol{P}_i$ 及原子的极化率 α_i). 前者表示固体的宏观电场的响应属性，可由实验测量到. 而后者反映了固体中原子在外电场作用的状态，并由它可以对固体宏观属性作出解释的物理量. 因此为了阐明固体的宏观性质的微观机制，就必须在外场作用下对组成固体的原子状态进行表述，进而给出宏观电场 $\boldsymbol{E}$ 与局域电场 $\boldsymbol{E}_L$ 与固体极化率 χ 与原子极化率 α_i 之间的关系，这是本节讨论的主要问题.

在绝缘介质中不存在可以自由移动的自由电子，此时介质对外电场的响应主要有以下三种：①电子位移，②离子位移，③原子、离子固有电偶极子的转向. 这些都能引起介质极化，下面分别加以讨论.

2.2.1　电子位移极化

当固体中的原子处于外电场中时，原子中的电子受到局域电场作用使其运动轨道发生畸变，导致电子分布发生变化，产生电子位移极化. 现在用量子理来讨论电子位移引起的原子极化.

设原子感受到的沿 Z 方向局域静止外电场 $\boldsymbol{E}_L$，相对于原子内电荷之间的相互作用能，外电场 $\boldsymbol{E}_L$ 对电子的作用势

$$\hat{H}'=e\boldsymbol{E}_L\cdot\boldsymbol{r}=eE_Lr\cos\theta=eE_LZ \tag{2.2.1}$$

θ 为 $\boldsymbol{r}$ 与 $\boldsymbol{E}_L$ 之间的夹角，$\hat{H}'$ 是很小的，可以看成微扰项. 设 $\varphi_1,\varphi_2,\cdots$ 表示电子没有受到局域电场作用时 $\hat{H}^0$ 的本征态波函数，并设原子处于 i 状态. 根据微扰论的一般结果，在能量一级修正近似下，电子波函数将变为

$$\begin{aligned}\varphi &= \varphi_i + \sum_{j\neq i} \frac{\langle j \mid \hat{H}' \mid i\rangle}{E_i - E_j}\varphi_j \\ &= \varphi_i + \sum_{j\neq i} \frac{\langle j \mid eE_L r\cos\theta \mid i\rangle}{E_i - E_j}\varphi_j \\ &= \varphi_i + eE_L \sum_{j\neq i} \frac{\langle j \mid r\cos\theta \mid i\rangle}{E_i - E_j}\varphi_i = \varphi_i + eE_L \sum_{j\neq i} \frac{\langle j \mid z \mid i\rangle}{E_i - E_j}\varphi_j\end{aligned} \tag{2.2.2}$$

式中,E_i、E_j 为 i、j 态电子能极,$eE_L\langle j|z|i\rangle$为微扰矩阵元 H'_{ji}. 在外电场作用下电子的平均偶极矩可表示为

$$\bar{P} = \int \varphi^* ez\varphi \mathrm{d}\tau$$

把式(2.2.2)代入上式,在一级微扰修正下得

$$\langle p\rangle = \bar{P} = \int \varphi_i^* ez\varphi_i \mathrm{d}\tau + eE_L \sum_{j\neq i} \frac{\langle j \mid z \mid i\rangle}{E_i - E_j}\int \varphi_i^* ez\varphi_j \mathrm{d}\tau + eE_L \sum_{j\neq i} \frac{\langle j \mid z \mid i\rangle^*}{E_i - E_j}\int \varphi_j^* ez\varphi_i \mathrm{d}\tau$$

$\mathrm{d}\tau$ 为坐标表象下的体积元考虑到 $\int \varphi_j^* ez\varphi_i \mathrm{d}\tau = e\langle j \mid z \mid i\rangle^* = H'_{ji}$ 所以有

$$\bar{P} = e\langle i \mid z \mid j\rangle + 2e^2 E_L \sum_j \frac{|\langle j \mid z \mid i\rangle|^2}{E_i - E_j} \tag{2.2.3}$$

第一项是原子本征波函数,原子的正负电荷中心重合,是不会产生电偶极矩的,即 $e\langle i|z|i\rangle=0$. 第二项是在局域电场 $\boldsymbol{E}_L$ 中感生电子云畸变因而感生的电偶极矩,由此得到原子的平均静电极化率

$$\alpha = \frac{\bar{P}}{E_L} = 2e^2 \sum_{j\neq i} \frac{|\langle j \mid z \mid i\rangle|^2}{E_i - E_j} = 2\sum_j \frac{H'_{ji}}{E_i - E_j} \tag{2.2.4}$$

$H'_{j2} = \int \varphi_j^* e\boldsymbol{E}_L \cdot \boldsymbol{r}\varphi_i \mathrm{d}z$ 为微扰矩阵元,求和是对 i 态 φ_i 以外所有能态求和.

对氢原子,可求得平均电偶极矩为 $P=\frac{9}{2}a_0^3 E_L$,因而氢原子电子位移极化率 $\alpha=\frac{P}{E_L}=\frac{9}{2}a_0^3$,$a_0$ 为第一玻尔半径.

多电子随性气体原子的电子位移极化率如下所示:

He	Ne	Ar	Kr	Xe
0.18	0.35	1.43	2.8	3.54

单位为 $10^{-40}\mathrm{F}\cdot\mathrm{m}^2$.

对电场方向沿 Z 轴的交变电场 $\boldsymbol{E}_L=\boldsymbol{E}_{L0}\cos\omega t$,其含时微扰项 $\hat{H}'(t)$

$$\begin{aligned}\hat{H}'(t) &= eE_{L0} \cdot \boldsymbol{r}' = eE_{L0} r\cos\theta\cos\omega t \\ &= eE_{L0} Z\cos\omega t = e\boldsymbol{E}_{L0} Z(\mathrm{e}^{\mathrm{i}\omega t} + \mathrm{e}^{-\mathrm{i}\omega t})\end{aligned}$$

$$=\hat{H}^0(\mathrm{e}^{\mathrm{i}\omega t}+\mathrm{e}^{-\mathrm{i}\omega t})，其中\ \hat{H}^0=eE_{L0}Z \tag{2.2.5}$$

为了便于讨论，我们把 $\hat{H}'(t)$ 写成指数形式，假设从 $t=0$ 开始作和于体系，微扰矩阵元

$$\begin{aligned}\hat{H}'_{ji}(t) &= \int\psi_j^*\hat{H}'(t)\varphi_i\mathrm{d}\tau = \int\psi_j^*\hat{H}'(\mathrm{e}^{\mathrm{i}\omega t}+\mathrm{e}^{-\mathrm{i}\omega t})\varphi_i\mathrm{d}\tau \\ &= \hat{H}^0_{ji}(\mathrm{e}^{\mathrm{i}\omega t}+\mathrm{e}^{-\mathrm{i}\omega t}) \\ &= eE_{L0}\langle j|z|i\rangle(\mathrm{e}^{\mathrm{i}\omega t}+\mathrm{e}^{-\mathrm{i}\omega t})\end{aligned} \tag{2.2.6}$$

把交变电场下体系的波函数 $\varphi(r,t)$ 按 $\hat{H}^0$ 的本征函数 $\hat{H}^0\varphi_i=\varepsilon_k^0\varphi_i$ 展开，得

$$\varphi(r,t) = \sum_i a_i^{(t)}\varphi_i \tag{2.2.7}$$

按照含时微扰论，一级近似下可求得展开系数

$$a_j(t) = \frac{1}{\mathrm{i}\hbar}\int_0^t H'_{ji}\mathrm{e}^{\mathrm{i}\omega t'_{ji}}\mathrm{d}t' \tag{2.2.8}$$

把式(2.2.5)代入上式可得

$$a_j(t) = \frac{1}{\mathrm{i}\hbar}eE_L\langle j \mid z \mid i\rangle_{ji}\int_0^t \mathrm{e}^{\mathrm{i}(\omega_{ji}-\omega)t'}\mathrm{d}t' = \frac{1}{\mathrm{i}\hbar}eE_L Z_{ji}\ \frac{\mathrm{e}^{\mathrm{i}(\omega_{ji}-\omega)}t-1}{\omega_{ji}-\omega} \tag{2.2.9}$$

$\omega_{ji}=\dfrac{E_i-E_j}{\hbar}$ 为从能级 E_i 跃迁到 E_j 的玻尔频率. 把式(2.2.8)代入式(2.2.7)即可求出交变电场下的波函数. 然后按照与式(2.2.3)，式(2.2.4)相同的步骤即可求得单位时间在交变电场作用下从 i 态跃迁到 j 态时电子位移极化率

$$\alpha_{ij}=\frac{e^2}{m}\frac{\langle j|z|i\rangle}{\omega_{ji}^2-\omega^2} \tag{2.2.10}$$

如果外加电场是频复电场，则极化率应对各种跃迁求和，则

$$\alpha = \frac{e^2}{m}\sum_j \frac{\langle j \mid z \mid i\rangle}{\omega_{ji}^2-\omega^2} \tag{2.2.11}$$

具体推导可参阅量子力学相关章节，在此不再赘述.

2.2.2　离子位移极化

离子晶体及具有部分离子性的共价晶体(如 GaAs、InP 等)，由于晶体是由正负离子或带有部分离子性的原子构成的，当这类晶体在外电场作用下，正负离子将在电场下方向发生相反的位移，由此引起正负离子对的电偶极矩. 关于离子晶体正负离子的相对运动，在有效电场 E_{eff}(即局域电场)作用下，正负离子的相对运动方程为式(3.5.6)表示，即

$$\frac{\mathrm{d}^2u}{\mathrm{d}t^2}=\omega_0\boldsymbol{u}+\frac{Q}{\mu}E_{\mathrm{eff}}\mathrm{e}^{\mathrm{i}\omega t} \tag{2.2.12}$$

式中，$\boldsymbol{u}$ 为相对位移，$\omega_0=\sqrt{\dfrac{\beta}{\mu}}$，其中 $\mu=\dfrac{M_m}{M+m}$ 为折合质量，Q 为离子电量，E_{eff} 即

局域场 E_L，在静电场下，方程的解为

$$\boldsymbol{u}=\boldsymbol{u}_{+}+\boldsymbol{u}_{-}=\frac{e}{M}\left(\frac{1}{\omega_0^2-\omega^2}\right)E_L\mathrm{e}^{\mathrm{i}\omega t} \tag{2.2.13}$$

如果单位体积中包含 N_0 对正负离子，极化强度为

$$\begin{aligned}P&=N_0e(\boldsymbol{u}_{+}-\boldsymbol{u}_{-})\\&=\left[\frac{N_0e^2}{M}\left(\frac{1}{\omega_0^2-\omega^2}\right)\right]E_L\mathrm{e}^{\mathrm{i}\omega t}\end{aligned} \tag{2.2.14}$$

相应的极化率

$$\alpha=\frac{\boldsymbol{P}}{\boldsymbol{E}_L}=\frac{N_0e^2}{M}\frac{1}{\omega_0^2-\omega^2} \tag{2.2.15}$$

需要指出的是，每个离子的芯电子在外电场作用下仍能发生电子位移极化，所以应同时考虑离子位移与电子位移引起的极化.

2.2.3 固有电偶极矩转向极化

由于一些组成固体的分子的正负电荷中心并不重合使其分子具有固有电偶极矩 $\boldsymbol{P}_0$. 由于分子固有电偶极矩取向不同晶体无宏观极化电偶极矩. 对有些晶体结构及分子形状较为对称的情况下，这些固有电偶极矩在外电场作用下可以发生转向，从而引起极化，称之为转向极化.

在无外电场情况下，由于晶格热运动，这些固有电偶极矩的取向都是杂乱无章的，因此整个晶体的极化为零. 但对晶体施加外电场 $\boldsymbol{E}_0$，电偶极矩就会受到局域场 $\boldsymbol{E}_L$ 的作用，从而受到一个转向力矩 $\boldsymbol{M}=\boldsymbol{P}_0\times\boldsymbol{E}_L$，使固电偶极矩 $\boldsymbol{P}_0$ 的方向与 $\boldsymbol{E}_L$ 的方向趋于一致，使整个晶体的极化强度不再为零. 在绝对零度下，晶体中所有的 $\boldsymbol{P}_0$ 都将转向与 $\boldsymbol{E}_L$ 一致，因为这样可以使体系的总能量最低. 但在有限温度下，由于热温度，不是所有的 $\boldsymbol{P}_0$ 都能与 $\boldsymbol{E}_L$ 方向一致，温度越高，方向与 $\boldsymbol{E}_L$ 不一致的固有电偶极矩就越多. 假设某固有电偶极矩 $\boldsymbol{P}_0$ 与电场 E_L 之间的夹角为 θ，则其在电场中的势能为

$$U_p=-\boldsymbol{p}_0\cdot\boldsymbol{E}_L=-p_0E_L\cos\theta \tag{2.2.16}$$

由统计物理学知道，该固有电偶极矩出现在 θ 方向上的概率与

$$\exp(-U_p/k_\mathrm{B}T)=\exp(p_0E_L\cos\theta/k_\mathrm{B}T) \tag{2.2.17}$$

成正比. 因此在有限温度 T 时，固有电矩在沿局域电场 E_L 方向(设为 Z 方向)分量的平均值应为

$$\begin{aligned}\bar{p}_z&=\frac{\int_0^{2\pi}\mathrm{d}\varphi\int_0^{\pi}\sin\theta\mathrm{d}\theta p_0E_L\cos\theta\exp[p_0E_L\cos\theta/k_\mathrm{B}T]}{\int_0^{2\pi}\mathrm{d}\varphi\int_0^{\pi}\sin\theta\mathrm{d}\theta\exp[p_0E_L\cos\theta/k_\mathrm{B}T]}\\&=p_0L\left(\frac{p_0E_L}{k_\mathrm{B}T}\right)\end{aligned} \tag{2.2.18}$$

其中

$$L\left(\frac{p_0 E_L}{k_B T}\right)=\cot\frac{p_0 E_L}{k_B T}-\frac{1}{\frac{p_0 E_L}{k_B T}} \tag{2.2.19}$$

称之为朗之万函数. 在室温及通常场强下，一般分子的固有电偶极矩 $P_0 \approx 10^{-29}\,\mathrm{C\cdot m}$，若取 E_L 为 $10^5\,\mathrm{V/m}$，则在室温 $T=300\mathrm{K}$ 下，$\frac{P_0 E_L}{k_B T}\approx 10^{-4}\ll 1$. 在此条件下，朗之万函数可近似写成 $L\left(\frac{P_0 E_L}{k_B T}\right)\approx\frac{1}{3}\frac{P_0 E_L}{k_B T}$，因此，式(2.2.18)可近似写成

$$\boldsymbol{P}_2=\frac{P_0^2 E_L}{3k_B T} \tag{2.2.20}$$

由此可得由固有电偶极矩转向产生的固体极化率为

$$\alpha_r=\frac{P_0^2}{3k_B T} \tag{2.2.21}$$

由上可以看出转向极化是与温度相关的，更重要的是，温度变化可能引起晶体的结构相变，当晶体结构更有利于极化转向时，转向极化急剧增大，从而支配晶体介电性质，因而固有电矩转向极化成为介电极化的主要机制之一.

最后值得指出的是，固有电矩转向极化不仅存在于某些分子晶体中，如 HCl 晶体，而且也存在于含有点缺陷的离子晶体中，如离子晶体中的正负离子空位也会形成固有电偶极矩，它们在外电场作用下也会产生固有电偶极矩转向极化. 图 2.2.1 所示的是离子晶体中正负离子空位形成的固有电偶极矩.

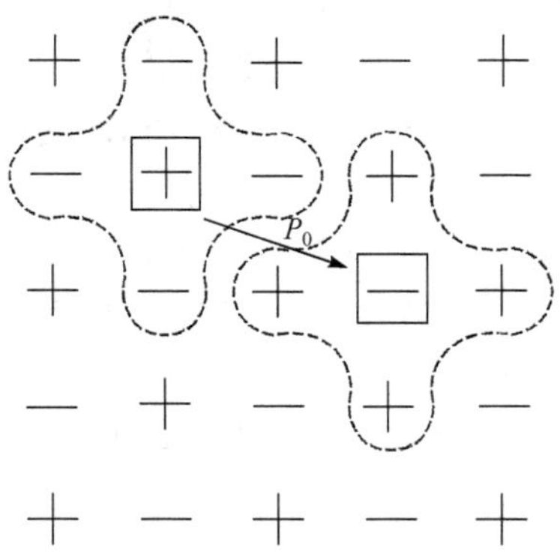

图 2.2.1　离子晶体中正负离子空位形成固有电偶极矩

2.3 局域电场与静态介电常量

2.3.1 局域电场的洛伦兹模型

上节给出了介质极化的微观机制，为了能从微观的原子状态阐明固体宏观性质的物理机制，就必须得到宏观电场与局域电场 E_L，固体极化率 χ 与原子极化率 α_i 之间的关系. 由于固体原子结构的复杂性以及偶极矩之间库仑作用的长程性，很难给出固体中任一点的局域物理量与其对应的宏观物理量之间的一般关系. 洛伦兹首先对宏观电场的统计计算作了近似处理，给出了具有立方对称性晶体中的特殊点的宏观物理与微观物理量的关系，称为洛伦兹模型.

在外电场 $\boldsymbol{E}_0$ 作用下的长方形晶体，晶体内产生的极化强度 $\boldsymbol{P}$ 及退极化场 $\boldsymbol{E}_d$ 如图 2.3.1(a)所示. 晶体中的宏观中电场 $\boldsymbol{E}=\boldsymbol{E}_0+\boldsymbol{E}_d$，退极化场 $\boldsymbol{E}_d$ 是由样品外端面上的电荷密 σ 产生的.

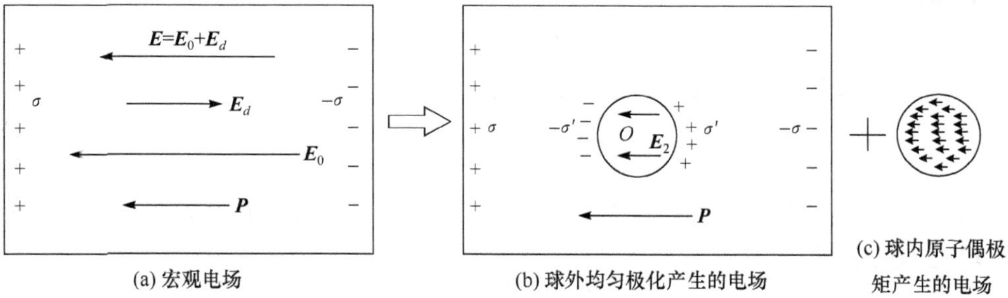

图 2.3.1 洛伦兹模型计算 O 点局域场 E_L

为了计算介质中某一点 O 处的局域电场 E_L，关键是计算图 2.3.1 中的退极化场 E_d，即所有原子的偶极矩在 O 点产生的电场. 为此把所有的原子偶极矩两部分：第一部分是以 O 为中心的宏观小而微观大的小球(见图 2.3.1(c))，第二部分是球外其他原子偶极矩(图 2.3.1(b)). 处在球外的原子偶极矩，因它们离 O 点较远，它们在 O 点产生的电场，归结为小空球表面介质的极化场，近似采用宏观静电学方法进行计算；而小球内原子偶极矩在 O 点的电场则采用微观方法进行计算. 这样 O 点的局域电场可表示成

$$\boldsymbol{E}_L=\boldsymbol{E}_0+\boldsymbol{E}_{球外}+\boldsymbol{E}_{球内} \tag{2.3.1}$$

对球外原子偶极矩在 O 点处产生的电场 $\boldsymbol{E}_{球外}$，由图 2.3.1(b)可知，球外原子偶极矩在介质外表面形成面电荷密度 σ 在小球表面形成电荷密度 σ'. 因此球外原子偶极矩在 O 点产生的电场即是表面电荷密度 σ 及 σ' 在 O 点处产生的电场. 由 σ 所产生的电场即是退极化场 $\boldsymbol{E}_d$；假设电荷 σ' 在 O 点处产生的电场为 $\boldsymbol{E}_2$，则由球外原子

偶极矩在 O 点处产生的电场应是

$$\boldsymbol{E}_{球外}=\boldsymbol{E}_d+\boldsymbol{E}_2=\frac{\boldsymbol{P}}{\varepsilon_0}+\boldsymbol{E}_2 \tag{2.3.2}$$

至于 $\boldsymbol{E}_2$ 的计算可参照球形介质退极化场式(2.1.9)只不过此球为空心球,所以 $\boldsymbol{E}_2=\frac{1}{3}\frac{\boldsymbol{P}}{\varepsilon_0}$,代入式(2.3.2)可得

$$\boldsymbol{E}_{球外}=\boldsymbol{E}_d+\frac{1}{3}\frac{\boldsymbol{P}}{\varepsilon_0} \tag{2.3.3}$$

现在计算小球内各原子偶极矩在 O 点产生的电场 $\boldsymbol{E}_{球内}$. 此时必须采用微观方法,即必须对球内各原子偶极矩在 O 点产生的电场强度进行矢量求和. 显然这是一个非常复杂的问题,是式(2.3.1)表达式中唯一一项与晶体结构有关的项,对球内的一般点,很难求出结果. 这里只讨论具有高度对称性的介质,比如立方晶体,O 点的左右、上下、前后都具有相同的原子分布及原子偶极矩分布,且球内没有净电荷. 由于球内数目相等的正负电荷对 O 点呈球对称分布,故在 O 点外产生的电场强度必为零,即

$$\boldsymbol{E}_{球内}=O \tag{2.3.4}$$

这样把式(2.3.3)及式(2.3.4)代入式(2.3.1),可得

$$\boldsymbol{E}_L=\boldsymbol{E}_0+\boldsymbol{E}_d+\frac{1}{3}\frac{\boldsymbol{P}}{\varepsilon_0} \tag{2.3.5}$$

考虑到式(2.1.11),最后可得具有立方对称性的 O 点处的局域电场 $\boldsymbol{E}_L$ 与宏观电场 $\boldsymbol{E}$ 之间的关系

$$\boldsymbol{E}_L=\boldsymbol{E}+\frac{1}{3}\frac{\boldsymbol{P}}{\varepsilon_0} \tag{2.3.6}$$

式(2.3.6)称为洛伦兹关系,有时也称局域电场称为洛伦兹有效场. 若把式(2.1.12)代入上式,可得

$$\boldsymbol{E}_L=\left(1+\frac{\chi}{3}\right)\boldsymbol{E} \tag{2.3.7}$$

最后必须强调,具有立方对称的晶体并非必定有 $E_{球内}=0$,例如钛酸钡($BaTiO_3$)属立方结构晶体,但是由于氧离子周围并非立方对称的,因而 $E_{球内}\neq 0$. 另外,对复式格子不同原子周围的情况不同,这些必须慎重处理.

这里必须指出,局域电场与宏观电场之间的洛伦兹关系式也不能应用于固有电矩转向极化的情况. 这是由于如果有一部分电偶极矩在 O 点产生的电场 $\boldsymbol{E}_P$,并不一定能使点的固有偶极矩转向,如果对 O 点处 $\boldsymbol{P}_0$ 产生的转动力矩 $M=\boldsymbol{p}_0\times\boldsymbol{E}_P=0$,就不能使 O 点的固有偶极矩转向. 这是因为在有限温度下,固有偶极矩的取向是随机的. 前面推导洛伦兹关系时未考虑这一情况. 昂萨格(L. Onsager)讨论了这一问题,并得到能引起固有电偶极矩发生转向的局域电场应表示成

$$\boldsymbol{E}_{L\gamma}=\frac{3\varepsilon_s}{\alpha\varepsilon_s+1}\boldsymbol{E} \tag{2.3.8}$$

$\boldsymbol{E}_{L\gamma}$称为昂萨格局域场. 当静态介电常量 ε_s 比 1 大得多时，能够使固有电矩转向的局域电场 $\boldsymbol{E}_{L\gamma}$要比洛伦兹关系式给出的 $\boldsymbol{E}_L$ 小很多.

2.3.2　静态介电常量克劳修斯-莫索提方程

根据式(2.1.3)及式(2.1.13)，可得晶体中的极化强度

$$\boldsymbol{P}=\sum_i N_i\alpha_i\boldsymbol{E}_L(\boldsymbol{r}_i) \tag{2.3.9}$$

$\boldsymbol{r}_i$ 表示第 i 类原子所处的位置矢量. 假定晶体中所有原子都具有立方对称性，把式(2.3.9)代入式(2.3.6)，则可利用式(2.3.7)得

$$\boldsymbol{P}=\left(1+\frac{\chi}{3}\right)\left(\sum_i N_i\alpha_i\right)\boldsymbol{E} \tag{2.3.10}$$

利用晶体极化率 χ 的定义式(2.1.12)，就可得到极化率与原子极化率 α_i 之间的关系式

$$\chi=\frac{\dfrac{1}{\varepsilon_0}\sum_i N_i\alpha_i}{1-\dfrac{1}{3\varepsilon_0}\sum_i N_i\alpha_i} \tag{2.3.11}$$

此外，由电位移矢量 $\boldsymbol{D}$ 的定义

$$\boldsymbol{D}=\varepsilon_0\boldsymbol{E}+\boldsymbol{P}=\varepsilon_0(1+\chi)\boldsymbol{E}=\varepsilon_0\varepsilon_r\boldsymbol{E} \tag{2.3.12}$$

相对介电常量 ε_r 与极化率 χ 之间有如下关系：

$$\varepsilon_r=1+\chi \tag{2.3.13}$$

把晶体极化率 χ 的表达式(2.3.11)代入上式，可得到晶体介电常量 ε_γ 与原子极化率间的关系

$$\frac{\varepsilon_r-1}{\varepsilon_r+2}=\frac{1}{3\varepsilon_0}\sum_i N_i\alpha_i \tag{2.3.14}$$

这里我们讨论的是静电场下晶体的介电性质，因此这里的介电常量称为静态介电常量，并表示为 ε_{rs}，ε_{rs}可由实验测得. 式(2.3.14)给出了静态介电常量与原子极化率之间的关系，称为克劳修斯-莫索提方程.

2.4　弛豫极化与介质损耗

2.4.1　介质的弛豫极化

当介质中电偶极矩受到有效电场(局域场)的作用时，由于电子、离子及分子都

具有惯性,以及它们之间存在相互作用,导致电偶极子对极化响应产生阻力,因此这些电偶极矩(原子、离子对、分子的)将滞后于电场,我们称这种现象为弛豫极化.为了描述这种滞后的大小,我们引入弛豫时间的概念:它表征着从一个被电场扰乱的系统状态当电场突然撤出时系统的极化恢复到原来的平衡状态所需要的时间间隔 τ_r. 同样 τ_r 也是突然施加外电场,极化达到平衡值的时间间隔. 显然不同的极化机制,τ_r 是不同的. 对电子位移极化,由于电子质量很小,只有在交变电场的频率达到可见光频段或更高时,才有明显的阻滞和较大的弛豫时间. 对离子位移极化,只有当频率在红外光频范围时(大于离子晶体的光学波频率)弛豫现象才明显. 只有固有电矩转向极化在通常的无线电频率下(微波频率以下)就有明显的滞后效应. 所以固有电矩转向是弛豫极化的主要机制因素.

在一些比较简单情况下,比如介质的极化机制只有一种(比如固有电矩转向),弛豫极化规律可用下面弛豫方程概括:

$$\frac{\mathrm{d}\boldsymbol{P}(t)}{\mathrm{d}t}=-\frac{\boldsymbol{P}(t)-\boldsymbol{P}_E}{\tau_r} \tag{2.4.1}$$

式中 $\boldsymbol{P}_E$ 是静电场下平衡状态下的极化值. 按照式(2.1.12),$\boldsymbol{P}_E=\varepsilon_0\chi(s)\boldsymbol{E}$,$\chi(s)$是静电极化率,$\tau_r$ 是弛豫时间. 式(2.4.1)的物理意义是极化电矩总是以弛豫时间决定的弛豫速率弛豫到它的瞬时平衡值. 在静电场时,方程(2.4.1)的解为

$$\boldsymbol{P}(t)=\boldsymbol{P}_0(1-\mathrm{e}^{-t/\tau_r}) \tag{2.4.2}$$

即极化按指数形式接近最后的稳定值 $\boldsymbol{P}_0$;而撤去电场后,极化将按下面指数形式清除:

$$\boldsymbol{P}(t)=\boldsymbol{P}_0\mathrm{e}^{-t/\tau_r} \tag{2.4.3}$$

如果外电场为角频率为 ω 的交变电场(写成指数形式)

$$\boldsymbol{E}(t)=\boldsymbol{E}_0\mathrm{e}^{\mathrm{i}\omega t} \tag{2.4.4}$$

则式(2.4.1)应为

$$\frac{\mathrm{d}\boldsymbol{P}(t)}{\mathrm{d}t}=\frac{\varepsilon_0\chi(0)\boldsymbol{E}_0\mathrm{e}^{\mathrm{i}\omega t}-\boldsymbol{P}(t)}{\tau_r} \tag{2.4.5}$$

求解上式表述的微分方程,可求得

$$\begin{aligned}\boldsymbol{P}(t)&=\frac{\varepsilon_0\chi(0)}{1+\mathrm{i}\omega\tau_r}\boldsymbol{E}_0\mathrm{e}^{\mathrm{i}\omega t}\\&=\varepsilon_0\chi(\omega)\boldsymbol{E}_0\mathrm{e}^{\mathrm{i}\omega t}\end{aligned} \tag{2.4.6}$$

与式(2.1.12)比较,可知

$$\chi(\omega)=\frac{\chi(0)}{1-\mathrm{i}\omega\tau_r} \tag{2.4.7}$$

是在交变电场作用下的极化率. 由上式求得极化率 $\chi(\omega)$ 的实部 $\chi_1(\omega)$ 及虚部 $\chi_2(\omega)$

$$\left.\begin{aligned}\chi_1(\omega)&=\frac{\chi(0)}{1+\omega^2\tau_r^2}\\ \chi_2(\omega)&=\frac{\chi(0)\omega\zeta_r}{1+\omega^2\tau_r^2}\end{aligned}\right\}\tag{2.4.8}$$

这里需要说明的是，固体极化的三种机制中只有电子位移极化在低频情况下不会产生弛豫，它引起的极化率在低频情况下基本上是一个与频率无关的常量. 如果把电子位移引起的极化率记为 χ_e，那么含有上面提到的固有电矩的固体总极化率应表示成

$$\chi=\chi_e+\chi_1+i\chi_2\tag{2.4.9}$$

上式忽略了离子位移极化，更严格的考虑应该计入离子位移极化部分.

2.4.2　介电损耗

弛豫极化是由于极化过程阻力效应产生的，显然克服这种阻尼所做的功所需要的能量，必然是由外加电场能量的损耗来提供，下面我们来分析电场的能量损耗.

在交变电场(为方便，这里用三角函数表示)

$$\boldsymbol{E}(t)=\boldsymbol{E}_0\cos\omega t\tag{2.4.10}$$

作用下，由于弛豫极化，极化产生的电偶极矩随时间的变化滞后于电场，即电偶极矩与电场之间存在相位差. 因而介质的极化强度与电场间也存在相位差，设相位为 δ，则介质的极化强度 $\boldsymbol{P}$ 可写成

$$\begin{aligned}\boldsymbol{P}(t)&=\boldsymbol{P}_0\cos(\omega t-\delta)\\&=\boldsymbol{P}_1\cos\omega t+\boldsymbol{P}_2\sin\omega t\end{aligned}\tag{2.4.11}$$

这里

$$\begin{aligned}\boldsymbol{P}_1&=\boldsymbol{P}_0\cos\delta\\ \boldsymbol{P}_2&=\boldsymbol{P}_0\sin\delta\end{aligned}\tag{2.4.12}$$

按照式(2.1.12)，分别引入两个极化率 χ_1 和 χ_2 则有

$$\left.\begin{aligned}\boldsymbol{P}_1&=\varepsilon_0\chi_1\boldsymbol{E}_0\\ \boldsymbol{P}_2&=\varepsilon_0\chi_2\boldsymbol{E}_0\end{aligned}\right\}\tag{2.4.13}$$

由式(2.4.12)，可知

$$\frac{\boldsymbol{P}_2}{\boldsymbol{P}_1}=\frac{\chi_2}{\chi_1}=\frac{\sin\delta}{\cos\delta}=\tan\delta\tag{2.4.14}$$

或

$$\chi=\frac{1}{\varepsilon_0}\frac{\boldsymbol{P}}{\boldsymbol{E}}=\chi_1+i\chi_2\tag{2.4.15}$$

称为复极化率，δ 即是复极化率的幅角. 由式(2.4.8)可知 $\boldsymbol{P}$ 滞后于 $\boldsymbol{E}$ 的相位差与弛豫时间 τ_r 相关

$$\tan\delta=\omega\tau_r \tag{2.4.16}$$

下面讨论介质极化过程中由于介质的弛豫极化的存在，导致电场能量的损耗，即介质损耗.

介质在外电场作用下，极化强度增大 $\mathrm{d}\boldsymbol{P}(t)=\boldsymbol{P}(t)\mathrm{d}t$ 时，电场的能量损耗可表示为

$$\mathrm{d}w=\boldsymbol{E}(t)\cdot\mathrm{d}\boldsymbol{P}(t)=(-E_0\cdot\boldsymbol{P}_1\omega\cos\omega t\sin\omega t+\boldsymbol{E}_0\cdot\boldsymbol{P}_2\omega\cos^2\omega t)\mathrm{d}t \tag{2.4.17}$$

在交变场一个周期 T 内，电场的能量损耗

$$w=\int_0^T\mathrm{d}w(t)=\frac{T}{2}\omega\boldsymbol{E}_0\cdot\boldsymbol{P}_2 \tag{2.4.18}$$

电场能量的平均损耗率

$$\frac{\mathrm{d}\overline{\boldsymbol{W}}}{\mathrm{d}t}=\frac{w(t)}{T}=\frac{1}{2}\omega\boldsymbol{E}_0\cdot\boldsymbol{P}_2=\frac{1}{2}\varepsilon_0\omega\chi_2E_0^2 \tag{2.4.19}$$

由此可见，介电损耗与复极化率 χ 的虚部 χ_2 成正比. 由式(2.4.14)可知，只有当极化强度与电场之间的相位差 $\delta\neq0$ 时，才有介电损耗，这反映了电场的能量损耗正是用来克服原子极化过程中遇到的阻力.

2.4.3 动态介电常量及极化率

由电磁学公式(2.3.12)，在含有交变电场情况下固体的介电常量

$$\begin{aligned}\varepsilon_r&=1+\chi=1+\chi_e+\chi_1+\mathrm{i}\chi_2\\&=\varepsilon_{re}+\chi_1+\mathrm{i}\chi_2\end{aligned} \tag{2.4.20}$$

这里已令 $1+\chi_e=\varepsilon_{re}$，表示由电子位移极化引起的介电常量，它是一个与电场频率无关的量，即静态介电常量. 由此可见，在交变电场情况下，由于固有电矩转向阻尼，介电常量应该是复介电常量

$$\varepsilon_r=\varepsilon_{r1}+\mathrm{i}\varepsilon_{r2} \tag{2.4.21}$$

其中

$$\begin{aligned}\varepsilon_{r1}&=\varepsilon_{re}+\chi_1=\varepsilon_{re}+\frac{\chi(0)}{1+\omega^2\tau_r^2}=\varepsilon_{re}+\chi_s\\\varepsilon_{r2}&=\chi_2=\frac{\chi(0)\omega\tau_r}{1+\omega^2\tau_r^2}\end{aligned} \tag{2.4.22}$$

由上式可知，当 $\omega=0$ 时，$\chi(0)=\chi_s$ 得静态介电常量

$$\varepsilon_{rs}=\varepsilon_{re}+\frac{\chi(0)}{1+\omega^2\tau_r^2}=\varepsilon_{re}+\frac{\chi_s}{1+\omega^2\tau_r^2}$$

$$=\varepsilon_{re}+\chi_1=\varepsilon_{re}+\chi_s$$

即

$$\chi_s=\varepsilon_{re}-\varepsilon_{re} \tag{2.4.23}$$

把上式代入式(2.4.22)式,可得相对介电常量的实部 ε_{r1} 和虚部 ε_{r2}

$$\varepsilon_{r1}=\varepsilon_{re}+\frac{\varepsilon_{rs}-\varepsilon_{re}}{1+\omega^2\tau_r^2}$$

$$\varepsilon_{r2}=\frac{(\varepsilon_{rs}-\varepsilon_{re})\omega\tau_r}{1+\omega^2\tau_r^2} \tag{2.4.24}$$

上式称为德拜方程. 图 2.4.1 给出了复介电常量实部 ε_{r1} 及虚部 ε_{r2} 随频率 ω 的变化关系. 当 ω 远小于 $\frac{1}{\tau_r}$ 时, $\varepsilon_{r1}(\omega)$ 趋于静态介电常量 ε_{rs}, 当 ω 远大于 $\frac{1}{\tau_r}$ 时, $\varepsilon_{r1}(\omega)$ 趋于电子位移介电常量 ε_{re}. 从图中还可看出, 当 $\omega=\frac{1}{\tau_r}$ 时, $\varepsilon_{r2}(\omega)$ 具有峰值, 由式(2.4.19)表出的介电损耗功率也可用 ε_{r2} 表示, 即

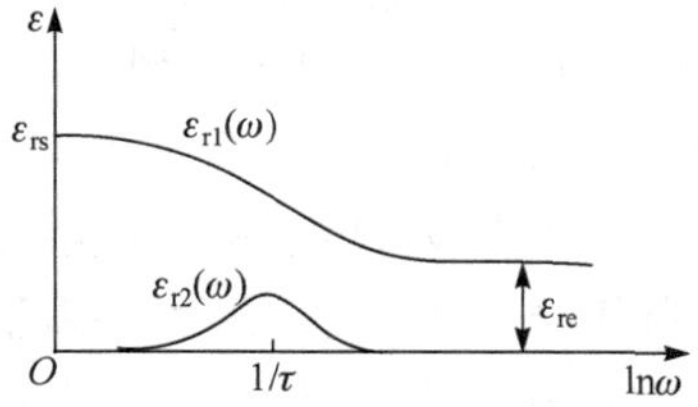

图 2.4.1 ε_{r1}, ε_{r2} 与频率 ω 间的关系

$$\frac{d\overline{W}}{dt}=\frac{1}{2}\varepsilon_0\varepsilon_{r2}\omega E_0^2 \tag{2.4.25}$$

并在 $\omega=\frac{1}{\tau_r}$ 时介电损耗最大. 对大部分固有电偶极矩固体, $\frac{1}{\tau_r}$ 约在趋交频到微波频率范围内($\tau_r=10^{-6}\sim10^{-10}$ s).

2.5 铁电性

2.5.1 自发极化与晶体结构对称性

除了电场感应极化外,还有一类晶体具有自发极化的性质. 就是说在一定的条件下,即使没有外加电场与其他扰动,也能出现电极化现象,而且自发电极化可在外电场作用下改变方向,常把这种特性称为铁电性(ferroelectricity).

介质的极化特性与其晶体结构存在着深刻的内在联系,这在上一节我们已经看到. 具有自发极化的铁电体更是这样. 电场感应极化本质上是因为外加场破坏了晶体原本的对称性,使正负电荷向相反的方向位移从而导致了电极化. 铁电体的自发从对称原理上来说,就是这类晶体在没有外电场的情况下,晶体结构本身具有唯一一个不对称轴,也称自发极化轴,这是判定晶体是否具有铁电性的基本判据.

我们知道,按照对称性,晶体可分 7 大晶系,32 种点群. 在这 32 种对称类型有 20 种点群不具中心对称性. 但这种(类)中心不对称性仅是铁电体的必要条件,并非充分条件. 当它们受到压力时,并引起极化,所以称之为压电体. 仅有 10 种点群是由一条非对称轴构成了非中心对称群(1,2,3,4,6,m,m,4mm,3m,6mm). 显然晶体具有这类对称结构才可能是铁电体. 这 10 种对称类型的晶体又称为热释电体(pyroelectrics),这是由于自发极化强度的存在,这类介质表面往往吸附有许多带电粒子,这些带电粒子屏蔽了自发极化强度,使它们不显示电偶极矩特性. 但对它们加热,除去了那些吸附在表面的带电粒子,从而显示出自发极化特性. 显然,铁电体同时具有热释电性,压电性和介电性.

常见的铁电体有下面三类:罗谢尔盐,如 $NaK(C_4H_4O_6)\cdot 4H_2O$ 及 $LiNH_4(C_4H_4O_6)\cdot H_2O$;KDP 型,如 KH_2PO_4,RbH_2PO_4,CsH_2AsO_4;钙钛矿型,如 $BaTiO_3$,$SrTiO_3$ 等.

按其结构,铁电体又可分为以下几类:①含氧八面体的铁电体,如钙钛矿型 $BaTiO_3$,$SrTiO_3$ 等;②含氢键的铁电体;③含氟八面体的铁电体;④含离子基团的铁电体. 按自发极化产生机制又可分为以下几类:①位移型铁电体,如 $BaTiO_3$ 等,这类铁电性来自正负离子的相对位移. ②无序-有序型铁电体,如罗谢尔盐及 KDP 型铁电体均属此类. 这一类铁电体都有氢键,氢核(质子)在氢键上有两个位置,分别靠近氢键两端. 当氢核在这两个位置上任意分布时,即无序分布时,微观固有电矩的取向是任意的是无序的,因此整个晶体没有自发极化强度. 当氢核在这两个位置上有序分布时,微观固有电矩方向一致,引起自发极化——铁电性.

2.5.2　铁电体的一般性质

1) 铁电体的温度相关性

铁电体并不是在任何情况下都有铁电性,而是在一定的温度范围内才显现铁电性. 这是因为温度较高时,它们的晶体结构具有较高的对称性,没有自发极化出现的,因而没有铁电性. 当温度下降到某一温度时,晶体从较高的对称结构变成对称性较低的结构,同时出现自发极化,表现出铁电性. 这是一个相变过程,不具有铁电性的相称为顺电相(paraelectric phase),而有铁电性的相称为铁电相(ferroelectric phase). 相变温度称为居里温度,记为 T_C. 铁电相变具有典型的结构相变的特征,可分为一级相变和高级相变(二级及二级以上相变). 在一级相变中,自发极化强度在相变点不连续. 当从顺电相在相变温度下转变成铁电相时,极化强度突然由零跃变为有限值,系统的自由能的一阶导数在相变点不连续,因而有潜热存在. 在二级相变中,极化强度在相变点是连续的,而系统自由能的二级导数不连续,由此确定的一些热力学量,比如热容等有不连续的跃变. (三级或更高级的相变依此类推,即按系统自由能几阶级导数不为零则定义为 n 级相变.) 显然在相变温度 T_C

附近.铁电体的介电常量出现反常性增大,在居里温度 T_C 以上的顺电相,介电常量随温度的变化可由以下的居里-外斯定律描述,即

$$\varepsilon_r=\frac{C}{T-T_0}+\varepsilon_\infty \tag{2.5.1}$$

式中 ε_∞ 是高频介电常量,可以近似认为它不随温度变化,C 是与温度无关的常数(但对不同的铁电体是不同的).对二级相变,式中的 T_0 即是居里温度 T_C,而对一级相变,$T_0<T_C$.常见铁电体的居里温度 T_C 在表 2.5.1 列出.

表 2.5.1 常见铁电体的居里温度 T_C 及饱和极化强度 P_S

	T_C/K	P_S/(10^{-2}C/m^2)
罗谢尔盐型[①]		
$NaKC_4H_4O_6\cdot 4H_2O$	297,255	0.24
KDP 型		
KH_2PO_4	123	5.3
KD_2PO_4	213	4.5
RbH_2PO_4	147	5.6
钙钛矿型		
$BaTiO_3$	393	26
$PbTiO_3$	763	>50
$LiTiO_3$	883	23
$KNbO_3$	712	30
$LiNbO_3$	1 463	300

① 罗谢尔盐(酒石酸钾钠 $NaKC_4H_4O_6\cdot 4H_2O$)的铁电相只存在于 297K$\geqslant T\geqslant$255K 范围内,故有两个变温度.

2) 铁电畴

处于铁电相的铁电晶体内自发极化在理想情况下应该是一致的,但实际上自发极化只能是分区一致.即在铁电体晶体内一个区域内是一致的,不同区域内自发极化方向是不同的.自发极化一致的区域称为铁电畴(ferroelectric domain),电畴与电畴之间的界面区域称为畴壁.实际上铁电单晶往往是多畴的.铁电畴的种类是由铁电体的对称性或相变过程决定的.例如对 $PbTiO_3$ 类晶体,居里点以上它们的顺电相是立方钙钛矿结构.当温下降至居里温度 T_C 时,自发极化可能沿六个方向〈100〉(〈±100〉,〈0,±1,0〉,〈0,0,±〉)发生,因而可能存在六种铁相电畴,相邻两畴之间的夹角可能是 180°或 90°,分别称 180°畴界和 90°畴界.如图 2.5.1 所示.

稳定的畴结构应该使系统的自由能最低,自由能主要由静电能,退极化能和晶格弹性能构成,畴的形态和结构取决于三者的竞争和平衡.整个晶体自发极化强度

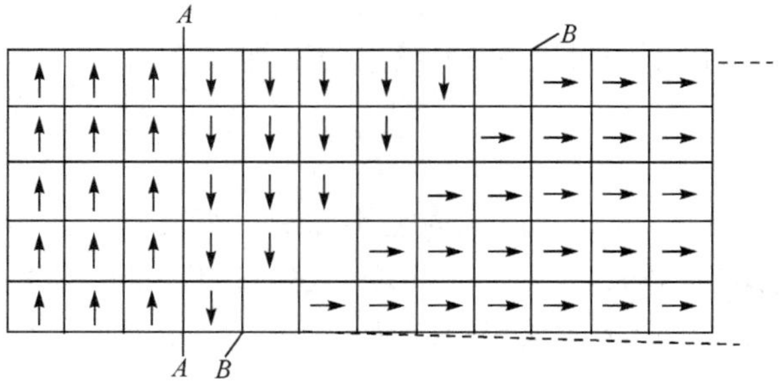

图 2.5.1　90°畴与 180°畴的结构示意
其中 $A—A$ 为 180°畴界；$B—B$ 为 90°畴界

的大小取决于各电畴的大小及分布情况，并等于各个电畴极化强度的矢量和. 当有外电场时，会产生许多与外电场方向一致的新电畴，使沿外电场方向的极化强度迅速增加.

3）电滞回线(electric hysteresis loop)

铁电体的一个基本特征是自发极化可以在外电场作用下转向. 宏观极化方向的改变是通过与电场方向平行的新畴的成核长大而逐渐实现的. 铁电体表现出的宏观极化强度 $\boldsymbol{P}$ 与外电场 $\boldsymbol{E}$ 的关系曲线被称为电滞回线，如图 2.5.2 所示.

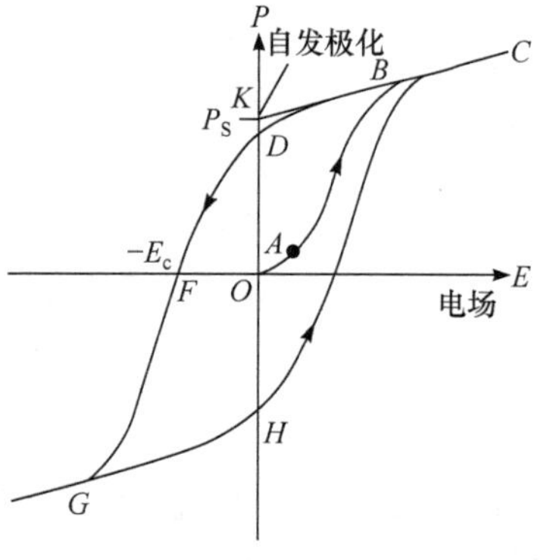

图 2.5.2　典型的铁电体的电滞回线

一般来说，无外电场时由于各铁电畴无序排列，其 $\sum_i \boldsymbol{P}_i = 0$，即加电场前并不表现出宏观极化. 若沿某一方向施加一电场，最初外电场很小时，$\boldsymbol{P}$ 随 $\boldsymbol{E}$ 呈线性增加，如 OA 段所示. 此 $\boldsymbol{P}$ 的增加主要来自产生的许多极化方向与 $\boldsymbol{E}$ 一致的新电畴，而与 $\boldsymbol{E}$ 方向不一致的电畴区域不断减少. 随着电场进一步增大，与极化方向一致的新畴区域迅速增大从而使 $\boldsymbol{P}$ 随着 $\boldsymbol{E}$ 迅速增大，如 AB 段所示. 当电场增至 B 点所在的数值时，晶体已变成单电畴，所有固有电偶极矩的方向都与 $\boldsymbol{E}$ 一致，极化对 $\boldsymbol{P}$ 的贡献趋于饱和，其值称之为饱和极化强度，记以 P_S. 在此以后 $\boldsymbol{E}$ 继续增加时 $\boldsymbol{P}$ 呈缓慢线性增加，如 BC 段，这种增加量完全来自于与一般非铁电体电介质的极化过程相同. 把 CB 段外推与 $\boldsymbol{P}$ 轴相交于 K 点，OK 表征自发极化强度的饱和值 P_S. 达到饱和值后，逐渐减小电场到零电场，这时极化强度 P 并不是按 $CBAO$ 回到 O 点，而是沿 CBD 曲线减小. 当外电场为零时，晶体仍存在一定的极化强度，称为剩余极化 P_r(＝$0D$). 这是由于铁电体电畴当外电场撤去后，并不能完全恢复原状. 要去 P_r，必须施加相反方向的电场. 当反向电场为$-E_c$时,才能使P_r变为零,称E_c为矫顽场(coercive field). 反向电场继续增大,极化反向并沿FG曲线直至饱和. 电场在大于正、负饱和值之间循环一周的过程,极化强度与电场强度沿封闭曲线$CBDFGHC$变化,此曲线称为电滞回线,它是铁电体的标志.

2.5.3 常见的几种铁电体

1) 钛酸钡($BaTiO_3$)的铁电性

$BaTiO_3$晶体是目前最重要也是研究最多的一种铁电体. 在120℃以上,它处于顺电相,具有立方对称性的晶体结构(O_h或Pm3m对称群). Ba处在八个顶角位置,Ti处在体心位置,而六个O处在各个面心位置. 它们组成一个氧八面体,把体心的Ti围在其中. 这些氧八面体也以立方结构形式进行排列.

当温度下降至120℃时,钛酸钡发生相变,这时晶体结构由立方晶系转变成四方晶系(C_{4v}或P4mm对称群),原立方晶系的三个轴中有一个伸长,另两个缩短,伸长的c轴与缩短的a轴之比约为1.01. 这样,相对立方结构的$BaTiO_3$来说,Ti离子及O离子都在c轴方向发生了位移,变成正交结构. 此时正交结构原胞中各离子的位置分别为: Ba(0, 0, 0), Ti$\left(\frac{1}{2},\frac{1}{2},\frac{1}{2}+\delta_{2\mathrm{Ti}}\right)$, OⅠ$\left(\frac{1}{2},\frac{1}{2},-\delta_{2\mathrm{O}_1}\right)$, OⅡ$\left(\frac{1}{2},0,\frac{1}{2},-\delta_{2\mathrm{O}_2}\right)$, OⅢ$\left(0,\frac{1}{2},\frac{1}{2}-\delta_{2\mathrm{O}_3}\right)$,其中($\delta_{2\mathrm{Ti}}=0.06\mathrm{nm}$, $\delta_{2\mathrm{O}_1}=0.009\mathrm{nm}$, $\delta_{2\mathrm{O}_2}=0.006\mathrm{nm}$). 图2.5.3示出了$Ti^{4+}$及各个$O^{2-}$离子位移情况. 正是由于正($Ti^{4+}$)负($O^{2-}$)离子的相对位移,引起电偶极矩,所以钛酸钡是一种典型的位移型铁电体(displacive ferroelectrics). 其只有一个极化方向,即c轴方向.

钛酸钡在120℃时,由顺电相转变成铁电相的相变,属于一级相变,极化强度P在相变温度120℃处由零突变成有限值P_S. 随着温度的继续下降,钛酸钡还会发生第二、第三次相变. 而这两次相变都不同铁电相之间的相变. 其第二次相变发生在0℃附近,钛酸钡由正方晶系结构变成正交晶系结构,对称性下降至C_{2v}. 这时极化方向沿[0 1 1]方向,即原来的两个a轴都成极化轴了. 如果温度继续降至-80℃附近,晶格结构变成六角晶系结构,对称性降为C_{3v},此时极化方向沿原来立方体的[1 1 1]方向,表示原来的三个a轴都成了极化轴. 图2.5.4示出了沿顺电相一个立方轴向测量到的自发极化强度P_S随温变化的关系. 图中在0℃及-80℃附近处表出的向下箭头表示温度降低时的情况,向上的箭头表示上升时的情况. 由于升温与降温过程中测量到的P_S并不重合,表明在相变过程有“热滞”存在.

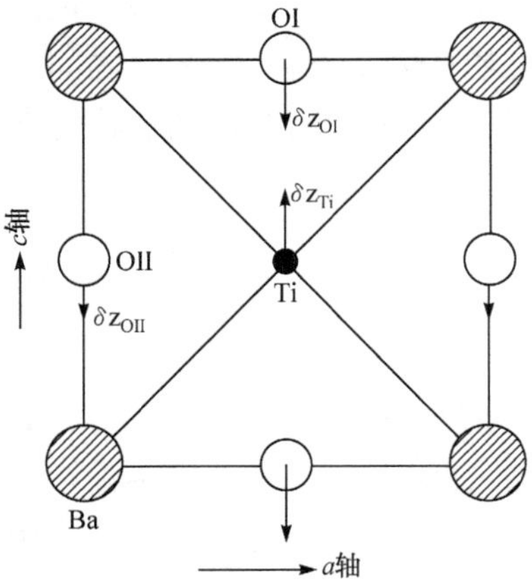

图 2.5.3　正交晶系钛酸钡原胞在(100)面上的投影图

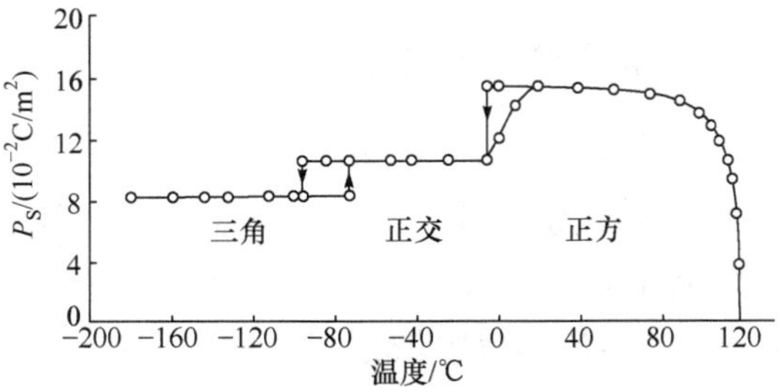

图 2.5.4　钛酸钡的自发极化强度 P_S 随温度的变化

2）磷酸二氢钾的铁电性

磷酸二氢钾(KH_2PO_4)是一种典型的无序-有序型铁电体. 它的居里温度 T_C＝123K. 在此居里温度以上，它具有正方晶系结构，为顺电相. 温度在 T_C 以下，由顺电相转变成铁电相，晶体结构转变为正交晶系，自发极化强度沿 c 轴方向. 它的相变属二级相变. 相变过程无潜热发生(但热容量在相变点不连续). 自发极化强度在相变点也没有突变. 随着温度升高而趋近于 T_C 时，自发极化强度逐渐下降并趋近于零.

图 2.5.5 示出了处于铁电相的 KH_2PO_4 的一个原胞，原胞的四个顶角都是由磷酸根$(PO_4)^{3-}$组成.

图 2.5.5 处于铁电相时 KH_2PO_4 的原胞成的四面体. 在原胞的一对侧面的上部及另一对侧面的下部都各有一对磷酸根$(PO_4)^{3-}$四面体. 每个$(PO_4)^{3-}$四面体都处在由其他四个磷酸根四面体所决定的大四体的中心. 例如四个侧面上的四个磷酸根四面体(图中的 A、B、C、D)组成一个大的四面体，处于中心的磷酸根四面体(图中的 O)就在这个大四面体的中心. 磷酸根四面体的四个顶角是氧原子，四面体的中心是磷原子. 处于大四面体中心的磷酸根四面体(如图中的 O)的两个上顶角处的氧与处于大四面体上顶角的两个磷酸根四面体(如图中 A，B)的下顶角处的氧原子间各有一个氢原子，并组成氢键. 同样处于大四面体中心(O 处)的磷酸根四面体的两个下顶角处的氧与处于大四面体上顶角的两个磷酸根四面体(如图中 C、D)的上顶角处的氧原子之间也各有一个氢原子，也组成氢键. 所以，每个磷酸根$(PO_2)^{-3}$四面体与四周的四个$(PO_2)^{-3}$四面体各有一个氢键. 且氢核并不处于两个氧原子的中间，而是偏向某个氧原子一方，氢原子与较近的氧原子形成共价键，而与较远的氧原子形成范德瓦尔斯结合.

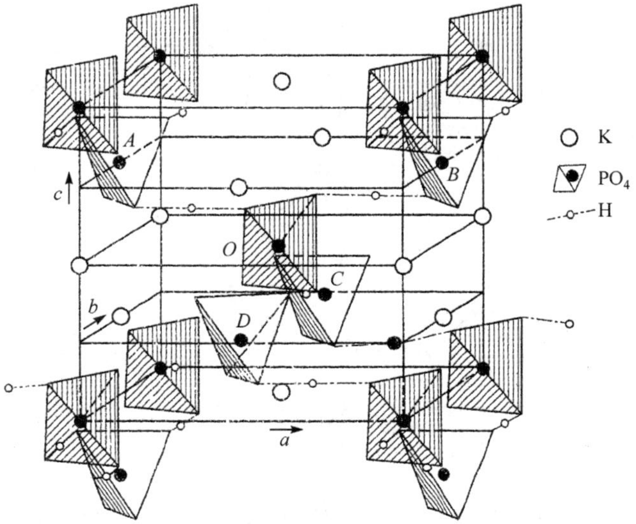

图 2.5.5 处于铁电相时的磷酸二氢钾晶体的原胞

下面我们讨论 KH_2PO_4 铁电性的来源. 图 2.5.5 示出了一个由$(PO_4)^{3-}$组成的四面体的四个氢键上氢核位置的分布情况,从图中可看到四个氢核在氢键上的不同位置分布共有 $2^4=16$ 种. 但是四个氢核不能同时处在一个磷酸根四面体的四个顶角氧原子附近,否则该局部区域不能保持电中性,因而也将使能量提高. 为了使各部分区域都能保持电中性,每个磷酸根四面体只能有两个氢核接近其顶角的氧原子. 加上这一限制后,则氢核在氢键上的位置分布方式只有六种. 当两个氢核接近四面体上顶角氧原子,而两个氢核远离下顶角氧原子(如图 2.5.6 所示)这时将产生方向向上(即沿$+c$ 轴方向)的电偶极矩. 相反,当氢核远离上顶角氧原子,而接近下顶角氧原子时,则形成方向向下的电偶极矩(沿$-c$ 轴方向). 而其他四种方式都将产生与 c 轴垂直方向的电偶极矩. 在相变温度以上时,上述六种氢核位置分布方式概率相等,因此平均来说,不产生自发固有的电偶极矩. 当温度下降至居里温度以下时,晶体发生相变,晶体由原来的正方晶系相变成正交晶系,使这六种氢核位置分布方式的出现概率变得不相等,两个氢核接近上顶角氧原子或接近下顶角氧原子的概率增大,这两种分布方式使体系具有较低的能量(自由能). 因而形成极化方向沿 c 轴的电偶极矩.

从上面的讨论可以看出,磷酸二氢钾晶体的铁电性来源于氢核在氢键上的位置从无序分布到有序分布的转变,故称之为无序—有序型铁电体. 有时也称作氢键铁电体. 氢核位置的有序化为一系列 X 射线和中子散射实验所证实.

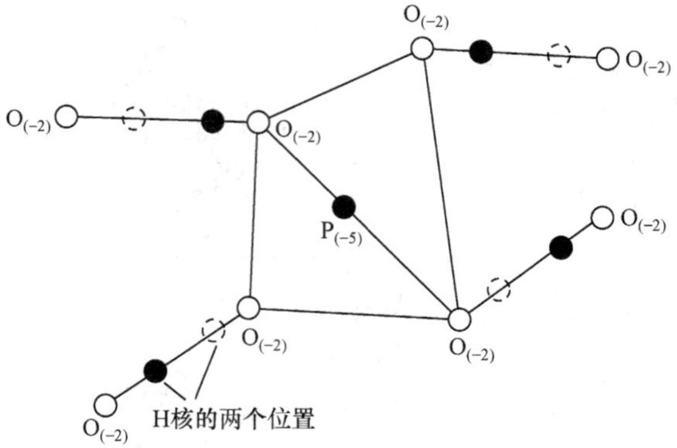

图 2.5.6　氢核位置示意图

2.6　铁电性(相变)的微观理论——软模理论

从原子水平上描述铁电性的起因直到 20 世纪 60 年代才取得重大进展，这就是关于铁电相变的“软模”理论. 这一理论揭示了铁电相变的本质和共性，并指出铁电相变是一般结构相变的特殊情况. “软模”理论以晶格动力学为基础，但它不仅适用于位移相变，也适用于有序—无序相变.

光学模代表着原胞中正负离子之间的相对运动，而自发极化正是电量固定的正、负电荷的相对位移的表现. 现在对此作比较详细的讨论. 如光学波正、负离子的相对运动方程 $\mu\ddot{\boldsymbol{u}}=-\beta\boldsymbol{u}+Q\boldsymbol{E}_{\mathrm{eff}}$ 所示，由于没有外电场 $\boldsymbol{E}=0$，$\boldsymbol{E}_{\mathrm{eff}}=\boldsymbol{E}_L=\dfrac{\boldsymbol{P}}{3\varepsilon_0}=\dfrac{\boldsymbol{P}}{3\Omega\varepsilon_0}=\dfrac{Q\boldsymbol{u}}{3\varepsilon_0\Omega}$，$\Omega$ 为原胞体积，则可写成

$$
\begin{aligned}
\mu\ddot{\boldsymbol{u}}&=\beta\boldsymbol{u}+\frac{Q^2\boldsymbol{u}}{3\varepsilon_0\Omega}\\
&=\left[-\beta+\frac{Q^2}{3\varepsilon_0\Omega}\right]\boldsymbol{u}
\end{aligned}
\tag{2.6.1}
$$

式中 μ 为折合质量. 现在考虑非简谐效应，此时，恢复力系数，在继续保持简谐近似形式下

$$
\beta'=\beta+bu
$$

上式中 $u=u_+-u_-$，是正负离子相对位移，bu 代表非简谐力项，与正负离子相对位移相关. 而 u 的最大值(即离子相对振动的最大振幅)与温度相关，随着温度的升高而变大，因此 bu 是温度的函数，即 $bu=b(T)$. 这样式(2.6.1)写成

$$
\begin{aligned}
\mu \ddot{\boldsymbol{u}} &= \left[-\beta - bu + \frac{Q^2}{3\varepsilon_0 \Omega}\right]\boldsymbol{u} \\
&= -\left[\beta + b(T) - \frac{Q^2}{3\varepsilon_0 \Omega}\right]\boldsymbol{u} \\
&= -\omega_0^2(T)\boldsymbol{u}
\end{aligned}
\tag{2.6.2}
$$

按牛顿第二定律,方程右边是正负离子之间的相作用力,解方程式(2.6.2),可得

$$
\omega_0^2(T) = \frac{1}{\mu}\left[\beta + b(T) - \frac{Q^2}{3\varepsilon_0 \Omega}\right] \tag{2.6.3}
$$

$\omega_0(T)$是没有宏观电场情况下正负离子相对振动频率(光学波频率). 对某种特殊结构的晶体,如果非简谐项 $b(T)$ 随温度的变化而变化,所以 $\omega_0(T)$ 也随温度的变化而变化. 当温度较高时,$\beta + b(T) > \frac{Q^2}{3\varepsilon_0 \Omega}$,此时表示恢复力不为零,它可使位移的离子恢复到原来的平衡位置. 当温度下降到相变温度 T_C 时,$\beta + b(T_C) = \frac{Q^2}{3\varepsilon_0 \Omega}$,恢复力及角频率 $\omega_0(T)$ 都变为零. 这时晶体中没有恢复力可使位移了的正负离子回到原来的平衡位置,晶体产生了正、负离子间不随时间振动的永久位移,并由此引起自发的(无外电场)电偶极矩,晶体由顺电相变成铁电相. 这就是“软模”理论.

软模理论对 LST 关系式,也可说明其合理性. 由此关系式可以看到

$$
\varepsilon_r(0) = \frac{\omega_L^2}{\omega_T^2}\varepsilon_r(\infty) \tag{2.6.4}
$$

由于纵光学波支频率 ω_L 随温度变化很小,这主要是因为纵光学波受到退极化 E_d 的力远远大于非谐恢复力,因而随温度变化的恢复力可以忽略不计. 这样我们就认为 ω_L 不随温度变化. 而横光学波正好相反,主要受恢复力$[\beta + b(T)]$的作用. 当外电场 $\boldsymbol{E}_{外} = 0$ 时,横波频率 ω_T 趋于零,按式(2.6.4),静态介电常量 $\varepsilon_r(0)$ 就趋于无穷大,故极化率 χ 为无穷大($\varepsilon_r(0) = 1 + \chi$). 也就是说在不存在外电场时,介质就存在自发极化强度,即出现铁电性. LST 关系从另一个侧面揭示了光频声子的软横模理论,并指出软模声子必然是横光学支声子. 因此,严格地应称之为横光学支声子软模理论.

光学支软模理论也得到了实验的证实,考利(R. A. Cowley)用中子非弹性散射,测量了位移型铁电体钛酸锶($SrTiO_3$)零波矢的横向光学支声子圆频率 ω_{TO}^2 与温度之间的变化关系如图 2.6.1 所示. 从图中可以看到,随着温度趋于 T_C,($SrTiO_3$ 的 T_C 约为 30K)ω_{TO}^2 下降至零. 图中的虚曲线示出了介电常量倒数随温度的变化关系. 图 2.6.2 给出位移型铁电体 SbSI 的 ω_{TO} 与 $|T - T_C|$ 的关系. 还有其他实验测量结果都证实了光学支声子软模理论的正确性.

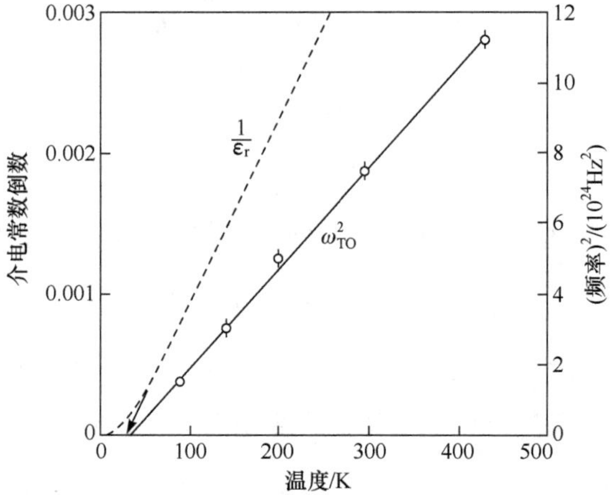

图2.6.1　位移型铁电体 $SrTiO_3$ 的 ω_{TO}^2 及 $\frac{1}{\varepsilon_r}$ 与温度的关系

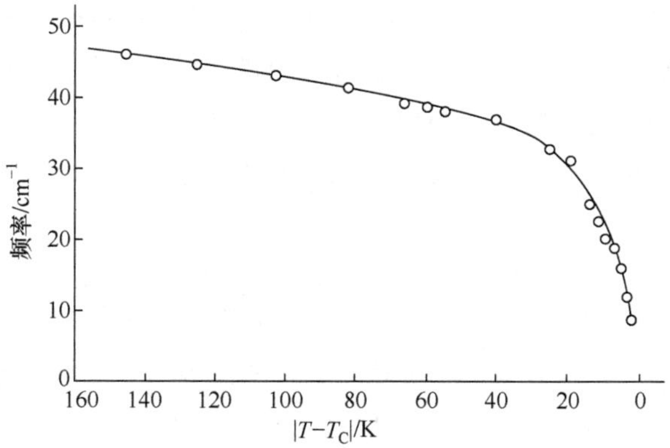

图 2.6.2　位移型铁电体 SbSI 的 ω_{TO} 与 $|T-T_C|$ 的关系

2.7　铁电相变的朗道理论

朗道的相变理论是一个基于热力学原理的唯象理论. 因其形式简单和应用广泛而备受关注. 朗道相变理论可以用于解释结构相变,铁电相变和磁相变,以至超流、超导相变. 下面我们阐明朗道相变理论的基本思想和方法.

2.7.1　对称破缺与序参量

随着温度降低到居里温度 T_C 以下,自发极化电偶极矩的出现是铁电相的主要特征. 而自发极化的出现是由晶结构决定的. 如前所述,仅仅具有自发极化轴的

10 种非中心对称点群(极性点群,polar point group)的晶体才可能出现铁电相. 也就是说同一种铁电体在居里温度 T_C 上下其相或对称性是不同的. 在一般情况下高温相(顺电相)对称性较高,低温相(铁电相)对称性较低,高温相具有的某些对称元素,在低温相不复存在,即失去了某些对称元素,这称为对称破缺(symmetry-broken),例如 $BaTiO_3$ 在 120℃以上的顺电相具有立方晶系 m3m(O_h)点群,有 48 个对称元素,在 120℃以下的铁电相为四方晶系 4mm(C_{4v})点群,只有 8 个对称元素. 在 120℃发生的顺电—铁电相变中丧失了 40 个对称元素. 在物理上讲,晶体对称性的变化是与构成晶体的原子位置的变化分不开的. 原子相对于其高对称相中位置的偏离导致对称破缺,无序程度降低,或者说导致了有序化程度的提高. $BaTiO_3$ 在120℃以上时,钛原子处于氧正八面体中心,在 120℃发生相变后,钛原子和氧原子(O_1,O_2,O_3)分别沿立方晶胞的一个轴(比如 c 轴)发生了位移(图 2.5.3),钛偏离了氧八面体中心,氧和钛沿 c 轴的相对位移使晶胞中正负电荷中心不重合,晶胞中出现了沿 c 轴的电偶极矩. 整个晶体沿 c 轴出现了自发极化. 同时晶体点群也由较高对称性的 m3m(O_h)转变成较低对称性的 4mm(C_{4v}). 对称性破缺是朗道相变理论的重要概念.

为了对相变前后体系的热力学状态进行定量描述,朗道相变理论引入了另一个重要概念——序参量(order parameter),用以描述系统内部有序化程度的参量. 显然在顺电—铁电相变中自发极化强度 $\boldsymbol{P}$ 就是这样一个序参量,当 $T>T_C$ 时 $\boldsymbol{P}=0$,$T<T_C$ 时 $\boldsymbol{P}\neq 0$. 如前所述自发极化强度 $\boldsymbol{P}$ 是多原子系统的统计平均值. 对不同的相变,作为序参量的物理量是不同的,可以是标量(如密度),也可以是矢量(如自发极化强度 $\boldsymbol{P}$)或张量(如自发应变). 确定序参量本身就相变研究的任务之一.

虽然对称破缺和序参量的出现都起因于原子运动,但它们对温度的依赖关系却可能不同. 序参量在相变点的变化可以是连续的(从零变化到无穷小),称之为连续相变;也可以是突变的(从零变化到某一有限值),称之为一级相变. 但晶体的对称性只可能是突变的. 因为序参量是一种物理量,原子位置的微小改变可能使序参量具有无穷小的非零值,但已使晶体的对称性发生了根本的变化. 对某个对称元素而言,不是存在,就是不存在,不可能似有似无. 这里要注意在一级相变中,高对称相(无序相)的对称群与低对称相(有序相)的对称群可能毫无关系,而在连续相变中,低对称相的对称群一定是高对称相对称群的一个子群. 例如对铁电体,其序参量(电极化强度),当温度降低到 T_C 温度以下时,电极化强度矢量 $\boldsymbol{P}$ 将连续(如 $SrTiO_3$)或不连续地从零跃变成一个有限值(如 $BaTiO_3$). 对$BaTiO_3$晶体,如前所述当温度降到 T_C 以下时,Ti 原子和 O 原子分别沿着立方体的边相对于 Ba 原子上下移动,如图 2.7.1 所示,使得 $BaTiO_3$ 从立方相变为四方相,随之电极化强度在 120℃时从零跳变至一个有限值. 对 $SrTiO_3$ 在 $T=110$K 的连续相变,也是从立方相转变为四方相. 但这个转变是通过相邻氧八面体相对扭转一个角度造成,因此序

参量 $\boldsymbol{P}$ 是逐渐增大的，如图 2.7.2 所示.

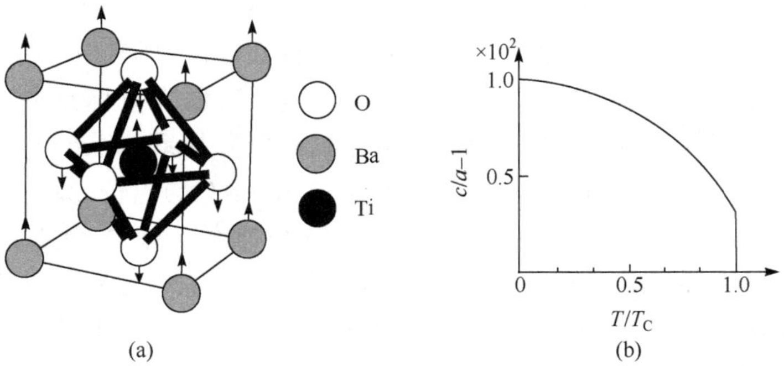

图 2.7.1　$BaTiO_3$ 中的一级相变

c/a 是两个方向的晶格常数比

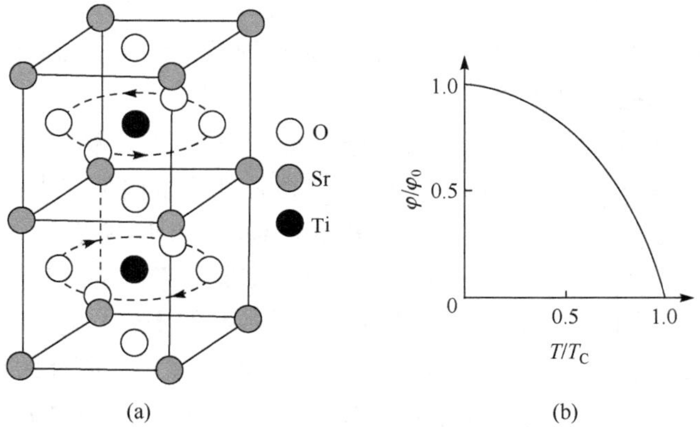

图 2.7.2　$SrTiO_3$ 中的二级相变

φ 是氧八面体的扭转角，$\varphi_0=1.3°$是最大扭转角

2.7.2　铁电体的热力学特征函数

系统内部的相互作用是导致自发对称破缺的根本原因. 因为内部相互作用会抑制热运动，并产生一个与序参量相关的内场(这里为电场)，这个场反过来使整个系统趋于更加有序化. 因此相变本质上是多粒子体系内原子、电子之间相互作用的结果，即合作效应.

描述物态性质的序参量是宏观参量，如磁化强度、极化强度或应变张量等. 这些宏观参量是由相应的微观参量，如电子自旋，原子轨道磁矩或原子位移等微观参量的统计平均值. 由于合作现象产生了宏观序参量导致系统体系的内能 U，熵、焓等. 内能 U 描述了系统内部能量之和，熵定义系统在可逆过程中所吸收的热量与温度之比;焓为系统内能与外界对系统所做功之和,$H=U+pV$. 热力学所研究的问题是系统内部的合作现象以及系统与环境之间可以发生的各种相互作用对体系热力学函数的影响,由此可以研究体系的宏观性质. 对于电介质,吉布斯自由能应加上外界对系统做功部分外还应加上相应的电能项,即吉布斯自由能为

$$G = U - TS - \left(\sum_{ij}\sigma_{ij}e_{ij} + \sum_{i}E_iP_i\right)V_0 \tag{2.7.1}$$

式中 σ_{ij} 为应力张量分量,e_{ij} 为应变张量分量,E_i 为电场强度分量,P_i 为极化强度分量,V_0 为固体形变前的体积. 根据可递热力学过程特点,吉布斯自由能有如下微分形式:

$$\mathrm{d}G=-S\mathrm{d}T+V\mathrm{d}p-\boldsymbol{E}\cdot\mathrm{d}\boldsymbol{P} \tag{2.7.2}$$

这里 $\mathrm{d}\boldsymbol{P}$ 是式(2.7.1)中电极化统计平均值的增量,$\mathrm{d}p$ 为压强增量,S、V、$\boldsymbol{E}$ 分别是熵、体积和平均电场强度.

从上面的热力学函数关系可以看出,要从热力学研究铁电相变,其特征热力学函数应该是以温度 T,电场强度 $\boldsymbol{E}$ 及自发极化 $\boldsymbol{P}_\mathrm{S}$ 为状态参量的热力学函数,因此铁电相变的热力学特征函数应是吉布斯自由能 $G(PET)=H-TS$. 这里必须注意,在吉布斯自由能函数中,极化强度 $\boldsymbol{P}_\mathrm{S}$ 作为状态参量的地位与 T、$\boldsymbol{E}$ 是不一样的. 温度 T 和外电场 $\boldsymbol{E}$ 由系统所处的环境给出,是自变量. 而状态参量 $\boldsymbol{P}_\mathrm{S}$ 不是自变量,$\boldsymbol{P}_\mathrm{S}$ 只能由下面的热力学平衡条件决定,即要求 G 为极小值来决定.

在不同温度下热平衡状态及状态自发极化过程由朗道吉布斯自由能极小值判据

$$\frac{\partial G}{\partial P}=0 \tag{2.7.3}$$

及

$$\frac{\partial^2 G}{\partial P^2}>0 \tag{2.7.4}$$

决定. 上述判据同时表明在任何相变点上,平衡共存的两相的吉布斯自由能 G 必须连续、相等. 但 G 的各阶导数$\dfrac{\partial^n G}{\partial P^n}$(对应系统的熵、体积、比热容、极化强度等)在相变点可能发生不连续的跃变. 埃伦菲斯特(P. Ehrenfest)根据相变的这一热力学特征,提出按吉布斯自由能函数的导数连续情况来定义相变的级别:若$(n-1)$阶导数连续,而 n 阶导数不连续,则该相变定义为 n 级相变.

根据上面相变级数的定义,一级相变的自由能 G 在相变点是连续的,而一阶导数$\dfrac{\partial G}{\partial P}$在相变点是不连续的,因而系统的熵和体积在相变点的变化是突变的,意味着存在相变潜热和体积变化. 二级相变在相变点 G 的一阶导数是连续的,所以

熵和体积在相变过程中是连续变化的. 但其二阶导数$\dfrac{\partial^2 G}{\partial P^2}$(对应系统的比热、压缩率、膨胀系数)将有不连续的跃变. 以上类推,也推得三级及三级以上相变.

2.7.3 吉布斯自由能特征函数的级数展开

温度降低到居里温度 T_C 时,自发极化 $\boldsymbol{P}_S$ 的值在相变点很小,严格说可以任意小. 因此在相变点附近,自由能 G 可以展开为 $\boldsymbol{P}$ 的级数. 以最简单的一维情况为例,吉布斯自由能可写作 P 的幂级数形式

$$G(PET)=G_0-EP+g_0+\frac{1}{2}g_2P^2+\frac{1}{4}g_4P^4+\cdots \tag{2.7.5}$$

式(2.7.5)中 G_0 是高对称相吉布斯自由能,忽略 0 次幂,因为无物理意义. 式中展开系数 g_2、g_4、g_6 的值由实验决定. 另外,因为在 $E=0$ 的情况下,当极化强度方向反向时,对称破缺发生的结果相同,晶体的性质和行为不变,其自由能也不改变,所以式(2.7.5)中只有 P 的偶次项. 但是当系统受到外电场作用而且电场与状态参量(P)相关时(铁电相变就是这样一种情况),外电场 $\boldsymbol{E}$ 显然依赖于极化强度 P 的值,此外,G 吉布斯自由能函数会出现一项

$$G_E=-EP$$

以使 P 的平均值$\boldsymbol{P}=\dfrac{-\partial G(PET)}{\partial E}$,这是统计物理学中计算平均值起着非常重要作用的物理定律. 因此,当 $E\neq 0$ 时,自由能增加$-EP$ 能量项. 在不同温度下的热平衡状态条件可由式(2.7.3)和式(2.7.4)给出

$$\frac{\partial G}{\partial P}=-E+g_2(T)P+g_4(T)P^3+g_6(T)P^5=0 \tag{2.7.6}$$

$$\frac{\partial^2 G}{\partial P^2}+g_2(T)+3g_4(T)P^2+5g_6(T)P^4+\cdots>0 \tag{2.7.7}$$

在式(2.7.6)中已经忽略了 6 阶小量以上的项.

先考虑宏观电场 $E=0$ 的情况. 这时晶体内的极化强度 P 即是自发极化强度 P_S. 从式(2.7.6)可知 $E=0$ 情况下,$P_S=0$ 是方程式(2.7.6)的一个解,此解正是相当于顺电相的情况. 也即在 $T>T_C$ 的顺电相,$P_S=0$ 应是平衡态的解,同时也应满足式(2.7.7)

$$\left.\frac{\partial^2 G}{\partial P^2}\right|_{P=0}=g_2>0 \quad (T>T_C) \tag{2.7.8}$$

要使 G 在 $P_S=0$ 时有极小值,g_2 必须为正值.

但如果温度降至 T_C 以下,($T<T_C$),晶体出现铁电性,$P=0$ 不再是所要求的解. 也就是说当 $T<T_C$ 时,对应于 $P=0$ 的解不再是稳定相,而为不稳定相(此时铁电相是稳定相),自由能 G 应具有极大值,而不是极小值. 因此在 $T<T_C$ 的铁电

相时，$\frac{\partial^2 G}{\partial P^2}$应小于零，即

$$\left.\frac{\partial^2 G}{\partial P^2}\right|_{P=0}=g_2<0 \quad (T<T_C) \tag{2.7.9}$$

为了说明 g_2 随温度变化的情况：$T>T_C$ 时 $g_2>0$，而 $T<T_C$ 时，$g_2<0$，可令

$$g_2=(T-T_C)/C \tag{2.7.10}$$

这里C是与温度无关的常数，这样温度从 T_C 以上降至 T_C 以下时，$g_2(T)$连续地从正值变为负值(可以看出在相变点 T_C，$g_2=0$). 因此，在 $T<T_C$ 时自发极化 $P_S\neq 0$ 的解会导致得到 G 自由能的极小值，即 $T<T_C$ 时晶体会出现自发极化，显示铁电性.

2.7.4 二级相变

现在根据上述理论来说明晶体在相变温度(居里点)附近由顺电相到铁电相转变过程的特点和性质.

当温度 T 低于居里温度 T_C 时，铁电体处于铁电相，晶体中存在自发极化强度 $P_S\neq 0$，因此 $P=P_S$ 应满足稳定相条件：即 $P=P_S\neq 0$ 满足 $E=0$ 时的式(2.7.6)和式(2.7.7). 因为当 $T<T_C$ 时，$g_2<0$，因此为使 $P=P_S$ 能满足式(2.7.6)，就必须要求

$$-E(=0)+g_2P_S+g_4P_S^3=0 \tag{2.7.11}$$

由此可得

$$P_S=\sqrt{\frac{-g_2}{g_4}}=\sqrt{\frac{T_C-T}{g_4C}} \quad (T<T_C) \tag{2.7.12}$$

由式(2.7.12)可见，当温度趋于居里温度 T_C 时，自发极化强度趋于零，所以自发极化强度在相变点是连续的(图 2.7.3).

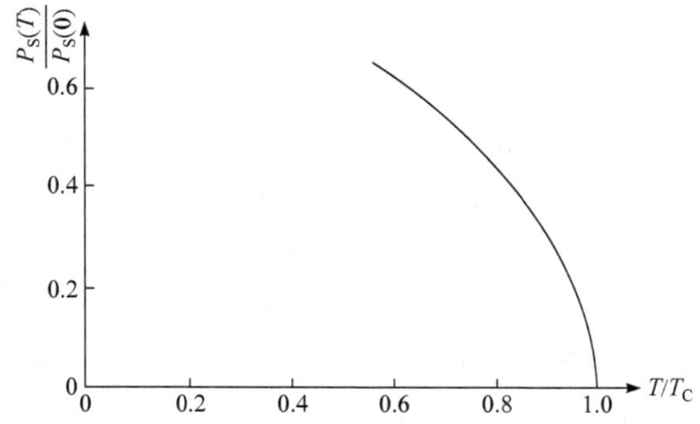

图 2.7.3 二级相变时 P_S 与 T 的变化关系

现在讨论在相变点附近熵及比热容与温度的关系. 由式(2.7.5)得

$$S=-\frac{\partial G}{\partial T}=S_0-P_S^2\frac{\partial g_2}{\partial T}P_S^4\left(\frac{\partial g_4}{\partial T}\right) \tag{2.7.13}$$

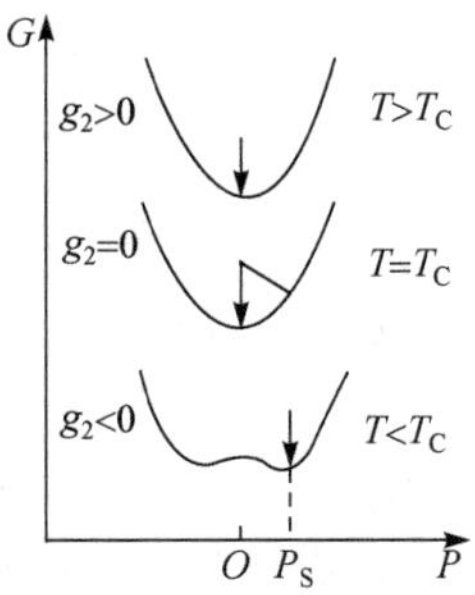

图 2.7.4　二级相变时 G 与 P 之间的变化关系

式中 S_0 为未极化(顺电相)晶体的熵,略去 P_S^4 项后得

$$S-S_0=-P_S^2\left(\frac{\partial g_2}{\partial T}\right) \tag{2.7.14}$$

在高对称相,$P_S=0$,因此 $S=S_0$. 在低对称相由式(2.7.12),得

$$S-S_0=\frac{T_C-T}{g_4C}\frac{\partial}{\partial T}\left(\frac{T-T_C}{C}\right) \tag{2.7.15}$$

当 $T=T_C$ 时,$S=S_0$,说明在相变过程中熵不改变,即无潜热伴随,满足熵在 T_C 点连续条件(图 2.7.4).

对式(2.7.15)关于 T 求导,可得定压比热容 C_P 在 T_C 点的改变量 ΔC_P 为

$$\Delta C_P=\frac{\alpha T_C}{g_4} \tag{2.7.16}$$

式中,α 为大于 0 的常数. 至此朗道理论对铁电二级相变作出了定量描述. 除 C_P 外,其他量如定容比热容、压缩系数、热膨系数的不连续也可遵循相同的方法得出.

现在讨论顺电相($T>T_C$)时,极化率 $\chi=\frac{P}{E}$ 的变化情况. 由于顺电相,在通常的电场强度下极化强度 P 都不大,在式(2.7.6)中忽略 P 的三次幂以上的项,得

$$\chi=\frac{P}{E}=\frac{1}{g_2}=\frac{C}{T-T_C}\quad (T>T_C) \tag{2.7.17}$$

上式即是居里-外斯定律,也可写为式(2.5.1). 罗谢尔盐及磷酸二氢钾的铁电相变都属于二级相变过程.

2.7.5　一级相变

现在我们仍以朗道相变理论为基础来讨论一级相变过程. 虽然朗道宏观相变理论是针对二级相变提出的,但满足朗道条件的不一定是连续相变,仍可以是一级相变,这是因为朗道条件是必要条件而非充分条件.

仍以 $\boldsymbol{E}=0$ 时的式(2.7.6)及式(2.7.7)作为出发点. 当 $T=T_C$ 时,按一级相变特征:在相变点两相共存,即顺电相($P=0$)和铁电相($P=P_S$)同时共存,即在体系自由能 G 上反映同时两个自由能相等的极小值. 也就是在 $T=T_C$ 时,两相吉布斯自由能 $G(PTE)$ 满足

$$G(P_S,T_C,0)=G(0\ T_C\ 0) \tag{2.7.18}$$

由式(2.7.5)有

$$6g_2+3g_4P_S^2+2g_6P_S^4=0 \tag{2.7.19}$$

因为 P_S 也必须同时满足 $E=0$ 时式(2.7.6)表示的热平衡条件,即

$$\frac{\partial G}{\partial P_S}=g_2+g_4P_S^2+g_6P_S^4=0 \tag{2.7.20}$$

由式(2.7.5)与式(2.7.20)可求得

$$P_S^2(T_C)=-\frac{4g_2}{g_4}=\frac{4g_2}{|g_4|} \tag{2.7.21}$$

$$g_6=\frac{3g_4^2}{16g_2} \tag{2.7.22}$$

下面讨论一级相变过程的情况. 在 $E=0$, $T>T_C$ 顺电相对, $P=0$ 仍是自由能 G 极小值的一个解,为满足式(2.7.7),仍要求 $g_2>0$. 但当 $T<T_C$ 铁电相对,尽管 $P=0$ 已不符合铁电相的实际情况,但 $P=0$ 仍然可以是满足式(2.7.7)的一个解,即仍然使自由能取一个极小值,只要式(2.7.7)还同时存在另一个解 $P^2=P_S^2=-\frac{4g_2}{g_4}=\frac{4g_2}{|g_4|}(T_C)$,即在 $T<T_C$ 时,自由能 G 有两个极小值. 而且 $P=P_S$ 时 G 的极小值比 $P=0$ 时 G 的自由能值低, $G(P_S)$ 是吉布斯自由能的最小值. 所以相应于这一情况,即使在 $T<T_C$(T_C 附近), $P=0$ 仍可能使 G 取得极小值,即满足式(2.7.7),也就是说仍要求 $g_2>0$. 但是为了求得吉布斯自由能另一个极小值,由式(2.7.6),在 $E=0$ 及 $g_2>0$ 的条件下,要得到 P_S 解

$$P_S^2=\frac{-g_4\pm\sqrt{g_4^2-4g_6g_2}}{2g_6} \tag{2.7.23}$$

必须要 $g_4<0$, $g_6>0$. 图 2.7.5 画出了此情况下(一级相变情况下)朗道吉布斯自由能 G 与极化强度 P 之间的关系:当 $T>T_C$ 顺电相时,吉布斯自由能只有一个极小值 $P=0$. 当 $T<T_C$ 的铁电相中,吉布斯自由能有两个极小值,即 $P=0$ 及 $P=P_S$. 而后者 P_S 的 $G(P=P_S)$ 比前者 $G(P=0)$ 更低. 因此平衡态时,晶体具有自发极化强度 P_S. 根据式(2.7.21)表示的结果显示,自发极化强度 P_S 在 $T=T_C$ 时存在一个从 0 到 P_S 的跃变,并不是连续地趋近于零,表明所讨论的铁相变为一级相变. 图 2.7.5 显示出了钛酸钡自发极化强度 P_S 随温度的变化情况,在 $T=T_C$ 时极化强度 P_S 有突变,表明钛酸钡的铁电相变是一级相变,如图 2.7.6 所示.

现在讨论存在宏观电场 E 时顺电相的极化率 $\chi=\frac{P}{E}$ 的变化情况. 与讨论二级相变时的情况相似,此时 P 通常是比较小的,因此可以近似忽略 P 的高次幂项. 由式(2.7.6)可直接得到

$$\chi=\frac{P}{E}=\frac{1}{g_2} \tag{2.7.24}$$

实验可知,铁电体处于顺电相时, χ(或 $\boldsymbol{E}$)满足居里-外斯定律,因此有

$$g_2=(T-T_0)/C \tag{2.7.25}$$

式中 T_0 称为居里-外斯温度，其物理意义是亚稳顺电相可存在的最低温度，它与居里温度 T_C 的关系为

$$T_C = T_0 + \frac{3g_4^2}{16\alpha_0 g_6} \tag{2.7.26}$$

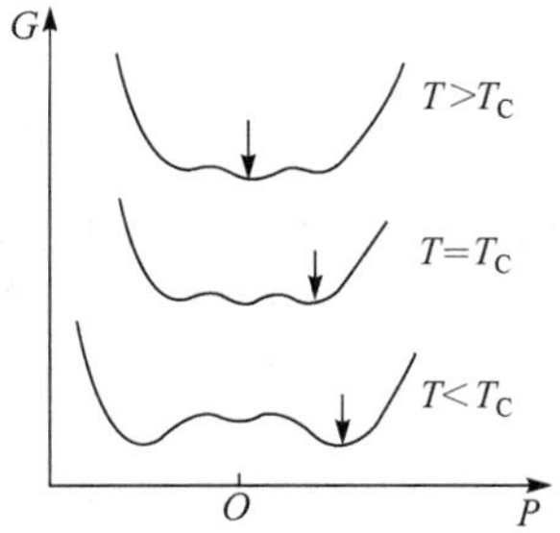

图 2.7.5　一级相变时 G 与 P 之间的变化关系

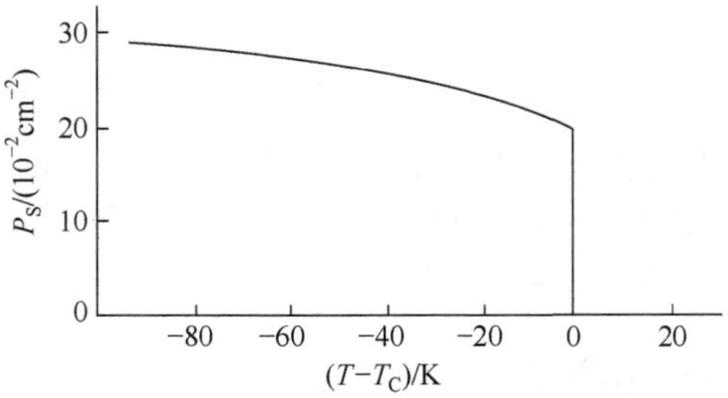

图 2.7.6　钛酸钡的自发极化强度的理论计算值与温度间的变化关系

2.7.6　铁电体在信息存储中的应用

由典型铁电体的电滞回线(图 2.5.2)可看出：铁电体的极化方向可以通过用多加电场来改变，并且改变了的极化方向可以在外场去除后长期保存. 这是一种可以开关的记忆存储特性. 从 20 世纪 50 年代起人们一直努力利用这一特性进行数字存储，这是因为铁电存储器具有以下优点：①电源去除后记忆不会消失，即具有非易失性. ②能耗比磁性存储器低得多. ③具有快速存取功能和抗辐射功能. 近年来由于氧化物薄膜制备技术取得长足发展，各种现代薄膜沉积技术的成熟使人们可以制备高质量的厚度薄达 25nm 的铁电薄膜，其运行电压为 1 伏以下. 使之与现存的半导体微电子技术相兼容，为铁电存储器提供了广阔空间. 特别是近年来为了克服"破坏性读出"带来的疲劳失效后果，人们正在研究一种新型的非破坏性读出的铁电存储器件——铁电场效应管(Fe FET). 它以可改变极化方向的铁电薄膜作为门电极，铁电薄膜"向上"或"向下"的极化场使铁电场效应管开通或关断，分别相应于存储单元的"0"或"1"，由测量铁电场效应管的源和漏之间的电流便可知存储单元的状态.

习　题

2.1　已知具有金刚石结构的硅，它的点阵常数 $a=0.543$nm，它的静态介电常量 $\varepsilon_0=12$. 请根据克劳修斯-莫索提方程估算硅原子的极化率 α.

2.2　若对面积很大的硅片垂直地施加 12V/m 的外电场，根据上题的数据求出硅片内的宏

观电场强度及硅原子处的局域电场强度.

2.3 已知 NaCl 晶体的点阵常数 $a=0.564\mathrm{nm}$,体弹模量 $K=2.4\times10^{10}\,\mathrm{N/m^2}$. 请求出每个离子对的离子位移极化率 α_l,并按克劳修斯-莫索提方程估算由离子位移极化率所引起的静态介电常量 ε_s. 并把 ε_s 的估算值与实验测量值 5.62 相比较,并分析存在此偏差的主要原因.

2.4 设有两个中性原子的体系,两原子相距一定距离 a,每个原子的极化率为 α. 求此体系变成铁电相(即两个原子电偶极矩平行)时 a 与 α 之间应满足的关系.

2.5 若朗道的铁电体自由能密度写成

$$G(T,P)=G(T,0)+\frac{1}{2}g_2(T-T_0)P^2+\frac{1}{4}g_4P^4+\frac{1}{6}g_6P^6$$

对于一级相变情况 $g_4<0$,试求:

(1) 在 $T=T_C$ 时的自发极化强度 P_S;

(2) 居里点 T_C.

第 3 章　固 体 磁 性

固体磁性来源于固体内部荷电粒子(电子及核子)的运动,包括轨道运动和自旋运动.固体磁性是人类最早发现的物理现象之一,也是今天最为活跃的研究领域之一.它丰富的内涵一直驱动着人们的探索热情.通过对固体磁性研究和新现象的发现,可以获取很多有关固体结构和带电微观粒子运动和相互作用的信息,为进一步认识、开发和利用奠定基础.本章首先介绍固体磁性的实验现象,然后对固体不同的磁学性质的来源和理论分析作扼要论述.

3.1　固体磁性的基本实验现象

1. 固体的磁化率

在电磁学中我们已经知道,把一固体介质放在磁感应强度为 $\boldsymbol{B}_0$ 的外磁场中,固体中将产生感应磁矩 $\boldsymbol{P}_m$,如果我们定义单位固体体积的感应磁矩为固体的磁化强度

$$\boldsymbol{M}=\frac{\mathrm{d}\boldsymbol{P}_m}{\mathrm{d}V} \tag{3.1.1}$$

实验发现 $\boldsymbol{M}$ 与磁场强度 $\boldsymbol{H}\left(=\frac{\boldsymbol{B}_0}{\mu_0}\right)$ 成正比关系

$$\boldsymbol{M}=\chi\boldsymbol{H} \tag{3.1.2}$$

其比例系数 χ 称为磁化率,磁化率 χ 是表示固体被磁化的难易程度的物理量,它是一个无量纲的物理量.

根据磁化率的大小及正负,可把固体分成三类:顺磁体、抗磁体和铁磁体(包括反铁磁体和亚铁磁体).

2. 顺磁性(paramagnetism)

磁化率 χ 为很小正值的磁体称为顺磁体,大多数金属,如 Na、Al、V、Ph 等具有顺磁性.产生顺磁场的本质是固体材料中,含有具有固有磁矩的原子或离子.如电子的轨道磁矩和自旋磁矩、原子核的自旋磁矩等.

当无外磁场时,这些磁矩在空间的指向是完全杂乱无章的,各磁矩的矢量和为零,固体不显磁性.当加上外磁场后,固有磁矩受到磁力矩的作用,会产生向外磁场方向转动,使得各固磁矩倾向于与外磁场一致的方向排列,表现出顺磁性.实验证明,顺磁磁化率与温度的关系为

$$\chi \propto T^{-1}$$

3. 抗磁性(diamagnetism)

当磁化率 χ 为一小的负数的物体称为抗磁体.抗磁性的来源可以这样解释:围绕原子核的电子轨道可看作是环形电流,加上磁场后,根据电磁感应的楞次定律,环形电路中将会产生感应电流.这种感应电流的磁矩方向与外磁场的方向相反,因此其磁化率 χ 是负的,实验表观 χ 绝对值很小,而且与温度无关.实际上,所有物质都具有抗磁性,但往往被比它大一到两个数量级的正的顺磁化率所掩盖.只有在那些无固有磁矩,或很小固有磁矩的固体,抗磁性才能显示出来.

4. 铁磁性(ferromagnetism)

铁磁性磁化率 χ 是很大的正数,比顺磁体的磁化率大 5～6 个数量级,且与外磁场 $\boldsymbol{H}$ 有关.典型的铁磁材料有铁、钴、镍等.铁磁性只有温度低于铁磁居里温度 T_C 时才存在,当温度高于 T_C 时,铁磁体转变为顺磁体.其磁化率满足居里-外斯定律,有

$$\chi = \alpha (T - T_C)^{-1} \tag{3.1.3}$$

铁磁性来源于铁、钴、镍时过渡金属的非满 3d 层产生的固有磁矩,以及原子之间的相互作用.这些量子相互作用使固有磁矩"自发"平行取向而产生铁磁性.

5. 反铁磁性(antiferromagnetism)

在反铁磁体中,原子间的量子相互作用使相邻原子的磁矩方向排列相反,结果不显示磁性.在外磁场作用下,通常表现出顺磁性,这也可以用磁矩受到磁场的作用而偏转来解释,但与顺磁体不同,反铁磁体有显著的各向异性,常见的反铁磁体都是过渡金属的化合物,如 $CrCl_2$、MnO、NiO、CoO、FeF_2、VCl_3、V_2O_4 等,其磁化率像铁磁体一样遵守居里-外斯定律.

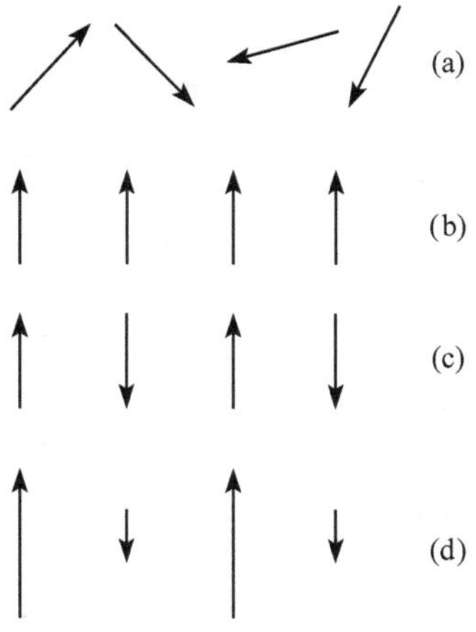

图 3.1.1 不同磁性材料中自旋的相对取向

6. 亚铁磁性(ferrimagnetism)

如果在上述反铁磁体中,相邻原子指向相反的固有磁矩大小不等,结果相抵后还存在一定的磁性,称之为亚铁磁性.通常的亚铁磁体非金属,如铁氧体 Fe_3O_4 等.由于铁氧体是绝缘体,而且有铁磁性的某些行为,因而受到应用领域的重视.

图 3.1.1 中的(a)、(b)、(c)、(d)分别表示出了顺磁体、铁磁体、反铁磁体及亚铁磁体中原子(离子)磁矩的排列情况.

在此应该指出,顺磁性与抗磁性代表了独立磁矩集合的性质,而铁磁性、反铁磁、亚铁磁性反映了大量电子轨道磁矩、自旋磁矩、核磁矩相互作用(交换作用)产生的合作现象.两者的物理内涵和理论方式是完全不同的.

3.2 固体的顺磁性

顺磁性的根源在于存在固有磁矩,包括组成固体的原子(离子)磁矩,自由电子的自旋磁矩.本节先讨论原子(离子)的磁矩及其在外磁场中偏转的统计理论,导出顺磁磁化率的表示式,然后讨论自由电子的顺磁性.

1. 原子(离子)的磁矩

原子(离子)的磁矩由原子中电子绕核运动产生的轨道磁矩和电子自旋磁矩两部分组成.

由原子物理知,电子轨道运动产生的轨道磁矩 $\boldsymbol{\mu}_L$ 与电子的轨道角动量 $\boldsymbol{L}$ 的关系为

$$\boldsymbol{\mu}_L = -\frac{e}{2m}\boldsymbol{L} = \gamma\boldsymbol{L} \tag{3.2.1}$$

γ 是旋磁比,由量子力学知,轨道角动量 $\boldsymbol{L}$ 及其在外场方向的投影 L_z 只能取以下分立值

$$\begin{aligned} L &= \hbar\sqrt{l(l+1)} \\ L_z &= m_l\hbar \end{aligned} \tag{3.2.2}$$

式中

$$l = 0,1,2,\cdots,n-1$$

$$m_l = 0,\pm1,\cdots,\pm l$$

式中,n 是主量子数,l 为角量子数,m_l 为轨道磁量子数.因此 μ_L 也只能取分立值.

$$\mu_L = -\frac{e\hbar}{2m}\sqrt{l(l+1)} = -\mu_B\sqrt{l(l+1)} \tag{3.2.3}$$

$$\mu_{L_z} = -\frac{e}{2m}L_z = -\frac{e\hbar}{2m}m_l = m_l\mu_B$$

式中

$$\mu_B = \frac{e\hbar}{2m} = 9.27\times10^{-24}\,\mathrm{A\cdot m^2}$$

称 μ_B 为玻尔磁子,是磁矩量子的最小变化单元.

除了轨道运动外,电子还有自旋运动,实验发现磁矩与自旋角动量的关系为

$$\boldsymbol{\mu}_S = -\frac{e}{m}\boldsymbol{S} = 2\gamma\boldsymbol{S} \tag{3.2.4}$$

$$\mu_{S_z} = -\frac{e}{m}S_z \tag{3.2.5}$$

式中，S_z 只能取$+\frac{\hbar}{2}$和$-\frac{\hbar}{2}$两个值.

现在我们来讨论原子的总磁矩.

通常原子中包含有多个电子，如果分别为$\boldsymbol{L}_i$ 和$\boldsymbol{S}_i$ 表示第i 个电子的轨道及自旋角动量，则原子总的角动量$\boldsymbol{J}$ 应是

$$\boldsymbol{J} = \boldsymbol{L} + \boldsymbol{S} \tag{3.2.6}$$

式中

$$\boldsymbol{L} = \sum_i \boldsymbol{L}_i, \quad \boldsymbol{S} = \sum_i \boldsymbol{S}_i \tag{3.2.7}$$

因而，原子的总磁矩则为

$$\boldsymbol{\mu} = -\gamma\boldsymbol{L} - 2\gamma\boldsymbol{S} = -\gamma(\boldsymbol{L} + 2\boldsymbol{S}) \tag{3.2.8}$$

实际上，原子的总磁矩$\boldsymbol{\mu}$ 在$\boldsymbol{J}$ 上的投影μ_J 与总角动量$\boldsymbol{J}$ 之间的关系仍然满足线性关系即

$$\boldsymbol{\mu}_J = g\gamma\boldsymbol{J} \tag{3.2.9}$$

$$\mu_{Jz} = g\gamma J_z$$

式中，g 是一个无量纲的系数，称为朗德 g 因子(Landé g factor). 这是因为在耦合表象中$\boldsymbol{J}$ 是守恒量，而$\boldsymbol{L}$、$\boldsymbol{S}$ 不再是守恒量，可以认为$\boldsymbol{\mu}$ 围绕$\boldsymbol{J}$ 进动，其垂直于$\boldsymbol{J}$ 的分量，相互抵消为零. 现在计算g 的取值.

式(3.2.9)两边点乘$\boldsymbol{J}$ 后，并考虑到式(3.2.8)和式(3.2.6)，得

$$g = \frac{\boldsymbol{\mu}_j \cdot \boldsymbol{J}}{\gamma J^2} = 1 + \frac{2\boldsymbol{S} \cdot \boldsymbol{J}}{J^2} \tag{3.2.10}$$

由于

$$\boldsymbol{L} = \boldsymbol{J} - \boldsymbol{S}$$

有

$$\boldsymbol{J} \cdot \boldsymbol{S} = \frac{1}{2}(J^2 - L^2 + S^2)$$

因此

$$g = 1 + \frac{1}{2J^2}(J^2 + S^2 + L^2)$$

由于

$$J^2 = J(J+1)\hbar^2$$

$$L^2 = L(L+1)\hbar^2$$

$$S^2 = S(S+1)\hbar^2$$

所以兰德系数

$$g = 1 + \frac{J(J+1) + S(S+1) - L(L+1)}{2J(J+1)} \tag{3.2.11}$$

由此可计算原子不同状态(由 J、S、L 描述)的总磁矩.

2. 洪德定则

怎样确定原子处于基态时 L、S、J 等量子数的取值呢,洪德根据原子光谱的分析,归纳总结出以下 3 条经验规律,称之为洪德定则:

(1) 原子的自旋量子数 S 数取泡利不相容原理所允许的最大值.

(2) 原子的轨道角动量量子数 L 也取泡利不相容原理允许的,并与 S 的取值相容的最大值.

(3) 若壳层内电子数不到半满取 $J=|L-S|$,若壳层内电子数等于或超过半满取 $J=L+S$.

根据洪德定则,表 3.2.1 显示了过渡金属 V^{3+} 和 Fe^{2+} 离子处于基态时 L、S 和 J 量子数的值,表 3.2.2 和表 3.2.3 给出了稀土和过渡离子由洪德定则确定的 L、S、J 值. 需要指出的是:洪德定则的(1)、(2)确定了 L 和 S 的取值,这是与电子之间的库仑作用相联系的,因为库仑作用远比外加磁场的磁力大得多,磁力对 S、L 的取值的产生的影响可以忽略. 定则(3)决定了 J 的取值,这是与自旋一轨道相互作用相联系的;由于电子在原子中运动产生的磁场约为 10T 量级,因此此项规则有可能在同样强度的外磁场中失效. 另外也要注意,当不同 J 产生的能级分裂与室温下的 $k_B T$ 相近时,激发态的能级(而不是基态)在热平衡下可以被占据,此时由于邻近离子产生的电场作用,洪德定则的第三条也将失效.

表 3.2.1　过渡金属 V^{3+} 和 Fe^{2+} 离子处于基态时 L、S 和 J 量子数的值

	V^{3+}	Fe^{2+}
3d 电子数	2	6
洪德定则给出的占据态	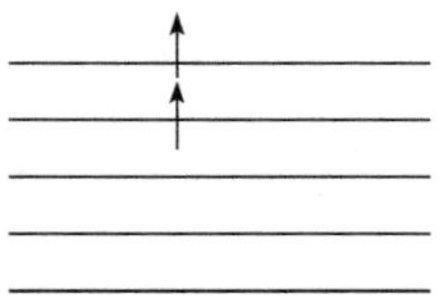	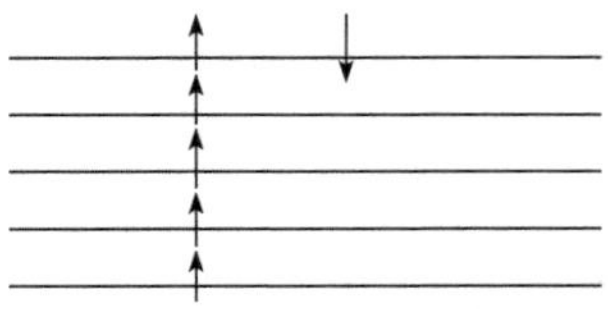
洪德定则(1)确定自旋及可能最大值	$S=\frac{1}{2}+\frac{1}{2}=1$	$S=\frac{1}{2}+\frac{1}{2}+\frac{1}{2}+\frac{1}{2}+\frac{1}{2}-\frac{1}{2}=2$
洪德定则(2)确定的轨道角量子数,及可能最大值	$L=\sum L_i=2+1=3$ 壳层少于半满	$L=2+1+0-2-2+2=2$ 壳层大于半满
洪德定则(3)确定的 J	$J=1L-S1=2$	$J=L+S=4$
谱项标记	$^3F_2$	$^5D_4$

表 3.2.2 某些稀土金属离子的有效磁子数 $P=g\sqrt{j(j+1)}$

离子	4f 电子数	洪德定则基态	P(实验)	P(计算)
La^{3+}	0	$^1S_0$	0	0
Pr^{3+}	2	$^3H_4$	3.5	3.58
Nd^{3+}	3	$4I_{9/2}$	3.5	3.62
Sm^{3+}	5	$^6H_{5/2}$	1.5	0.84
Eu^{3+}	6	$^7F_0$	3.4	0.00
Dy^{3+}	9	$^6H_{15/2}$	10.6	10.63
Ho^{3+}	11	$^4I_{15/2}$	9.5	9.59
Tm^{3+}	12	$^3H_6$	7.3	7.54
Yb^{3+}	13	$^2F_{7/2}$	4.5	4.54
Lu^{3+}	14	$^1S_0$	0	0

表 3.2.3 某些过渡金属离子的有效磁子数

离子	3d 电子数	洪德定则基态	g(实验)	计算 $g\sqrt{j(j+1)}$	计算 $2\sqrt{s(s+1)}$
K^{+}	0	$^1S_0$	0	0	0
V^{4-}	1	$^2D_{3/2}$	1.8	1.55	1.73
V^{3+}	2	$^3F_2$	2.8	1.63	2.83
V^{2+}	3	$^4F_{3/2}$	3.8	0.77	3.87
Cr^{3-}	3	$^4F_{3/2}$	3.7	0.77	3.87
Mn^{4+}	3	$^4F_{3/2}$	4.0	0.77	3.87
Cr^{2+}	4	$^3D_0$	4.8	0	4.90
Mn^{3+}	4	$^5D_0$	5.0	0	4.90
Mn^{2-}	5	$^6S_{5/2}$	5.9	5.92	5.92
Fe^{3+}	5	$^6S_{5/2}$	5.9	5.92	5.92
Fe^{2+}	6	$^5D_4$	5.4	6.70	4.90
Co^{2+}	7	$^4F_{9/2}$	4.8	6.54	3.87
Ni^{2+}	8	$^3F_4$	3.2	5.59	2.83
Cu^{2+}	9	$^2D_{5/2}$	1.9	3.55	1.73

表 3.2.1 用洪德定则计算 V^{3+} 和 Fe^{2+} 基态离子的 S、L 和 J 取值. 3d 壳层有 $l=2$，因而有 $2l+1$ 次壳层相应为 $L_z=-2,-1,0,+1,+2$，谱项标记中 L 的值为 0,1,2,3,4,5,6,…，分别被标记为 S,P,D,F,G,H,L,….

3. *顺磁介质的磁化率*

把具有固有磁矩 $\boldsymbol{\mu}$ 的原子放在 z 轴取向的外磁场 $\boldsymbol{B}=B\boldsymbol{z}$，则顺磁原子(离子)获得附加能量为

$$E=-\boldsymbol{\mu}\cdot\boldsymbol{B}=-\mu_z B_z=-g\gamma J_z B \tag{3.2.12}$$

这里已用了式(3.2.9)和式(3.2.10). 由于

$$J_z=m_j\hbar \tag{3.2.13}$$

式中

$$m_j = -j, -j+1, -j+2, \cdots, j-1, j \tag{3.2.14}$$

把式(3.2.14)代入式(3.2.12)，则

$$E = g\mu_B B m_j \tag{3.2.15}$$

所以总角动量量子数为 j 的离子能级在外磁场中分裂成 $2j+1$ 个子能级(称为塞曼效应).

如果顺磁体各个原子(离子)的磁矩是相互独立的，那么在温度 T 下，离子按玻尔兹曼分布

$$\exp[-E/(k_B T)] = \exp[-g\mu_B B J_z/(k_B T)]$$

占据这些能级. 因此在温度 T 下，由外磁场引起的净磁矩在外磁场方向的分量的平均值为

$$\bar{\mu}_z = \frac{\sum\limits_{J_2=-j}^{j} -g\mu_B J_2 \exp[-g\mu_B B J_z/(k_B T)]}{\sum\limits_{J_2=-j}^{j} \exp[-g\mu_B B J_z/(k_B T)]} \tag{3.2.16}$$

由此可得

$$\bar{\mu}_z = -\frac{k_B T^2}{B}\frac{1}{2}\left(\frac{\partial z}{\partial T}\right)_B = -\frac{k_B T^2}{B}\left(\frac{\partial \ln z}{\partial T}\right)_B \tag{3.2.17}$$

式中

$$z = \sum_{J_z=-j}^{j} \exp[-g\mu_B B J_2/(k_B T)] \tag{3.2.18}$$

为子系配分函数，它是一个等比级数，因此

$$\begin{aligned} z &= \frac{e^x[1-e^{-(2j+1)x/j}]}{1-e^{x/j}} \\ &= \sinh\left(\frac{2j+1}{2j}x\right)\Big/\sinh\frac{x}{2j} \end{aligned} \tag{3.2.19}$$

式中

$$x = g\mu_B Bj/k_B T$$

把式(3.2.19)代入到式(3.2.17)，经过简单运算得

$$\bar{\mu}_z = -\frac{k_B T^2}{B}\left(\frac{\mathrm{d}\ln z}{\mathrm{d}x}\right)\left(\frac{\partial x}{\partial T}\right)_B = g\mu_B j B_J(x) \tag{3.2.20}$$

式中

$$B_J(x) = \frac{2j+1}{2j}\coth\left(\frac{2j+1}{2j}x\right) - \frac{1}{2j}\coth\frac{x}{2j} \tag{3.2.21}$$

称为布里渊函数.

假设顺磁体中顺磁原子数密度为 n，则可得到磁化强度

$$M = n\bar{\mu}_z = ng\mu_B j B_J\left(\frac{g\mu_B Bj}{k_B T}\right) \tag{3.2.22}$$

图 3.2.1 给出了某些顺磁离子在磁场方向平均磁矩 $\bar{\mu}_z$ 随磁场与温度B/T的变化关系,理论值与实验曲线相符很好. 图中,Ⅰ为钾铬钒(Cr^{3+}),Ⅱ为铁铵钒(Fe^{3+}),Ⅲ为硫化钆八水化合物(Cd^{3+}),S 表示顺磁离子总自旋角动量量子数,对过渡金属粒子 $j=s$.

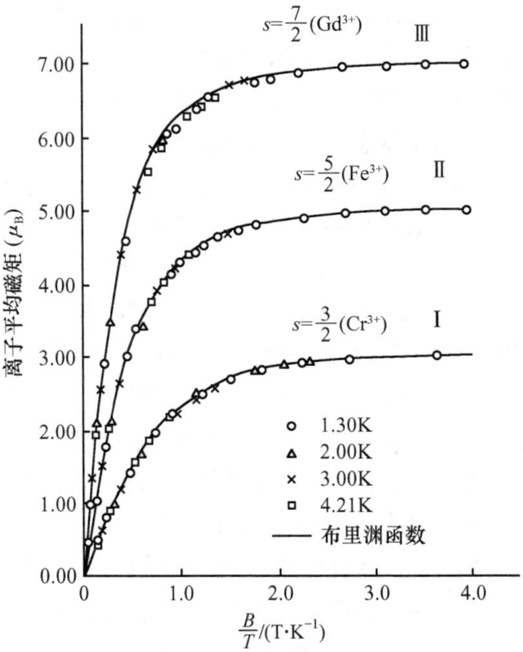

图 3.2.1 某些顺磁离子磁化强度与 B/T 的变化关系

从式(3.1.2),可得磁化率

$$\chi = \frac{M}{H} = \frac{n\mu_0 g\mu_B^j B_J[g\mu_B Bj/(k_B T)]}{B} \tag{3.2.23}$$

在室温区且磁场不太强情况下,$k_B T \gg g\mu_B B_j$. 此时,布里渊函数 $B_J(g\mu_B Bj/k_B T)$ 可近似表示为

$$B_J[g\mu_B Bj/(k_B T)] \approx \frac{j+1}{3j}\frac{g\mu_B Bj}{k_B T} \tag{3.2.24}$$

这样,就得到室温低场下的顺磁磁化率

$$\chi = \mu_0 \frac{nj(j+1)g^2\mu_B^2}{3k_B T} = \frac{np^2\mu_B^2\mu_0}{3k_B T} = \frac{C}{T} \tag{3.2.25}$$

这里 $p=g[j(j+1)]^{1/2}$称为有效量子数. 式(3.2.25)给出了顺磁体磁化率与温度 T 成反比的规律,称之为居里定律,其系数

$$C = \frac{np^2\mu_B}{3k_B}$$

称之为居里系数. 居里定律是根据大量实验事实总结出来的经验规律,后朗之万用经典统计方法证明了这一点. 所以顺磁磁化率也称之为朗之万磁化率.

利用式(3.2.25)所表示的居里定律,由实验测得 χ 和 T,就可确定有效量子数 p. 表 3.2.2 和表 3.2.3 分别给出部分稀土金属离子和过渡金属离子的 p 值.

从表 3.2.2 可以看出,对大部分稀土金属离子,其 p 的理论计算值与实验值吻合. 但对稀土离子 Sm^{3+} 及铕 Eu^{3+} 两值却相差较大.

为了解释这一现象,范弗莱克(van Vleck)及弗朗克(Frank)作了如下分析:朗之万磁化率是在只考虑到各离子基态的基础上推导出来的,实际上在外磁场作用下,可引起电子由基态向激发态的跃迁,磁偶极跃迁矩阵元$|M_{ij}|$与能级间距成反比. 朗之万磁化率没有考虑这种跃迁对磁化率的影响. 实际上,对大多数稀土元素离子,激发态都远离基态,跃迁概率很小. 从而跃迁的影响可以忽略不计. 但对 Sm^{3+} 和 Eu^{3+},它们基态能级与激发级能态相距较近,磁偶极跃迁引起的磁化率的变化较大,不能忽略. 这种由磁偶极跃迁所引起的顺磁性常称之为范弗莱克顺磁性.

另外,必须指出,在朗之万磁化率的推导过程中假定离子是相互独立的,且除了外磁场外不受其他因素的影响,但实际上在固体内,由于近邻离子产生的电场(称为晶体场)不可避免地影响电子轨道的形状(或者说电子波函数),从而引起磁化率的改变. 对过渡族金属离子来说,晶体场影响相对自旋-轨道作用占主导地位,3d 电子轨道被晶体场破坏,导致过渡金属离子轨道对称性满足$\langle L_x\rangle=\langle L_y\rangle=\langle L_z\rangle=0$,因此引起 $L=0$. 这种现象称之为轨道角动量淬熄. 这也就是为什么在过渡族离子 V^{3+}、Cr^{3+}、M^{3+} 用 s 替代 j 得到的有效磁子数与实验值更符合.

4. 传导电子的顺磁性

朗之万顺磁性没有涉及金属固体中传导电子自旋角动量对磁化率的贡献. 这是因为传导电子的不可分辨性,因而服从泡利不相容原理. 而顺磁离子由于定域在格点上可认为是可分辨的经典粒子,服从经典玻尔兹曼分布. 泡利不相容原理限制了传导电子能够占据的态并且限制了自旋的排列,因而在居里温度以下传导电子的存在降低了磁化率.

下面讨论绝对零度下传导电子的自旋磁矩转向引起的顺磁性. 通常也称为泡利顺磁性.

每个自由传导电子都具有自旋角动量 $\boldsymbol{S}$,其自旋量子数 $s=\dfrac{1}{2}$,由式(3.2.4)、式(3.2.5)可知,每个自由电子的磁矩

$$|\mu_S|=\frac{e\hbar}{2m}=\mu_B \tag{3.2.26}$$

在外磁场 $\boldsymbol{B}$ 的作用下,自由电子的自旋只可能取两个方向,沿外磁方向或者相反.

自旋磁矩方向与 **B** 一致的自由电子在外磁场中的能量为

$$E_{\uparrow} = -\mu_B B$$

而相反的为

$$E_{\downarrow} = \mu_B B$$

显然按照最小能量原理,在绝对零度下,所有自由电子的磁矩都应与外磁场 **B** 方向一致. 但是由于受泡利不相容原理的限制,自由电子的磁矩并不能全部转向. 其物理图像如图 3.2.2 所示.

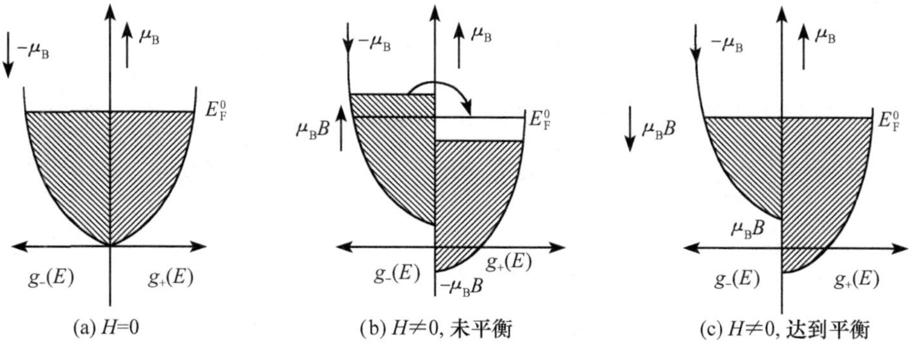

图 3.2.2 绝对零度时,金属中自由电子能量分布在磁场中的变化

↑表示自旋与外磁场方向相同. 无外磁场时,自由电子只能逐级向上填充到费米能级,每个能级只能被自旋相反的两个电子占据,因此自旋↑和自旋↓的电子对称分布如图 3.2.2(a)所示. 当加上磁场 **B** 后,自旋磁矩与 **B** 方向一致的电子能量下降 $\mu_B B$,如图 3.2.2(b)所示. 这时能量较高的自旋方向与 **B** 方向相反的部分电子↓将发生自旋转向. 从与 **B** 相反的方向转到与 **B** 一致的方向. 图 3.2.2(c)表示在外磁场作用下达到平衡的情况. 从图中可以看到,在外磁场作用下能够发生自旋转向的电子,只是在费米能 E_F^0 附近 $\mu_B B$ 范围内的电子. 发生转向的电子数可近似表示为

$$N = \frac{1}{2} g(E_F^0) \mu_B B V \tag{3.2.27}$$

式中,V 是晶体的体积,$g(E_F^0)$是 E_F^0 处的状态密度,由于转向只限于自旋与磁场相反的电子,因此其密度是 $g(E_F^0)$的一半.

每个电子磁矩的转向都使晶体的磁矩改变 $2\mu_B = \mu_B - (-\mu_B)$,因此,由于自由电子在外磁场中转向在晶体中产生的磁化强度

$$M = \frac{p}{V} = \frac{N 2\mu_B}{V} = g(E_F^\alpha) \mu_B^2 B \tag{3.2.28}$$

由此可得绝对零度下的泡利磁化率为

$$\chi_p = \frac{\boldsymbol{M}}{\boldsymbol{H}} = \frac{\mu_0 \boldsymbol{M}}{\boldsymbol{B}} = \mu_0 g(E_F^0) \mu_B^2 \tag{3.2.29}$$

对自由电子，其状态密度与电子数密度有下面关系：

$$g(E_F^0)=\frac{3}{2}\frac{n}{E_F^0} \tag{3.2.30}$$

因此泡利顺磁磁化率也可写成

$$\chi_p=\frac{3}{2}\mu_0 n\mu_B^2/E_F^0 \tag{3.2.31}$$

如果温度不是绝对零度，上述推导应稍加修正. 此时，电子在能级上的分布满足费米分布

$$f(E)=\frac{1}{e^{(E-E_F)/k_BT}+1} \tag{3.2.32}$$

参照图 3.2.2(b)金属的磁化强度应由下式给出：

$$\boldsymbol{M}=\mu_B\int_{-\mu_B B}^{\infty}f(E)\,\frac{1}{2}g(E+\mu_0 B)\mathrm{d}E-\mu_B\int_{\mu_B B}^{\infty}f(E)\,\frac{1}{2}g(E-\mu_0 B)\mathrm{d}E \tag{3.2.33}$$

由此可计算出金属中的泡利顺磁磁化率为

$$\chi_p=\mu_0\mu_B^2 g(E_F^0)\left[1-\frac{\pi^2}{12}\left(\frac{k_BT}{E_F^0}\right)^2\right]=\frac{3}{2E_F^0}\mu_0 n\mu_B^2\left[1-\frac{\pi^2}{12}\left(\frac{k_BT}{E_F^0}\right)^2\right] \tag{3.2.34}$$

对金属来说一般 $E_F^0\gg k_BT$，因此在一般温度下，式(3.2.34)括号内的第二项也是个小量. 所以金属的泡利顺磁磁化率基本不随温度变化.

最后，简单讨论一下半导体的泡利顺磁性. 在绝对零度下，半导体没有传导电子，所以也不存在泡利顺磁性. 在有限温度下，半导体中由于热激发开始出现传导电子，因而也应有顺磁性. 由于半导体中传导电子很少，导带中每个能级的占据数远小于 1，因而泡利不相容原理对半导体的传导电子实际上不起作用. 即在外磁场作用下半导体中的自由电子的自旋磁矩可以自由转向，其情况类似于顺磁离子的离子磁矩. 因此半导体中传导电子所引起的顺磁性与顺磁离子所引起的顺磁性相似. 因而可采用朗之万磁化率表式(3.2.25)计算，只要记住在自由(传导)电子情况下 $l=0, j=s=\frac{1}{2}$，因而 $g=2$ 就可以给出半导体传导电子的顺磁磁化率

$$\chi_p=n\mu_0\mu_B^2/k_BT \tag{3.2.35}$$

3.3 抗　磁　性

我们已经简略描述了抗磁性的起因是由于外磁场引进诱发的感应电流产生的. 按照经典物理学，感应电流将被其所产生的热效应所毁灭，不可能在正常态金属中长时间存在. 然而，量子力学理论给出一个稳定的分子感应电流，结果对所有

在外磁场中的金属产生了抗磁性.无论是价电子或芯电子的运动都会引发抗磁性，下面分别予以说明.

3.3.1 芯电子抗磁性

现在用半经典理论说明芯电子的抗磁性.假想芯电子绕原子核做圆周运动，设电子的质量为 m，运动速度为 v，运动轨道半径为 r.因此电子绕核旋转的频率，$f=v/2\pi r$，电子轨道运动产生的电流为

$$I=-fe=-\frac{ev}{2\pi r} \tag{3.3.1}$$

此圆形电流产生的磁矩的大小为

$$M=IA=I\pi r^2=-\frac{1}{2}ev^2r \tag{3.3.2}$$

式中，A 是电子轨道的面积.

现在如果施加一垂直于轨道平面的随时间变化的均匀磁场 $B(t)$，则通过电子轨道面积的磁通量

$$\Phi=BA=\pi r^2B(t)$$

根据法拉第电磁感应定律、电流回路中的感应电动势

$$\varepsilon_i=-\frac{\mathrm{d}\Phi}{\mathrm{d}t}=-\pi r^2\frac{\mathrm{d}B}{\mathrm{d}t} \tag{3.3.3}$$

此感应电动势与轨道内涡旋电场 E_i 有以下关系：

$$\varepsilon_i=\oint\boldsymbol{E}_i\cdot\mathrm{d}\boldsymbol{l}=E_i2\pi r$$

所以

$$E_i=\frac{\varepsilon_i}{2\pi r}=-\frac{r}{2}\frac{\mathrm{d}B}{\mathrm{d}t} \tag{3.3.4}$$

在此电场作用下，电子的加速度

$$a=\frac{\mathrm{d}v}{\mathrm{d}t}=\frac{-eE_i}{m}=\frac{-er}{2m}\frac{\mathrm{d}B}{\mathrm{d}t} \tag{3.3.5}$$

上式对时间积分，可得

$$\Delta v=\frac{er}{2m}\Delta B \tag{3.3.6}$$

此式表明，外磁场的作用使电子的运动速率发生了变化，而由式(3.3.2)可知这将会引起电子轨道磁矩的变化为

$$\Delta M=-\frac{er}{2}\Delta v \tag{3.3.7}$$

把(3.3.6)代入式(3.3.7)，可得

$$\Delta M = -\frac{e^2 r^2}{4m}\Delta B = -\frac{\mu_0 e^2 r^2}{4m}\Delta H \tag{3.3.8}$$

因此按定义式(3.1.2),每个芯电子对磁化率的贡献为

$$\chi_{电子} = -\frac{\mu_0 e^2}{4m} r^2 \tag{3.3.9}$$

如果一个原子有 z 个芯电子,假设各电子轨道半径为 r_i,则该原子的磁化率为

$$\chi_{原子} = -\frac{\mu_0 e^2}{4m}\sum_i^z r_i^2$$

如果单位体积固体包含 n 个相同的原子,则总磁化率

$$\chi_c = -\frac{n\mu_0 e^2}{4\pi}\sum_{i=1}^z r_i^2 \tag{3.3.10}$$

由此可见,原子所包含的芯电子数 z 越多,则此种原子组成的固体的抗磁化率也越大.

3.3.2 传导电子的抗磁性

前面介绍了传导电子在外磁场中磁矩转向产生的顺磁性. 实际上,外磁场除了影响电子的自旋取向外,还会影响电子的空间波函数(轨道状态). 外磁场中的电子将产生磁子能带,形成朗道能级. 在这种情况下,传导电子体系的能量整体上看是随 $\boldsymbol{B}$ 的增大而增加的. 磁化强度为 $\boldsymbol{M}$ 时,单位体积物体在外磁场中的附加能量为

$$\Delta E = -\boldsymbol{M}\cdot\boldsymbol{B}$$

即如果 $\boldsymbol{M}$ 与 $\boldsymbol{B}$ 同向,则系统的能量随 $\boldsymbol{B}$ 的增加而减少,与已知的结论矛盾,这说明处于朗道能态的电子体系的磁化强度 $\boldsymbol{M}$ 与 $\boldsymbol{B}$ 反向,由式(3.1.2)可知,此时磁化率 $\chi_L < 0$,这就是说朗道能态电子表现出抗磁性,通常称为朗道抗磁性.

可以导出金属和半导体的朗道能级的磁化率分别为

$$\chi_{L金属} = -\frac{1}{2}\left(\frac{m}{m^*}\right)^2 n\mu_0\mu_B^2/E_F^0 \tag{3.3.11}$$

$$\chi_{L半导体} = -\frac{1}{3}\left(\frac{m}{m^*}\right)^2 n\mu_0\mu_B^2/k_B T \tag{3.3.12}$$

式中,n 是金属或半导体的传导电子密度. 从式(3.3.11)和式(3.3.12)可以看出,χ_L 与传导电子的有效质量 m^* 有关,对多数半导体,$m^* \ll m$,因此半导体具有较大的朗道抗磁性. 而一般金属的 m^* 较大,因而抗磁性较小.

综上所述,金属及半导体中的传导电子,既有顺磁性又有抗磁性. 哪一种磁性质占主导地位主要取决于电子的能带结构,一般来说,大部分半导体是抗磁性的,而金属表现出顺磁性.

3.4 磁有序与局域磁矩理论

前面所介绍的顺磁性、抗磁性，代表了组成固体的原子（离子）相互独立磁矩的集合的性质，本节介绍铁磁性、反铁磁性和亚铁磁性的特征和本质. 与顺磁体、抗磁体不同，这些性质体现了组成固体的原子（离子）磁矩相互作用的合作现象.

3.4.1 磁有序

在较低温度下（$T<T_C$），实验观察到很多顺磁体，即使没有外磁场诱导，也显现一定的磁性，即磁化强度 $\boldsymbol{M}\neq 0$. 显然这种自发磁化现象是与固体内部原子固有磁矩的空间排列有关，每个固有磁矩都与邻近固有磁矩的指向一致. 这种一致性来源于固有磁矩间的相互作用. 由于原子固有磁矩的自发同向排列，固体的有序度增加，熵减小，我们称之为"磁有序". 铁磁体是最简单的磁有序固体，在铁磁体中所有固有磁矩对自发磁化的贡献相等. 在反铁磁体中的磁有序是这样的，一半固有磁矩指向一个方向，而另一半指向相反，因而自发磁化强度为零，但是它与完全无序是不同的. 按照指向相同磁矩的排列成线、面等，可把反铁磁性分为 A、C、G 三类，如图 3.4.1 所示. 在亚铁磁体中，固有磁矩有如反铁磁体的排列，只是相反方向的磁矩大小不等不能相互抵消.

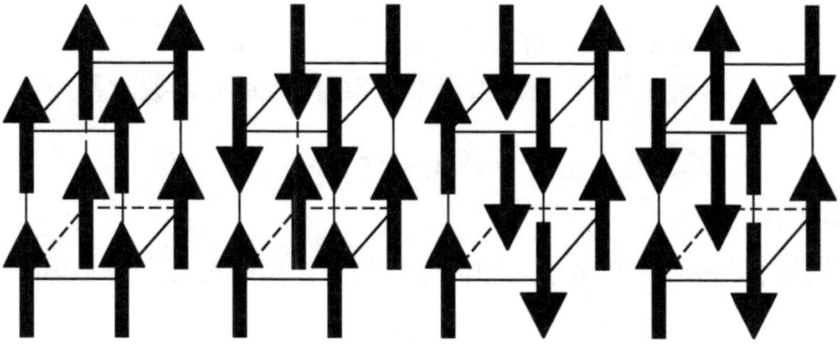

图 3.4.1 反铁磁分类，三种次结构类型示意图

是什么"作用"使得固有磁矩之间"合作"产生磁有序呢？首先想到的是磁矩之间的磁相互作用力. 我们现在来估算一下固有磁矩之间的作用力有多大：假定两个固有磁矩均有玻尔磁子 μ_B 的磁矩，相距 $r=3\text{Å}$ 的间距，一个磁矩在另一磁矩处产生的磁感应强度 B 具有 $\mu_0\mu_B/4\pi r^3$ 的量级，这样相互作用磁能可以估计为

$$\Delta E\sim\mu_B B\sim\frac{\mu_0\mu_B^2}{4\pi r^3}\sim\frac{10^{-7}\times10^{-46}}{3\times10^{-29}}\sim3\times10^{-25}\sim2\times10^{-6}\,\text{eV}$$

这个能量相当于 $T=0.03\mathrm{K}$ 时平均热能. 也就是说,当 $T>0.03\mathrm{K}$ 时,随机热无序会破坏由磁相作用产生的固有磁矩有序排列. 但实际上很多铁磁体在 1000K 时仍然有自发磁化现象. 这就表明磁相互作用力不是固有磁矩合作现象的内因,有更强的相互作用力,这个作用力最有可能就是固体中电子之间以及电子与核之间的电子态相互作用,这个相互作用完全是一种量子效应,我们称之为交换作用.

3.4.2　交换作用

交换作用是一种量子效应,它是与泡利不相容原理直接相关的.

对一个二电子系统(如氢分子),我们将证明虽然电子间的库仑相互作用不明显地依赖于电子的自旋自由度,但二电子系统的能量却明显依赖于它们的自旋态.

根据泡利不相容原理,多电子体系的波函数必须是反对称的,如果我们忽略轨道——自旋之间的相互作用,二电子体系的波函数可写成空间部分与自旋部分的乘积,有

$$\psi(r_1r_2s_1s_2)=\varphi(r_1r_2)\chi(s_1s_2)$$

这样就存在着两种不同的状态:

(1) 两个电子自旋相互平行,这时自旋波函数 $\chi(s_1s_2)$ 是交换对称的,而轨道波函数是交换反对称的,有

$$\varphi^A(r_1r_2)=\frac{1}{\sqrt{2}}[\varphi_a(r_1)\varphi_b(r_2)-\varphi_a(r_2)\varphi_b(r_1)]$$

式中,$\varphi_a(r_2)$、$\varphi_b(r_1)$是两个电子轨道波函数,此态是三重态.

(2) 两个电子自旋反平行,自旋波函数反对称,轨道波函数对称,有

$$\varphi^s(r_1,r_2)=\sqrt{\frac{1}{2}}[\varphi_a(r_1)\varphi_b(r_2)+\varphi_a(r_2)\varphi_b(r_1)]$$

此态为单态.

由微扰论计算得到两个电子之间的库仑相互作用能可统一表示为

$$E=E_1-\frac{J}{2}-2J\boldsymbol{s}_1\cdot\boldsymbol{s}_2/\hbar^2 \tag{3.4.1}$$

式中

$$E_1=\int\mathrm{d}r_1\int\mathrm{d}r_2\mid\varphi_a(r_1)\mid^2\frac{e^2}{4\pi\varepsilon_0\mid r_1-r_2\mid}\mid\varphi_b(r_2)\mid^2 \tag{3.4.2}$$

显然是来自一个密度为 $-e|\varphi_a(r_1)|^2$ 的电荷与另一密度为 $-e|\varphi_b(r_2)|^2$ 的电荷之间的相互作用能——库仑能,而

$$J=\int\mathrm{d}r_1\int\mathrm{d}r_2\varphi_a^*(r_1)\varphi_b(r_1)\frac{e^2}{4\pi\varepsilon_0\mid r_1-r_2\mid}\varphi_b^*(r_2)\varphi_a(r_2) \tag{3.4.3}$$

称为交换项. 是由于泡利不相容原理所出现的量子效应项,称作直接交换作用.

由式(3.4.1)很容易看出,对三重态和单态,两电子之间的库仑相互作用能量

是不同的. 对三重态,二电子自旋平行有

$$2\boldsymbol{s}_1\cdot\boldsymbol{s}_2=\boldsymbol{s}^2-\boldsymbol{s}_1^2-\boldsymbol{s}_2^2=[s(s+1)-s_1(s_1+1)-s_2(s_2+1)]\hbar^2=\frac{\hbar^2}{2}$$

所以

$$E=E_1-J$$

而单态时,两电子反平行,$\boldsymbol{s}=\boldsymbol{s}_1+\boldsymbol{s}_2=0$

$$2\boldsymbol{s}_1\cdot\boldsymbol{s}_2=(\boldsymbol{s}^2-\boldsymbol{s}_1^2-\boldsymbol{s}_2^2)=-\frac{3}{2}\hbar^2$$

所以

$$E=E_1+J$$

由上面的讨论可见,电子之间的库仑相互作用能量与电子自旋状态有关.

现在我们来讨论交换项的正负. 由式(3.4.3)可以看出,当 $\boldsymbol{r}_1\approx\boldsymbol{r}_2$ 时交换积分 J 为正. 实际上 J 的正负与电子之间的距离有关. 斯莱特(J. C. Slater)提出固体中 J 的正负可以用原子间距 r 和原子壳层中的电子轨道半径 r_B 的比值 r/r_B 来确定. 当 $r/r_B\geqslant3$ 时,$J>0$,此时电子自旋一致的状态(三重态)能量较低因而表现了自发磁化的铁磁性. Fe、Co、Ni 等即属于此类. 当 $r/r_B<3$ 时,$J<0$,应具有反铁磁态,Mn、Cr 等属于反铁磁类. J 与 r/r_B 的关系曲线,如图 3.4.2 所示.

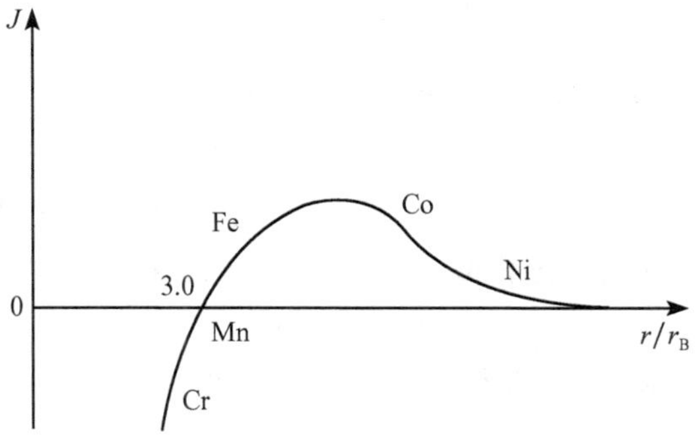

图 3.4.2 交换能 J 与 r/r_B 的关系

3.4.3 海森伯哈密顿量及其平均场近似

从上面的讨论看出,决定两电子间是铁磁性作用还是反铁磁性作用关键是式(3.4.1)中与自旋有关的项

$$H_s=-2J\boldsymbol{s}_1\cdot\boldsymbol{s}_2/\hbar^2 \tag{3.4.4}$$

对于晶体,式(3.4.4)可写成

$$H_{s_i}=-2J\sum_j\boldsymbol{s}_i\cdot\boldsymbol{s}_j/\hbar^2 \tag{3.4.5}$$

式中，$\sum_j$ 表示对 i 近邻自旋磁矩求和，H_{s_i} 表示第 i 个自旋磁矩与周围其他磁矩的交换作用，称作海森伯哈密顿量(Heisenberg Hamiltonian).

下面我们用平均场近似处理 H_{s_i}，可推导出与磁有序实验规律相符合的结果.

为了简单只考虑最近邻近似，有

$$H_{s_i} = -2J\boldsymbol{s}_i \cdot \sum_{j=1}^{z} \boldsymbol{s}_j / \hbar^2 \tag{3.4.6}$$

式中，z 是最近邻磁矩数. 式(3.4.6)可以看成第 i 个磁矩在其周围磁矩产生的磁场

$$2J\sum_{j=1}^{z} \boldsymbol{s}_j / \hbar^2$$

中的磁能. 平均场近似认为近邻磁矩产生的磁场可写成 $2Jz\langle \boldsymbol{s}_j/\hbar^2 \rangle$，$\langle s_j \rangle$ 是 s_j 的平均值.

受原子顺磁性的讨论式(3.2.12)的启发，引入平均场近以后，H_{s_i} 可写成

$$H_{s_i} = -\boldsymbol{s}_i \cdot 2Jz\langle \boldsymbol{s}_j/\hbar^2 \rangle = -\boldsymbol{s}_i \cdot g\mu_{\mathrm{B}}\mu_0 \frac{2Jz\langle \boldsymbol{s}_j \rangle}{g\mu_{\mathrm{B}}\mu_0 \hbar^2} \tag{3.4.7}$$

定义有效磁场

$$H_{\mathrm{eff}} = \frac{2Jz\langle \boldsymbol{s}_j \rangle}{g\mu_{\mathrm{B}}\mu_0 \hbar^2} \tag{3.4.8}$$

式(3.4.7)可写成与顺磁原子在外磁场中相同的形式

$$H_{s_i} = -g\mu_{\mathrm{B}}\mu_0 \boldsymbol{s}_i \cdot \boldsymbol{H}_{\mathrm{eff}} \tag{3.4.9}$$

式中，g 是朗德 g 因子，μ_{B} 是玻尔磁子. $\boldsymbol{H}_{\mathrm{eff}}$也称为分子场(由 P. E. Weiss 提出). 下来的讨论与原子顺磁性的讨论相似，因为磁化强度通常定义为

$$\boldsymbol{M} = ng\mu_{\mathrm{B}}\langle \boldsymbol{s}_j \rangle$$

式中，n 是单位体的磁偶极子数. 故有效磁场可写为

$$\boldsymbol{H}_{\mathrm{eff}} = \frac{2Jz}{g\mu_0\mu_{\mathrm{B}}\hbar^2}\langle \boldsymbol{s}_j \rangle = \frac{2zJ}{ng^2\mu_{\mathrm{B}}^2\mu_0\hbar^2}\boldsymbol{M} = \gamma_{\mathrm{e}}\boldsymbol{M} \tag{3.4.10}$$

式中

$$\gamma_{\mathrm{e}} = 2zJ/(ng^2\mu_{\mathrm{B}}^2\mu_0\hbar^2) \tag{3.4.11}$$

称为有效场系数.

引入分子有效磁场后($\boldsymbol{B}_{\mathrm{eff}} = \mu_0\boldsymbol{H}_{\mathrm{eff}}$)，作用在磁矩上的磁场应为外场 $\boldsymbol{B}$ 与分子有效场之和，即

$$\boldsymbol{B}_{\mathrm{e}} = \boldsymbol{B} + \mu_0\gamma_{\mathrm{e}}\boldsymbol{M} \tag{3.4.12}$$

根据式(3.2.22)磁化强度

$$M = ng\mu_{\mathrm{B}}sB_j\left(\frac{g\mu_{\mathrm{B}}B_{\mathrm{eff}}s}{k_{\mathrm{B}}T}\right) = ng\mu_{\mathrm{B}}sB_j(x) \tag{3.4.13}$$

注意,上式已用 s 替代了 j. $B_j(x)$是布里渊函数,只需将式(3.2.21)中 J 换 S 即可,此时

$$x=\frac{g\mu_B(\boldsymbol{B}+\mu_0\gamma_e\boldsymbol{M})S}{k_BT} \tag{3.4.14}$$

通过解式(3.4.13)和式(3.4.14)可得 $\boldsymbol{M}$ 与磁感应强度 $\boldsymbol{B}$ 之间的关系.

我们这里最关心的是外磁场 $B=0$ 时的自发磁化强度. 由式(3.4.14)可知 $B=0$时,有

$$M=\frac{k_BT}{\gamma\mu_0 g\mu_B S}x \tag{3.4.15}$$

对式(3.4.15)和式(3.4.13)联立求解,可得到自发磁化强度. 此超越方程组可用作图法求解,如图 3.4.3 所示,从图可以解得磁化强度和温度的关系. 式(3.4.13)是图中曲线,式(3.4.15)是随着温度不同而斜率不同的直线. 在直线与曲线的交点处,就是自发磁化的强度. 由图 3.4.3 可见,并非对所有的温度 T 都有自发磁化强度,存在一临界温度 T_C,可用式(3.4.13)曲线在原点处的斜率表示. 只有当 $T<T_C$ 时才会产生自发磁化. 另外从图可以看出,当 $x\to\infty$,$B_J(x)\to 1$,磁化强度 $\boldsymbol{M}$ 趋向于饱和值

$$M_{S0}=nSg\mu_B \tag{3.4.16}$$

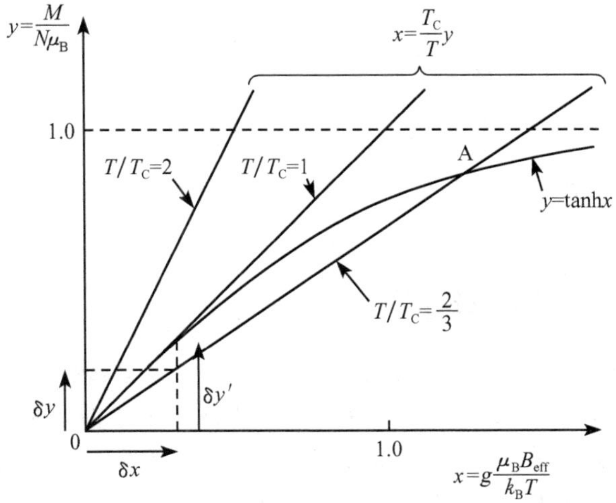

图 3.4.3 式(3.4.13)和式(3.4.15)在图中的表示

因此,当温度很低时,自发磁化强度趋向饱和值.

现在求临界温度 T_C 的表示式. 在原点处 $x=0$,此时布里渊函数可近似写成

$$B_j(x)\approx\frac{s+1}{3s}x \tag{3.4.17}$$

这样式(3.4.13)可以写成

$$M \approx ng\mu_B \frac{s+1}{3} x \tag{3.4.18}$$

显然上式为图 3.4.2 中曲线在 $y=0$ 处的切线方程，此较式(3.4.18)与式(3.4.15)，可得

$$\frac{k_B T_C}{\mu_0 g \mu_B r S} = \frac{ng\mu_B(s+1)}{3} \tag{3.4.19}$$

由此，得

$$T_C = ng^2\mu_B^2 s(s+1)\gamma/(3k_B) = np^2\mu_B^2\gamma_e/(3k_B) \tag{3.4.20}$$

式中，p 为有效量子数. 由此可见，居里温度 T_C 直接与分子场系数 γ_e 成正比. 当 $T>T_C$ 时，热涨落大于磁矩之间的相互作用能 $k_B T_C = np^2\mu_B^2\gamma/3$，破坏了分子磁场，从而铁磁性消失变成顺磁性. 而 γ 直接与直接交换能 J 有关. 直接交换能越大，T_C 越高. 把分子场系数 $\gamma = 2zJ/(ng^2\mu_B^2\hbar^2)$ 代入式(3.4.20)，T_C 可写为

$$T_C = \frac{2z}{3k_B\hbar^2}[s(s+1)]J \tag{3.4.21}$$

根据 $T_C = 1000\text{K}$ 计算，可以估算出交换能约为 0.1eV.

由式(3.4.15)和式(3.4.18)并考虑到式(3.4.21)，联立消去 x 可解出 $T<T_C$ 时自发磁化强度满足的超越方程

$$M = B_j\left(\frac{3s}{s+1}\frac{T_C}{T}M\right) \tag{3.4.22}$$

在 T_C 附近，将布里渊函数 B_j 展到三级项，得

$$M^2 = \frac{10}{3}\frac{(s+1)^2}{(s+1)^2+s^2}\frac{T_C - T}{T_C} \tag{3.4.23}$$

得到 $\boldsymbol{M}$ 与温度的大致关系为

$$M \sim (T_C - T)^{1/2} \tag{3.4.24}$$

3.4.4 间接交换作用与超交换作用

由前面的讨论知，可由直接交换作用 J 的正负来直接决定固体的磁有序性质. 但是由 J 的表示式(3.4.3)可以看出，只有当两个电子波函数相互交叠时 J 才不为零. 这对过渡金属的 3d 电子是满足的. 但对稀土金属中处于内壳层的 4f 电子来说，两相邻稀土金属离子的 4f 电子波函数相互交叠甚微，因而很难给用直接交换作用解释其磁有序现象. 为此人们提出间接交换，超交换和双交换等模型.

间接交换认为两个内层壳层磁矩是通过传导电子(5s，5p 电子)为中介而发生相互作用的. 一磁性离子的 4f 电子先与 s 传导电子发生交换作用，使 s 电子的自旋与 4f 电子的自旋平行或反平行. 然后，此 s 电子再与邻近离子的 4f 电子发生交换作用，使 4f 电子自旋与 s 电子自旋平行或反平行. 结果，通过中间 s 电子，使相邻的 4f 电子处于自旋平行或反平行状态. 除了这种 s-f 电子间接交换外，也可有 sd 及 d-d 电子间的间接交换作用. 对 d-d 间接交换是指对某些固体的 d 电子有局域和扩展(传导电子)两种状态. 局域的 d 电子通过扩展 d 电子的中介而发生交换.

超交换作用是指具有铁磁性,反铁磁性的绝缘体过渡金属氧化物,如 MnO 等,其相邻的锰离子通过氧离子为中介而发生交换作用. 通过超交换作用也可形成反铁性或铁磁性,图 3.4.4 是 MnO 中电子超交换作用示意图.

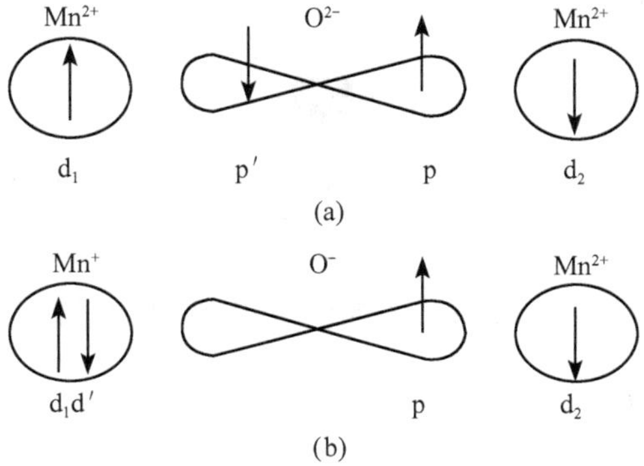

图 3.4.4 MnO 中电子超交换作用示意图

其中图 3.4.4(a)为基态,交换作用为零. 图 3.4.4(b)为激发态,氧离子的一个 p 电子跃到相邻的锰中成为 d′电子,形成 Mn^{+}-O^{-}-Mn^{2+}. 由于洪德定则,Mn^{+} 中的 d′电子与原子的 5 个 d 电子处于低能自旋反平行态. O^{-} 中剩余一个不成对的 p 电子与另一侧 Mn^{2+} 的直接交换作用为负,总的结果是锰离子自旋反平行时能量最低,或者说总的交换作用 $J<0$,为反铁磁材料.

双交换作用是为解释钙钛矿结构的混合价锰氧化合物中的反铁磁——铁磁相变引进的. 这类氧化物,如 $La_{1-x}Ca_xMnO_3$ 在 T_C 温度附近还伴随出现金属-半导相变和超巨磁电阻(colossal magnetoresistance)效应. 由于此种材料奇特的物理性质及潜在的应用前景,引起了人们极大的研究热情. De Gennes 用一个纯自旋模型描述了这种转变. 由于 Ca 的掺杂,原来 La_2MnO_3 中的 Mn^{3+} 离子变成了在格点上随机分布的 Mn^{3+} 和 Mn^{4+} 离子,相邻 Mn^{3+} 与 Mn^{4+} 之间既有前面提到的超交换作用,也存在另一种交换作用称为双交换作用. 双交换作用可以用图 3.4.5 示意描述. Mn^{+} 的 3 价离子和 4 价离子具有 $Mn^{3+}(t_{2g}^3e_g^1)$ 和 $Mn^{4+}(t_g^3e_g^0)$ 电子组态. 根据洪德定则,$3d$ 轨道电子自旋平行排列,t_{2g} 态的三个电子形成局域自旋,e_g 电子则是巡游的. 由于强的洪德耦合,如果邻近两个离子的自旋反平行,此时 e_g 电子的跃迁需要克服很大的库仑势. 因此,此时的跃迁是禁止的,只有当相邻两个离子的自旋平行,电子才能通过 O^{2-} 跳跃到另一离子上,而电子的跳跃导致了局域自旋之间的铁磁交换相互作用——双交换作用. 同时电子的跳跃形成了跃迁电导. 因此双交换作用既导致铁磁耦合,同时又使电导增加,很好地解释了此类材料在 $T<T_C$ 时呈铁

磁性及金属电导性，而且这个电导为自旋极化电子的电导，$T>T_C$ 呈顺磁性和半导体电导性.

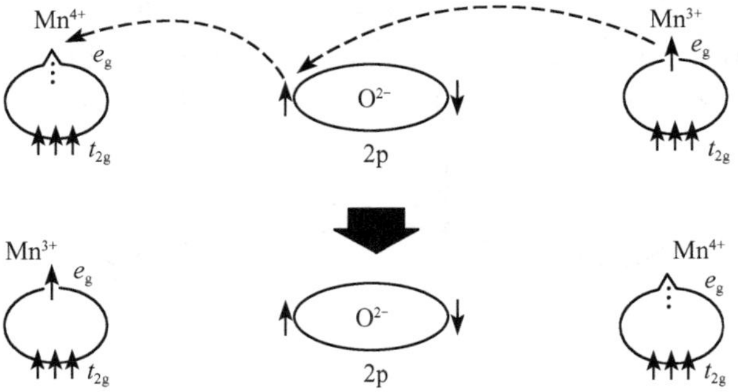

图 3.4.5　锰氧化物中双交换作用示意图

3.4.5　巡游电子模型

固体磁有序的局域磁矩理论给出了自发磁性的定性解释，特别是在绝缘体磁性方面是成功的. 但是对磁性金属，局域磁矩理论与实验结果的定量对比存在严重的不足. 这是因为磁性金属的 d 壳层中有一部分能够较自由运动的电子，称为巡游电子，这些电子对金属的磁性贡献不容忽视. 下面以过渡金属为例，说明巡游电子模型.

巡游电子理论实际上是能带理论在磁有序方面的延伸. 按照能带理论，过渡金属的能带结构和能态密度如图 3.4.6 所示. 3d 能量宽度小于 4s 能带，而 3d 带的态密度大于 4s 带. 3d 和 4s 能带交叠，具体地说 3d 壳层还未填满，但 3d 壳层外有两个 4s 电子，在固体中，这两个 4s 电子常被电离与其他原子形成共价键，由于 4s 是满壳层，对离子磁矩无贡献. 过渡金属的磁性只决定于未满的 3d 壳层中的电子.

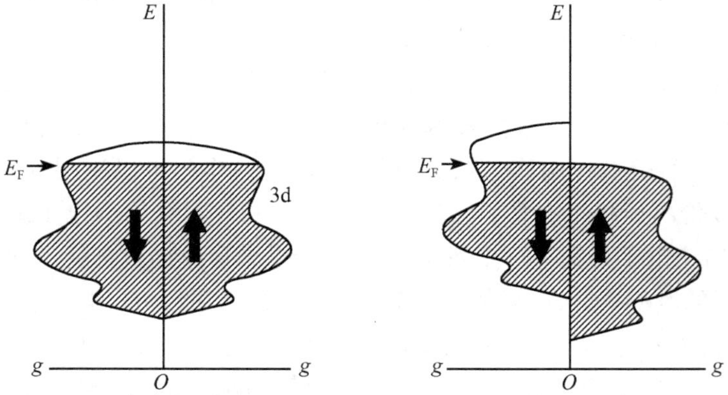

(a) 不考虑交换作用　　(b) 计入交换作用

图 3.4.6　自旋不同的 3d 电子态密度与能量的关系

由于两个 4s 电子常被电离与其他原子形成共价键，未满的 3d 壳层将暴露在最外面，直接受到晶体中周围离子的作用，称为晶体场作用. 对过渡金属离子来说，3d 电子受的晶体场作用远比自旋-轨道相互作用大(约 100 倍)，因此在晶体场的作用下，电子的轨道运动常被破坏，使电子的轨道角动量 $\boldsymbol{L}$ 被淬灭，只剩下自旋角动量，即处在晶体场中的过渡金属离子的总角动量 $\boldsymbol{j}=\boldsymbol{s}$. 因此 3d 电子有独立的自旋自由度，能态密度应该与自旋自由度有关. 图 3.4.6 画出自旋不同的 3d 电子态密度与能量的关系.

当不考虑电子之间交换作用时，两种自旋电子都具有相同的能量，自旋向上与自旋向下的能态密度相等，两种自旋不同的电子都填充到费米能级，如图 3.4.6(a) 所示. 电子间的交换作用使不同自旋的电子具有不同的能量，如假定交换作用使自旋向上的电子能量低于自旋向下的电子能量，则计入交换作用将使自旋向上的子带下移，而使自旋向下的子带上移，如图 3.4.6(b) 所示. 这时，有一部分电子的自旋将从向下的状态变成向上的状态，从而产生净"自发"磁化强度 M_S. 由此可知，M_S 取决于自旋相关子带的相对移动，而子带的移动又取决于交换作用的强弱及能带结构.

下面估算一下发生自发铁磁性的条件. 由于交换作用 J，使晶体中一个电子自旋转向，引起磁化强度的改变量 $\Delta\boldsymbol{M}=2\mu_B$，同时有效磁场 $\boldsymbol{B}_W=\gamma\boldsymbol{M}$(见式 3.4.10)，则磁化强度变化 $\Delta\boldsymbol{M}$ 引起的系统能量变化为

$$\begin{aligned}\Delta E_1 &= -\int_0^{\Delta M}\boldsymbol{B}_W\cdot \mathrm{d}\boldsymbol{M} = -\int_0^{\Delta M}\gamma\boldsymbol{M}\cdot \mathrm{d}\boldsymbol{M}\\ &= \frac{1}{2}\gamma(\Delta M)^2 = -2\gamma\mu_B^2\end{aligned} \tag{3.4.25}$$

另一方面，电子自旋的转向使电子从一个自旋取向子带向另一个相反取向的子带转移，由于泡利不相容原理，只能填在费米面以上的空态上，引起系统能量增加 ΔE_2，增加的能量可由下式：

$$n=\frac{1}{2}g(E_F)\Delta E_2 \tag{3.4.26}$$

求得. 这里 $g(E_F)$是费米能状态密度，n 是增加的电子数密度，$\frac{1}{2}$因子是因为只考虑一种自旋态密度. 又因只考虑一个电子的转移，故 $n=1$. 由此求可得

$$\Delta E_2=\frac{2}{g(E_F)}$$

显然，自旋反转引起的两项能量变化之和如果小于零，即

$$\Delta E_1+\Delta E_2<0 \tag{3.4.27}$$

即

$$2\gamma\mu_B^2>\frac{2}{g(E_F)} \tag{3.4.28}$$

则电子转向,这里自旋由向下变成向上的过程在能量上是优先的,从而形成铁磁性. 因而式(3.4.28)可看成是能否形成铁磁性的判据. 按照前面讨论的有效场系数 γ 与交换能 J 的关系式(3.4.11),可把判据式(3.4.28)写成

$$\frac{4Jz}{n\hbar^2 g^2} > \frac{2}{g(E_F)} \tag{3.4.29}$$

从此式看到,交换能 J 及态密度 $g(E_F)$ 越大越易形成铁磁性. 由图 3.4.2 可以看出 $J>0$ 时 $r/r_B>3$,即要求原子壳层中电子的半径 r_B 小于原子间距 r,这样两电子波函数的重叠较小,因而能带较窄,而能态密度较大,Fe、Co、Ni 中的 3d 能带以及 Cd、Dy 中的 4f 能带都满足这些要求,都表现出铁磁性.

另外需要指出的是,实验表明铁磁体中每个原子的磁矩并不是玻尔磁子 μ_B 的整数倍,要解释这一现象必须考虑能带的具体结构. 以 Ni 为例,Ni 原子的外层电子组态是 $3d^8 4s^2$,但在 Ni 晶体的能带中,平均每个原子有 0.54 个电子处于 4s 态,而处于自旋向上 3d 子带有 5 个电子,其中 4.46 个处于自旋向下的 3d 子带内. 由于 4s 带内的电子自旋向上和向下的分布数目相等,因此 4s 能带电子对铁磁性无贡献,铁磁性仅来自 3d 子带上的电子,每个 Ni 原子的净自旋磁矩应为 $(5-4.46)\mu_B=0.54\mu_B$,而不是 μ_B 的整数倍.

3.5　低温磁有序与自旋波

由 3.4.3 节的讨论可知,平均场近似很好地解释了在温度不太低情况下自发铁磁性的实验现象. 但是在温度很低时,实验表明自发磁化强度 $\boldsymbol{M}_S$ 与温度 T 的关系满足

$$\boldsymbol{M}_S = M_{SC} - \alpha T^{3/2} \tag{3.5.1}$$

α 这里是一常数,这与平均场理论得到的关系不相符. 也就是说平均场理论在极低温度下在解释自发磁性方面失效了. 为了说明极低温下铁磁性的实验规律,布洛赫等提出了自旋波理论.

在低温下平均场理论失效,表明平均场理论并没有正确描述晶体处于低激发时的情况. 为此我们考虑如图 3.5.1(a)所示的一维铁磁排列的自旋链. 如果一个

(a) 方向完全一致的自旋链

(b) 自旋链的低能激发态不能用平均场理论,虽然它对高温情况是很好的近似方法. 真实晶体的各向异性为磁化提供了一个“容易”进行的方向,而且自旋链的低激发态相应于对于方向完全一致的自旋链的一个扰动

图 3.5.1

端点的自旋转动 360°,由于自旋之间的作用,其他自旋将弛豫重排以维持交换能的最小值. 因为相邻自旋是接近平行的,这是一个低能激发态,如单用平均场来处理,对图 3.5.1(b)的情况,平均磁化强度将为零. 因而分子场也为零. 显然和实际情况不符. 问题的关键是自旋相互作用能应该是依赖于一个自旋与其相邻的自旋之间的相互取向而不是样品的平均磁化强度. 这就是平均场理论失效的原因.

3.5.1 一维晶体中的自旋波及其色散关系

对铁磁体在 $T=0\mathrm{K}$ 时,所有的自旋均沿同一方向排列并形成饱和磁化强度 $\boldsymbol{M}_{S0}$ 的状态,如图 3.5.1(a)所示. 在有限温度下,一些自旋磁矩的方向可发生涨落而与 $\boldsymbol{M}_{S0}$ 方向发生偏离. 自旋磁矩方向一旦偏离了磁化强度的方向. 就会受到后者的作用产生绕磁化强度方向的进动. 由于自旋磁矩之间的交换相互作用,这种进动状态将以格波形式在晶体中传播. 这种自旋磁矩绕磁化强度方向进动的状态在晶体中的传播,称为自旋波,如图 3.5.2 所示.

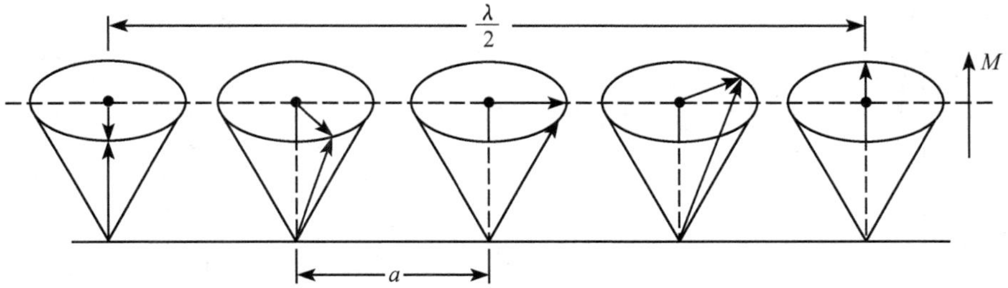

(a) 侧视图

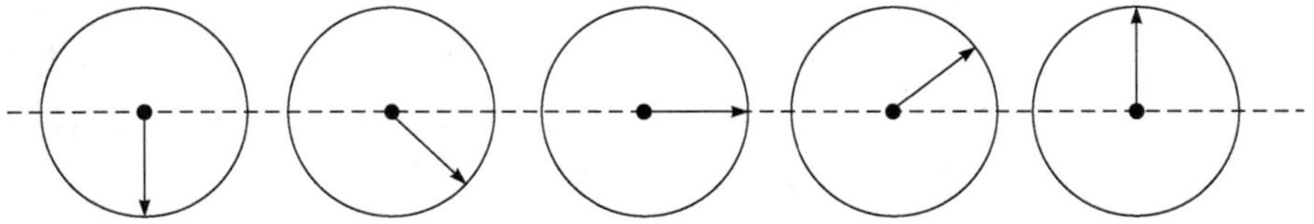

(b) 俯视图

图 3.5.2 波长 $\lambda=8a$ 的一维自旋波的形态(a 为原子间距)

自旋波的色散关系是非常重要的问题. 下面我们讨论这个问题. 同样为简单计,我们只限讨论一维自旋链,并且采用最近邻近似和简谐近似.

由式(3.4.4),第 n 个自旋磁矩受到左右最近邻自旋的交换作用能为

$$E_n = -2J\boldsymbol{S}_n \cdot (\boldsymbol{S}_{n-1} + \boldsymbol{S}_{n+1})/\hbar^2 \tag{3.5.2}$$

由于第 n 个自旋的磁矩 $\boldsymbol{\mu}_n = -g\gamma\boldsymbol{S}_n$,我们可以写成 $-\boldsymbol{\mu}_n \cdot \boldsymbol{B}_n$ 的形式,这里

$$\boldsymbol{B}_n = -\frac{2J}{g\mu_B\hbar}(\boldsymbol{S}_{n-1} + \boldsymbol{S}_{n+1}) \tag{3.5.3}$$

$\boldsymbol{B}_n$ 是由于交换作用施加在第 n 个自旋上的有效场. 第 n 个自旋的动力学运动方程

可以通过其角动量的时间变化率 $\hbar\frac{\mathrm{d}\boldsymbol{S}_n}{\mathrm{d}t}$ 等于其所受的力矩 $\boldsymbol{\mu}_n\times\boldsymbol{B}_n$ 得到

$$\frac{\mathrm{d}\boldsymbol{S}_n}{\mathrm{d}t}=\boldsymbol{\mu}_n\times\boldsymbol{B}_n=2J\boldsymbol{S}_n\times(\boldsymbol{S}_{n-1}+\boldsymbol{S}_{n+1})/\hbar^2 \tag{3.5.4}$$

这里一个有关自旋的非线性方程，如果不作进一步的假定，非常难解. 考虑到我们所研究的是低激发态，各个自旋方向对自旋完全一致的排列方向($\boldsymbol{M}$ 的方向，假定为 z 轴)仅有微小偏离. 因此，可以写成

$$\boldsymbol{S}_n=-S\mathbf{z}_n+\boldsymbol{\sigma}_n \tag{3.5.5}$$

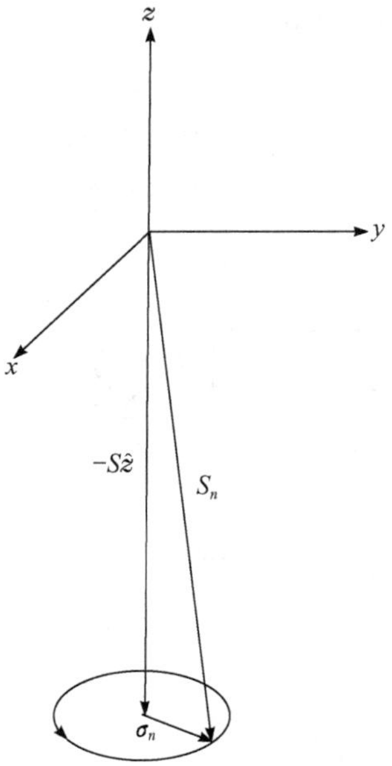

图 3.5.3　局域自旋的近似图示

这里 $-S\mathbf{z}_n$ 是 $\boldsymbol{S}_n$ 在 z 轴方向的分量，$\boldsymbol{\sigma}_n$ 是 $\boldsymbol{S}_n$ 在与 z 轴垂直的 x-y 平面内的分量，是一个很小的矢量. 如图 3.5.3 所示. 把式(3.5.5)代入式(3.5.4)并只保留一次项，可得到下面角动量时间变化率线性方程

$$\begin{aligned}\hbar^2\frac{\mathrm{d}\boldsymbol{S}_n}{\mathrm{d}t}&=-2JS\mathbf{z}\times(\boldsymbol{\sigma}_{n-1}+\boldsymbol{\sigma}_{n+1})-4Js\boldsymbol{\sigma}_n\times\mathbf{z}\\&=-2JS\mathbf{z}\times(\boldsymbol{\sigma}_{n-1}+2\boldsymbol{\sigma}_n+\boldsymbol{\sigma}_{n+1})\end{aligned} \tag{3.5.6}$$

写成分量形式

$$\begin{aligned}\hbar^2\frac{\mathrm{d}\sigma_{nx}}{\mathrm{d}t}&=2JS(\sigma_{n-1}-2\sigma_n+\sigma_{n+1})_y\\\hbar^2\frac{\mathrm{d}\sigma_{ny}}{\mathrm{d}t}&=-2JS(\sigma_{n-1}-2\sigma_n+\sigma_{n+1})_x\\\hbar^2\frac{\mathrm{d}\sigma_{nz}}{\mathrm{d}t}&=0\end{aligned} \tag{3.5.7}$$

从式(3.5.7)的第三式可以看出 σ_{nz} 为一常数，类似式(3.1.10)(动量时间变化率所满足的方程)，式(3.5.7)具有波动形式的解，设

$$\begin{aligned}\sigma_{nx}&=A\mathrm{e}^{\mathrm{i}(qna-\omega t)}\\\sigma_{ny}&=B\mathrm{e}^{\mathrm{i}(qna-\omega t)}\end{aligned} \tag{3.5.8}$$

A、B 分别是 x、y 方向的振幅，a 是一维晶体的晶格常数，q 和 ω 分别为波矢和固有频率. 把式(3.5.8)代入式(3.5.7)，可得

$$\begin{aligned}&\mathrm{i}\omega A+\frac{4JS}{\hbar^2}[1-\cos(qa)]B=0\\&-\left\{\frac{4JS}{\hbar^2}[1-\cos(qa)]\right\}A+\mathrm{i}\omega B=0\end{aligned} \tag{3.5.9}$$

上式是以 A、B 为变量的线性齐次方程，若要得到非零解，系数行列必须等于零，由此得到自旋波的色散关系

$$\omega(q)=\frac{4JS}{\hbar^2}[1-\cos(qa)] \tag{3.5.10}$$

把式(3.5.10)代回式(3.5.9),可得

$$B=-\mathrm{i}A \tag{3.5.11}$$

代上式到式(3.5.8),并只取其实部,得

$$\begin{aligned}\sigma_{nx}&=A\cos(qna-\omega t)\\ \sigma_{ny}&=A\sin(qna-\omega t)\end{aligned} \tag{3.5.12}$$

上式清楚表明每个自旋绕 z 轴(磁化强度方向)作周围运动,而且这种进动在晶体中传播.

3.5.2 低温下的磁化强度和热容

按照量子力学,以谐波传播的自旋波的能量应该是量子化的,一个振动模式 (ω,q) 的能量为

$$E(q)=\left(l_q+\frac{1}{2}\right)\hbar\omega(q),\qquad l_q=0,1,2,3,\cdots \tag{3.5.13}$$

其最小能量变化为 $\hbar\omega(q)$,像声子的引入一样,这里称其为磁波子. 晶体中每增加或减少一个磁波子,其角运动的 z 分量增加或减少一个 $\hbar$,相应其磁化强度增加或减少 $g\mu_B$[式(3.2.9)],能量变化 $\hbar\omega(q)$.

现在我们来讨论三维自旋波系统的磁化强度和热容.

模式密度可由下式得出:

$$g(\omega)\mathrm{d}\omega=\frac{V}{(2\pi)^3}\mathrm{d}V_q \tag{3.5.14}$$

$\mathrm{d}V_q$ 为动量空间的体积元. 我们只考虑长波近似(低温下主要激发态是长波模式),即 $q\to 0$. 这样色散关系式(3.5.10)变成

$$\omega(q)=\left(\frac{zJSa^2}{\hbar^2}\right)q^2 \tag{3.5.15}$$

式中的 z 是三维情况的最近邻格点数,而

$$\mathrm{d}V_q=4\pi q^2\mathrm{d}q \tag{3.5.16}$$

把式(3.5.16)代入式(3.5.14)

$$g(\omega)\mathrm{d}\omega=\frac{V}{(2\pi)^3}4\pi q^2\mathrm{d}q=\frac{Vq^2}{2\pi^2}\mathrm{d}q \tag{3.5.17}$$

即

$$g(\omega)=\frac{Vq^2}{2\pi^2}\frac{\mathrm{d}q}{\mathrm{d}\omega} \tag{3.5.18}$$

考虑到式(3.5.15),可得

$$g(\omega)=\frac{V}{4\pi^2}\left(\frac{\hbar}{zJSa^2}\right)^{\frac{3}{2}}\omega^{\frac{1}{2}} \tag{3.5.19}$$

每个模式的能量为$\left(n_q+\dfrac{1}{2}\right)\hbar\omega(q)$，温度 T 时，单个模式的平均磁波子数 n_q 由玻色-爱因斯坦分布式(3.3.14)给出

$$n_q=\frac{1}{e^{\hbar\omega(q)/(k_B T)}-1}$$

因此整个磁波子体系的能量

$$\begin{aligned}E&=\int_0^{\omega_D}\hbar\omega(q)\left(\frac{1}{2}+n_q\right)g(\omega)\mathrm{d}\omega\\&=E_0+\int_0^{\omega_D}\hbar\omega n_q g(\omega)\mathrm{d}\omega \qquad (3.5.20)\\&=E_0+\frac{V}{4\pi^2}\left(\frac{\hbar}{zJSa^2}\right)^{\frac{3}{2}}\left(\frac{k_BT}{\hbar}\right)^{\frac{5}{2}}\int_0^{\infty}\frac{x^{\frac{3}{2}}}{e^x-1}\mathrm{d}x\end{aligned}$$

这里 E_0 是零点能，与温度无关. $x=\hbar\omega/k_BT$，低温下 $\hbar\omega_D/k_BT\to\infty$. 式(3.5.20)积分上限最后已用到此极限. 式(3.5.20)中的积分仅是一个数(=1.78). 这样我们可得到自旋波对比热容的贡献为

$$C_V=\left(\frac{\partial E}{\partial T}\right)_V=\frac{5\times 1.78}{2\times 4\pi^2\hbar}\left(\frac{k_B}{zJSa^2}\right)^{\frac{3}{2}}k_BT^{\frac{3}{2}} \tag{3.5.21}$$

下面我们讨论自旋波的磁化强度. 根据量子力学，自旋在 z 轴(饱和磁化强度方向)方向的投影只能有两个取向，不是与 z 轴平行，就是相反. 激发一个磁波子就表示有一个自旋磁矩的方向由与饱和磁化强度方向相同变成相反，因此激发一个磁波子就意味着饱和磁化强度减小 $g\mu_B$[见式(3.2.9)，只需把 J_z 换成 S_z].

$$\Delta\mu_z=g\gamma(S\uparrow-S\downarrow)=g\mu_B\left(\frac{1}{2}+\frac{1}{2}\right)=g\mu_B$$

因此，低温下体系的磁化强度是

$$\boldsymbol{M}=\boldsymbol{M}_S-g\boldsymbol{\mu}_BN_m \tag{3.5.22}$$

这里 $\boldsymbol{M}_S=Ng\boldsymbol{\mu}_B\boldsymbol{S}$ 是饱和磁化强度，而

$$N_m=\frac{1}{V}\int_0^{\infty}n(q)g(\omega)\mathrm{d}\omega$$

是单位体积内磁波子数目，因此，类似比热的推导，我们得到

$$\boldsymbol{M}=\boldsymbol{M}_S\left[1-\frac{1}{NS4\pi^2}\left(\frac{k_BT}{zJSa^2}\right)^{\frac{3}{2}}\int_0^{\infty}\frac{x^{\frac{1}{2}}}{e^x-1}\mathrm{d}x\right] \tag{3.5.23}$$

式中积分值为 2.23，即

$$\boldsymbol{M}=\boldsymbol{M}_S\left[1-\frac{2.23}{NS4\pi^2}\left(\frac{k_B}{zJSa^2}\right)^{\frac{3}{2}}T^{\frac{3}{2}}\right] \tag{3.5.24}$$

与式(3.5.1)的实验规律一致，通常称此为布洛赫 $T^{\frac{3}{2}}$ 定律.

磁波子也可以通过中子的非弹性散射进行实验研究. 因为中子具有自旋磁矩，入射到铁磁晶体中可以激发起磁波子，并将自身的能量和动量转化为磁波子的能量和动量，因此测出散射前后中子的能量及动量(包括角动量)，就可获有关磁波子的重要信息.

3.6 反铁磁性与亚铁磁性

虽然前面已经指出，反铁磁性和亚铁磁性也是一种磁有序态. 但它们还有本身特点，本节将对它们的性质特点作进一步的讨论.

3.6.1 反铁磁性

反铁磁性的典型代表是 MnO 晶体. 图 3.6.1 给出了 MnO 中锰离子磁矩的自旋反平行排列情况. 从图 3.6.1 可见在 Mn^{2+} 离子所构成的面心立方子晶格的(MnO 具有 NaCl 结构，如图 3.6.1 所示)(111)晶面族中，同一晶面内磁矩相互平行，相邻晶面上的磁矩反平行.

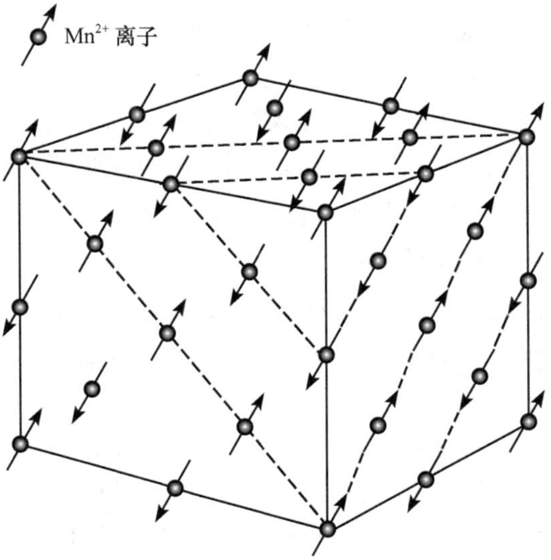

图 3.6.1 MnO 中 Mn^{2+} 离子磁矩的排列

与铁磁体一样，在转变温度 T_N(称为奈尔温度)以上，将发生反铁磁相——顺磁相转变，转变成顺磁相后，磁化率随温度的变化类似于居里-外斯定律

$$\chi = \frac{\mu_0 C}{T + T'_N} \tag{3.6.1}$$

式中，T'_N是与奈尔温度 T_N 相近的常数. 图 3.6.2 给出反铁磁体 MnF_2 的磁化率 χ 随温度的变化曲线.

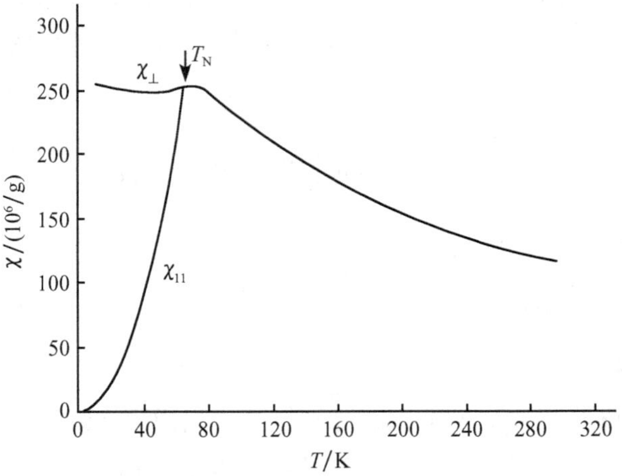

图 3.6.2　反铁磁体 MnF_2 的磁化率 χ 与温度 T 的关系

由图 3.6.2 看出，在 $T<T_N$ 时，χ 表现出明显的各向异性，这里 χ_{11}、$\chi_{\perp}$ 表示外磁场 $\boldsymbol{B}$ 分别平行及垂直于原子磁矩时测量到的磁化率. 为了解释反铁磁现象，我们把磁矩平行与反平行的离子看作各自构成一子晶格 A 和 B. 相应的磁化强度分别用 $\boldsymbol{M}_A$ 和 $\boldsymbol{M}_B$ 表示，数值相等，方向相反. 如果沿垂直 $\boldsymbol{M}_A$ 和 $\boldsymbol{M}_B$ 的方向施加磁场，$\boldsymbol{M}_A$ 和 $\boldsymbol{M}_B$ 都将受到磁场作用转向 $\boldsymbol{B}$ 的方向，此时总的磁化强度 $\boldsymbol{M}=\boldsymbol{M}_A+\boldsymbol{M}_B$，不再为零，并随 $\boldsymbol{B}$ 的增大而很快增大，表现出较大的磁化率 $\chi_{\perp}$. 相反，如果沿 $\boldsymbol{M}_A$ 或 $\boldsymbol{M}_B$ 的方向施加一外磁场 $\boldsymbol{B}$，$\boldsymbol{M}_A$、$\boldsymbol{M}_B$ 所受的磁矩为零，所以总磁化强度 $\boldsymbol{M}=\boldsymbol{M}_A+\boldsymbol{M}_B$ 仍为零，即 χ_{11} 为零. 但是由于热运动 $\boldsymbol{M}_A$ 和 $\boldsymbol{M}_B$ 不会严格与外场 $\boldsymbol{B}$ 平行或反平行，因而它们在外场 $\boldsymbol{B}$ 作用下转向. 因此实际不为零，但值很小. 显然温度越高，χ_{11} 也越大，如图 3.6.2 所示.

对于反铁磁体也可像铁磁体那样引入分子磁场的概念，只是这里应引入两个分子场系数 γ_1 和 γ_2，$\gamma_1\boldsymbol{M}_A$ 及 $\gamma_1\boldsymbol{M}_B$ 分别表示同一子晶格 A 和 B 内原子间的交换相互作用而产生的分子场. 而两子晶格原子之间的交换作用倾向于使彼此的磁矩反平行. 所以子晶格 A(或 B)在另一个子晶格 B(或 A)的分子场为 $-\gamma_2\boldsymbol{M}_A$($-\gamma_2\boldsymbol{M}_B$). 相邻子晶格原子间的交换作用所产生的分子场 γ_2M_A(γ_2M_B)大于同一子晶格中原子间的分子场 γ_1M_A(γ_1M_B)，即 $\gamma_2>\gamma_1$. 在外磁场作用下，反铁磁体中子晶格 A、B 中的原子磁矩受到的有效磁场分别可表示为

$$
\begin{aligned}
\boldsymbol{B}_{\text{eff}}^{A} &= \boldsymbol{B}-\gamma_1\boldsymbol{M}_A-\gamma_2\boldsymbol{M}_B \\
\boldsymbol{B}_{\text{eff}}^{B} &= \boldsymbol{B}-\gamma_2\boldsymbol{M}_A-\gamma_1\boldsymbol{M}_B
\end{aligned}
\tag{3.6.2}
$$

与铁磁性的平均场理论的讨论类似，可把子晶格 A 和 B 的磁化强度 $\boldsymbol{M}_A$ 和 $\boldsymbol{M}_B$ 写成

$$M_A = n_A g\mu_B J B_J(g\mu_B J B_{eff}^A / k_B T) \tag{3.6.3}$$

$$M_B = n_B g\mu_B J B_J(g\mu_B J B_{eff}^B / k_B T) \tag{3.6.4}$$

式中 n_A、n_B 分别是子晶格 A 和 B 的原子数密度. 在较高温度下，$T>T_N$，有

$$g\mu_B J B_{eff}^A / k_B T \ll 1$$

$$g\mu_B J B_{eff}^B / k_B T \ll 1$$

因此采用布里渊函数 B_J 的近似表达式(3.2.24)，式(3.6.3)和式(3.6.4)可写为

$$M_A = \frac{n_A \mu_B^2 g^2 J(J+1)}{3k_B T} B_{eff}^A \tag{3.6.5}$$

$$M_B = \frac{n_B \mu_B^2 g^2 J(J+1)}{3k_B T} B_{eff}^B \tag{3.6.6}$$

若令 $n_A = n_B = n$，则反铁磁体的强化强度

$$M = M_A + M_B = \frac{ng^2 \mu_B^2 J(J+1)}{3k_B T}(B_{eff}^A + B_{eff}^B)$$

把式(3.6.2)代入上式，得

$$M = \frac{ng^2 \mu_B^2 J(J+1)}{3k_B T}[2B - (\gamma_1 + \gamma_2)M] \tag{3.6.7}$$

由上式可计算出

$$M = \frac{B 2ng^2 J(J+1)\mu_B^2 / 3k_B}{T + \dfrac{(\gamma_1 + \gamma_2) ng^2 J(J+1)\mu_B^2}{3k_B}} \tag{3.6.8}$$

从上式可导出反铁磁体的居里-外斯定律

$$\chi = \frac{\mu_0 M}{B} = \frac{2\mu_0 ng^2 J(J+1)\mu_B^2 / 3k_B}{T + \dfrac{(\gamma_1 + \gamma_2) ng^2 J(J+1)\mu_B^2}{3k_B}} = \frac{\mu_0 C}{T + T_N'} \tag{3.6.9}$$

式中，C 即居里常量

$$C = \frac{2ng^2 J(J+1)\mu_B^2}{3k_B}$$

常量 T_N' 为

$$T_N' = \frac{C}{2}(\gamma_1 + \gamma_2) \tag{3.6.10}$$

当外磁场 $\boldsymbol{B}=0$，且温度 $T \to T_N$ 时，由式(3.6.5)和式(3.6.6)，可得

$$M_A = -\frac{C}{2T_N}(\gamma_1 M_A + \gamma_2 M_B) \tag{3.6.11}$$

$$M_B = -\frac{C}{2T_N}(\gamma_2 M_A + \gamma_1 M_B) \tag{3.6.12}$$

这里已经假设式(3.6.5)和式(3.6.6)仍成立. 由式(3.6.11)及式(3.6.12)可得关于 M_A 和 M_B 的齐次线性方程组

$$\left(1 - \frac{C\gamma_1}{2T_N}\right)M_A + \frac{C\gamma_2}{2T_N}M_B = 0 \tag{3.6.13}$$

$$\frac{C\gamma_2}{2T_N}M_A + \left(1 - \frac{C\gamma_1}{2T_N}\right)M_B = 0 \tag{3.6.14}$$

要使 M_A、M_B 有非零解,其系数行列式应等于零,由此可求得奈尔温度为

$$T_N = \frac{C}{2}(\gamma_2 - \gamma_1) \tag{3.6.15}$$

由上式也可看出,要使奈尔温度 $T_N>0$,不同子晶格原子之间的交换作用所诱发的分子场系数 γ_2 必须大于同一子晶格中不同原子间的分子场系数 γ_1.

表 3.6.1 给出了部分反铁磁体的奈尔温度 T_N 及特征温度 T'_N 的实验值,根据这些数据,由式(3.6.12)和式(3.6.15)可估算出各反铁磁体的分子场系数 γ_1 和 γ_2.

表 3.6.1　部分反铁磁体奈尔温度 T_N 及特征温度 T'_N

	MnO	FeO	CoO	NiO	MnS	MnTe	MnF_2	Cr_2O_3
T_N	116	291	291	525	160	307	67	307
T'_N	610	570	330	2000	528	609	82	485

3.6.2　亚铁磁性

亚铁磁有序是介于铁磁与反铁磁之间的一种磁有序. 典型亚铁磁体是铁和其他金属离子的混合氧化物(也称铁氧体). 一般具有 MFe_2O_3 的形式,这里 M 是二阶正离子,如 Ni、Mn 或 Fe 等. 最常见的晶体结构有以下三类,反尖晶石结构、石榴石结构和磁铅石结构. 这里仅以磁铁矿 FeO、Fe_2O_3 为例来说明亚铁磁有序. 磁铁矿和其他铁氧体都有类似尖晶石晶体结构:立方晶胞包含有 32 个氧离子以类似于立方密集堆积排列. 氧离子的某些间隙被 8 个 Fe^{2+} 和 16 个 Fe^{3+} 离子填充. 在每个晶胞有 8 个 Fe^{3+} 位于氧四面体中心(A 座),每个 Fe^{3+} 被 4 个 O^{2-} 离子所围绕. 其余的 Fe^{3+} 离子和 8 个晶 Fe^{2+} 离子位于八面体位座中心(B),每个此位座被 8 个氧离子所包围.

邻近磁性离子间的交换作用都被认为是反铁磁的,但是仅 A、B 座之间的交换作用是起主导作用的. 这样的结果是所有的 A 位磁矩是平行的,而且与所有的 B 位磁矩反平行. 由于 Fe^{3+} 离子属于 A 位和 B 位的数目相等,所以对磁化强度无贡献. 而 Fe^{2+} 离子全部位于 B 位,因此而产生自发磁化强度. 在低温极限下自发磁化强度的实验证实了这个图像:正二阶离子的磁化强度 M 相当于每个元胞有 $32\mu_B$,

正好为 8 个 Fe^{2+} 离子的总自旋磁矩($J=S=2,g=2$),这是因为轨道磁矩在晶体场作用下被淬灭,$l=0$. 铁氧体由于既有较高的电阻,又有与自发磁化强度相联系的高磁导率,因而在应用方面有着独特优势.

3.7 磁有序与自旋相关电导

电子既是电荷载体,又是自旋载体,因此在一个磁有序的介质中,电子的输运必然要受到固体磁性序的影响,从而产生不同寻常输运性质. 本节主要讨论与电子自旋有关的电子输运-自旋相关电导.

3.7.1 磁电阻与巨磁电阻

磁电阻是指外加磁场使固体电阻发现变化的现象,通常用

$$\Delta R/R_0 = (R-R_0)/R_0$$

表示磁场对固体电阻影响程度的大小,称为磁电阻,这里 ΔR 表示磁场中的电阻 R 与无磁场时的电阻 R_0 之差.

对一般固体,磁电阻来源于电子受到洛伦兹力,使电子在垂直于磁场方向做螺旋运动,增长了电子运动的路程,因而受散射的次数增长,导致电阻增加,即 $\Delta R/R>0$,这和磁电阻称之为正常磁电阻(OR). 显然由于外磁场一般较小,因而 $\Delta R/R$ 很小,且无饱和.

但是在一些磁有序固体中,发现了与上述正常磁电阻完全不同的电导现象,表现在:

(1) 铁磁体中磁电阻是各向异性的.

(2) 磁电阻可以为负值,即 $\Delta R/R<0$.

(3) 磁电阻值可以比正常磁电阻大几个数量级,称为巨磁电阻(GMR),甚至十几个数量级,称为超巨磁电阻(CMR),而且存在饱和极限. 这些现象显然不能够用洛仑兹力来解释,其蕴含的丰富物理内容和应用前景引起人们极大的研究兴趣.

3.7.2 自旋相关散射与巨磁电阻效应

如何解释 GMR 和 CMR 现象呢? 与正常磁电阻不同的是,GMR 和 CMR 都是发生在磁有序固体中,这就使人们想到磁电阻应该与固体电子的自旋有关,从而提出和发展了与自旋相关的导电理论.

如果我们用自由电子气体模型讨论非磁性金属电子的输运特性,就会得到其电阻率有

$$\rho=\frac{1}{\sigma}=m^*/(ne^2\tau_F) \tag{3.7.1}$$

式中，m^* 为有效质量，n 为电子数密度，τ_F 为费米面处电子的散射弛豫时间，与平均自由程 l 正比

$$\tau_F \sim l \sim [|V|^2 g(E_F)]^{-1} \tag{3.7.2}$$

式中，V 为散射矩阵元，$g(E_F)$ 为费米面能态密度. 上述各参量与电子的自旋状态无关，所以不同自旋的电子导电性能并无区别. 但是对于磁有序固体则不同，如对于铁磁体 Fe、Ni、Co，在温度低于 T_C 时，由于交换作用，使自旋向上的 d 能带能量下降，引起 d 电子不同自旋的子能带劈裂. 于是，不同自旋态的电子气体的电阻率和弛豫时间 τ_F 写为

$$\rho_\sigma = m_\sigma^* / (n_\sigma e^2 \tau_{Fs}) \tag{3.7.3}$$

$$\tau_{F\sigma} \sim l_\sigma \sim 1/[|V_n|^2 g_\sigma(E_F)] \tag{3.7.4}$$

σ 代表自旋向上 ↑ 或向下 ↓，上式中各参量都与电子的自旋取向有关，因而电阻成为与自旋有关的量. 在铁磁金属中，传导电子不断受到散射，其平均自由程 l 为几十纳米量级. 在这些散射中只有那些具有交换作用或轨道-自旋耦合的散射，才能使电子自旋反转. 而这种散射发生的概率即使铁磁体中也是很低的，约占整个散射事件的百分之几到千分之几. 因此保持自旋方向不变的平均长度—自旋扩散长度 l_σ 是平均自由程 l 的几百倍，约为微米数量级. 这些表明，在铁磁体中，电子自旋转向的概率很小，自旋弛豫时间很长. 因此在此尺度内，可以认为传导电子在输运过程中自旋保持不变. 故可将电导分解成自旋向上 ↑ 和自旋向下 ↓ 两个并联的导电通道，其电阻率分别为 $\rho_\uparrow$ 和 $\rho_\downarrow$，总电阻率为

$$\frac{1}{\rho} = \frac{1}{\rho_\uparrow} + \frac{1}{\rho_\downarrow} = \rho_\uparrow \rho_\downarrow / (\rho_\uparrow + \rho_\downarrow) \tag{3.7.5}$$

这就是莫特提出的双电流模型.

由式(3.7.4)可知，如果由于交换作用使自旋向下电子的子能带在费米面的能态密度 $g_\downarrow(E)$ 大(小)于自旋向上的 $g_\uparrow(E_F)$，则自旋向下电子受散射的弛豫时间减小(增大)，因而受的散射增大(减小)(电阻增大(减小))，即 $\rho_\downarrow > (<) \rho_\uparrow$，就是自旋相关散射. 据此我们对具有铁磁-非铁磁-铁磁(FM-NM-FM)三层结构的纳米器件的巨磁电阻效应进行说明，如图 3.7.1 所示.

电流与界面平行(CIP)，当两铁磁层的磁矩反平行时，自旋向上的电子在下 FM/NM 界面，受到与自旋相反 $\boldsymbol{M}$ 的强散射，而在上界面不受散射. 而自旋向下的电子正好与自旋向上电子的散射情况相反. 此时两种自旋电子通道的电阻相同. 总电阻为两通道电阻的并联，呈现高阻态. 当施加一外磁场使两 FM 的 $\boldsymbol{M}$ 方向平行. 此时自旋朝上的电子受到的散射加倍，而自旋朝下的电子受到界面的散射极小，起短路作用，因而总电阻急剧下降. 表现出巨磁电阻效应且 $\Delta R/R<0$. 同样，我们也

可以解释当电流垂直于 FM/NM 界面(CPP)时 FM-NM-FM 的巨磁电阻效应以及铁磁绝缘体-铁磁隧道结巨磁电阻效应(TMR),在此不再赘述.

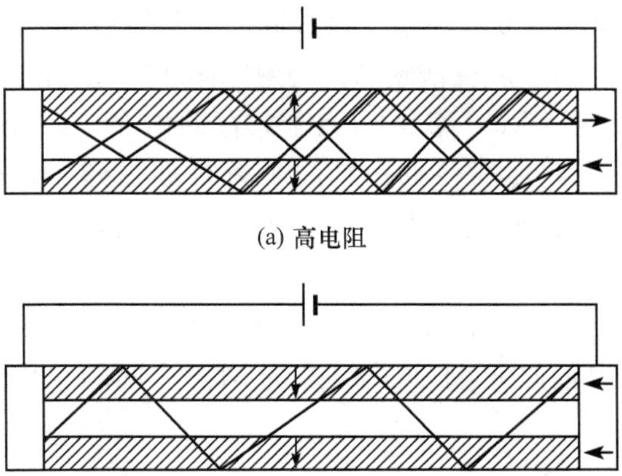

(a) 高电阻

(b) 低电阻

图 3.7.1 三层膜的 GMR 示意图

如前所述,显然在铁磁体中的传导电流是自旋极化的. 电流的自旋极化度 P 定义为

$$P=\frac{n\downarrow - n\uparrow}{n\downarrow + n\uparrow} \tag{3.7.6}$$

这里 $n\uparrow$ 和 $n\downarrow$ 分别为电流中自旋向上和自旋向下两种电子的浓度. 如果能够控制电流的极化程度,我们就不仅可以操控电子的电荷,也可以操控电子的自旋. 有关电子自旋的操控,正在形成一门新的研究方向——自旋电子学.

3.7.3 混合价锰氧化合物及其超巨磁电阻效应

1993 年,Helmot 等人发现 $La_{2/3}Ba_{1/3}MnO_3$ 铁磁薄膜在室温下,外磁场为 5T 时其磁电阻 $\Delta R/R$ 可达 150%,从此揭开了锰氧化物电子输运特性的研究热潮. 稍后 S. Liu 等发现掺杂的锰氧物 $La_{1-x}Ca_xMnO_3$ 薄膜在 77K,外磁场为 6T 时的磁电阻 $\Delta R/R$ 约为 1.27×10^5%,称此为超巨磁电阻效应(colossal magnetoresistance effect,简称 CMR 效应). 近年来研究发现,很多锰氧化物 $Re_{1-x}T_xMnO_3$ 都具有 CMR 效应,这里 Re 为 La、Pr、Nd 等三价稀土元素,T 为 Ca、Sr、Ba 等二价碱土元素. 这类材料为什么会出超巨磁电阻效应? 是我们必须回答的问题.

掺杂锰氧化物的母体 $LaMnO_3$ 具有钙钛矿结构,一般情况下是非导体,并具有反铁磁性. 当稀土元素 Re 被二价碱土元素部分代替后,人们注意到两个实验现象:一是当掺杂浓度到达 0.2~0.5 时,这类氧化物变成导体和铁磁体. 二是对每一确定浓度的掺杂锰氧化物,都有一个绝缘体-导体转变温度,在转变温度附近,超

巨磁电阻效应最为强烈. 由于以上两个实验事实,似乎二价碱土元素的掺杂是 CMR 效应的重要起因,人们提出了如下解释:

当未掺杂时,$LaMnO_3$ 是一种电子强关联的电荷转移型莫特绝缘体. 锰离子磁矩之间通过超交换作用,形成反铁磁结构的绝缘体. 随着二价碱土元素的部分替代三价元素,晶体中出现了 M_n^{3+} 和 M_n^{4+} 离子共存的情况,从而出现前面所述的双交换作用. 双交换作用使锰离子磁矩趋向平行排列,材料由反铁磁性变成铁磁性. 又由于 d 带巡游电子可以通过氧原子由 M_n^{3+} 跳跃到 M_n^{4+},从而使材料同时也变成导体.

Anderson 和 Hesegawa 在 Zner 双交换模型的基础上,对其导电机制进行了细致的研究. 在半经典近似下,证实了 M_n^{3+} 与 M_n^{4+} 之间的双交换作用导致一个铁磁耦合能

$$E \sim \pm t\cos\frac{\theta}{2} \tag{3.7.7}$$

式中,t 是跃迁积分,θ 是 M_n^{3+} 与 M_n^{4+} 离子磁矩的夹角. 随着二阶碱土金属元素的掺杂,锰离子的磁矩逐渐由反平行转变为平行,而磁矩间的夹角 θ 依赖于掺杂程度. De Gemes 用一个纯自旋模型描述了这种转变,从超交换作用与双交换作用共同作用的最小能量条件,得到 θ 角与掺杂程度的关系

$$\cos\frac{\theta}{2} = \frac{tx}{2J} \tag{3.7.8}$$

这里 J 是交换积分. 由式(3.7.8)可看出,当 $x=0$ 未掺杂,$\theta=\pi$,是反铁磁态. 在 $x\leqslant 1$,$\theta\approx\pi-tx/J$,是倾斜排列的反铁磁态,在 $x_c=2J/t$ 时,$\theta=0$ 为铁磁态. 当然真实过程可能更复杂,因为掺杂使晶体结构发生改变.

CMR 材料是一种强电子关联体系,其电荷、自旋、晶格和轨道之间的相互作用与关联使此种材料表现多种奇特性质,特别是它的能带结构对外场的高度敏感性和电流的极化性,使其可以作为磁、光、电等敏感材料,信息存储材料和自旋电子材料. 在开发新型磁存储、飞行器导航器、传感器、自旋晶体管以及新概念光电器方面有着诱人的潜在前景,值得进一步研究探讨.

3.8　多铁性与磁电效应

在第 2 章我们介绍了固体的铁电性,本章前面又介绍了固体的铁磁性,现在我们简要介绍一下多铁性及磁电效应.

3.8.1　多铁性(multiferroicity)

多铁性是指同时具有两种或两种以上基本铁性的物理性能. 常见的基本铁性

有铁电性(反铁电性),铁磁性(反铁磁性)和铁弹性等.它们的序参量分别对应于自发极化,自发磁化和自发应变.同时这些序参量的方向能随着外界电场、磁场以及应力的改变方向而重新取向.多铁性材料就是一种集合多铁性为一体的多功能材料.目前研究最多的也最具吸引力的是铁电和铁磁共存的铁磁电材料.

在这种多铁性磁电材料中更为重要的是,由于多种序参量之间的相互耦合作用会导致产生新的效应,如材料在外磁场作用下产生电极化,或者用外电场调控磁性.因此这种新型的多功能材料在新型磁—电传感器,自旋电子器件、新型信息存储器件等领域展现出巨大的应用前景.另一方面,从学科内涵看,多铁性磁电耦合的物理涉及电荷、自旋、轨道和晶格等凝聚态物理学的多个范畴,成为国际上一个新的研究领域.

3.8.2 单相材料中铁电性和铁磁性的互斥性

通常的铁电材料是绝缘体,而磁性材料是导体,因而这两种材料通常是不兼容的.造成这种现象的原因是因为这两种材料本征结构类型的不同.从宏观对称性上看,铁电性的序参量自发极化来自于材料的空间反演对称性破缺,而磁性序参量的自发磁化(自旋极化)要求时间反演对称性破缺.因此,电荷正负的改变将导致极化矢量方向改变,而电流$\frac{dq}{dt}$方向的改变将引起磁化方向的改变.目前应用最广泛,也是最重要的单相铁电材料如$BaTiO_3$、$Pb(ZaTi)O_3$等都是钙钛矿结构的过渡金属氧化物.而很多铁磁性材料,如铁氧体类也都是钙钛矿或类钙钛矿结构的过渡金属氧化物.现在已经发现数百种铁磁性氧化物和铁电性氧化物.但遗憾的是这两大类材料之间几乎没有重合之处.铁电性和铁磁性似乎是互斥的,这就是单相多铁材料的困难所在.

通过大量实验研究,人们发现一条经验规律:几乎所有钙钛矿铁电氧化物中B位离子都是具有空d轨道的过渡金属离子(d^0构型离子),如Ti^{4+}、Ta^{5+}、W^{6+}等,似乎具有d^0构型的过渡金属离子对铁电性来说是必不可少的.而对铁磁性氧化物,B位离子需要是d轨道电子未填满的过渡金属离子,如Cr^{3+}、Mn^{3+}、Fe^{3+}等离子.因此从经验看,铁电性和铁磁性过渡金属氧化物对过渡金属离子d轨道电子填充方式的不同要求是导致两种有序状态互斥性的根本原因.

导致这一互斥的物理原因在于有序状态出现与体系自由能大小相关.在介绍磁性有序时说过引起磁序的相互作用力是称之为交换作用,这种交换相互作用完全是一种量子效应.对铁电体情况更为复杂,除了直接交换作用项外,由于极化引起晶格畸变,系统电荷之间的库仑能也发生了变化.实验和计算发现,如果过渡金属离子B位Ti离子的d轨道是空的,Ti离子在低温下将偏离氧八面体中心位置,导致自发极化.体系此时的结构具有较低的自由能,自发极化比较容易实现.但是如果 d 轨道有电子存在,体系的自发极化状态对应的自由能将会升高,从而使自发极化的实现变得困难. 这一理论初步说明钙矿结构氧化物中形成铁电性与形成铁磁性对于过渡金属离子 d 轨道的电子填充情况是不同的,或者是相互排斥的,从而导致了铁电性和铁磁性两种有序状态的互斥性. 当然这一模型过于简单,还需要考虑其他一些效应,这里不再介绍.

3.8.3 单相多铁材料的途径

从材料组成来看,多铁性材料可分为单相多铁化合物和复合多铁材料两大类. 研究最多、用途最广的单相铁电材料是 ABO_3 钙钛矿结构氧化物. 在居里温度以下,B 位离子偏离了氧八面体中心,使正负电荷中心相互偏离从而形成电偶极矩. 但是由于 ABO_3 钙钛矿结构的铁电体 B 位离子的 d 轨道为没有电子占据的 d^0态,显然无法形成局域磁矩,也就无法产生任何种类的磁有序结构,包括铁磁、亚钛磁及反铁磁. 在绝大多数情况下,一旦 B 位离子 d 轨道被电子部分占据,其正负电荷偏离对称中心的倾向就被排除了. 因此要使铁电性和铁磁性同时存在于一种单相材料中必须有一个既能满足铁电性晶体结构对称性条件又能满足铁磁性的电子壳层结构条件的额外驱动力. 也就是说很多现象表明铁电性与磁性并不是绝对互斥的,它们之间有统一的可能性. 比如铁电体中过渡金属阳离子同其周围阴离子的配位场杂化(共价键)可以看成是电子从填满的氧离子 p 轨道到阳离子空 d^0轨道的虚跃迁(virtual transition)过程. 而磁性材料中导致自旋长程序和宏观磁化的是相邻离子未抵消的剩余自旋间离子交换作用这种交换作用也来源于电子在离子间的虚跃迁. 从这一点看铁电性与铁磁性有相似之处,存在两者共存的可能.

目前通过第一性原理计算和实验测试,已有许多单相多铁性单相化合物体系 ABO_3 或 $AB'B''O_6$ 被提出,如 $BiFeO_3$、$BiMnO_3$、$PbFe_{0.5}Nb_{0.5}O_3$. 稀土锰氧化物,如六角 $RMnO_3$($R=S_C$, y, In, Ho, y_b, Lu)以及正交结构的 RMn_2O_5($R=$y, Tb, Dy-Ho)等等.

对于上述的单相多铁性化合物,铁电与磁性的共存机制目前可归结为顺磁离子掺杂(使 d^0 态离子部分被非满的顺磁性离子替代掺杂),离子结构各向异性,弧对电子导致多铁性,六角系锰氧化合物中的几何铁电性,非共线螺旋状自旋序导致的铁电性,电子(电荷有序态)铁电性等. 正是这些机制导致多铁性化合物的存在. 限于篇幅的限制,在此不再作进一步的介绍,可参阅相关文献[3.1],[3.2],[3.3].

3.8.4 复合多铁材料

然而上述单相多铁材料,要么居里温度低,要么磁电耦合效应太弱,与实用要求相差很远. 这就导致开辟多铁材料的另一条道路——复合多铁材料. 实现这种室温磁、电共存与耦合的一个直接途径就是构造铁电材料与铁磁材料的复合体. 即是由铁电相和铁磁相构成磁电复合材料. 虽然构成磁电复合材料的铁电相和铁磁相各自本身不具备磁电效应，但二者的共存在一定条件下可产生磁电耦合，致使铁电—铁磁共存体系在室温下产生显著的磁电效应. 其内在原理是在经典的块体磁电复合材料中，磁电效应产生的原因应是磁性相的磁致伸缩与铁电相的压电效应的相互作用. 这就是说磁电复合材料中两相之间通过应力/应变传递与实现电与磁耦合. 磁性相因磁致伸缩效应产生应变，应变传递到压电相上，由压电效应产生极化(即正磁电效应). 显然，复合材料的磁电耦合(磁电效应)的大小，与两相的接触界面的大小及界面耦合系数是影响复合多铁材料的因素之一.

除上面所说的界面应力、应变机制外，复合多铁材料的磁电耦合效应的产生是一个复杂的物理过程，涉及到微观上磁有序与电有序的改变的诱因，包括磁学、力学、电学以及它们之间的交叉耦合作用，已经成为凝聚态物理学与材料学的研究热点. 至今，研究者们已经报道了很多种组成成分的复合多铁材料(如陶瓷基复合多铁材料，铁磁金属/合金基复合材料，高分子基复合材料)和多种铁电、铁磁相连通结构，如 0-3 型颗粒复合材料，2-2 型叠层复合材料，1-3 型纤维复合材料等(上述数字 0，1，2，3 表示组成材料的维度)具体要参阅文献[3. 4].

多铁性磁电复合材料室温下显著的磁电效应推动了其在技术领域的实际应用研究. 比如多铁性磁电耦合材料使用电压而不是电流来调控磁化方向的特性可将能量耗散量(焦尔热)降低至最少，实现新一代超低功耗和快速磁信息存储与处理等过程，与目前基于电流驱动的磁存储技术相比将具有颠覆性的重大意义. 这些基于多铁材料的磁电效应的新型元器件有磁电传感器，多态信息储器和逻辑器件等. 同时具备铁磁极化和铁电极化两个序参量，为实现多态存储器提供了非易失多铁性存储的可能性，展现出巨大的应用前景. 另一方面，多铁性磁电耦合的物理内涵涉及电荷、自旋、轨道和晶格等凝聚态物理的多个范畴，已成为国际一个新的研究领域.

参考文献

[3. 1] 王克锋，刘俊明，王雨. 单相多铁材料——极化和磁性序参量的耦合与调控，科学通报，1098-1135，第 53 卷，第 10 期，2008 年

[3. 2] 南策文. 多铁性材料研究进展及发展方向，中国科学 · 技术科学，P339-357，第 45 卷第四期，2015 年

[3. 3] Nan C W. etc，Multiferrotic magnetoelectric composites：Historical perspective，status，and future directions，J. App phys，103：031101(2008)

[3. 4] 段纯刚. 磁电效应研究进展，物理学进展，第 29 卷第 3 期，2009 年

[3. 5] Zutic I，Fabian J，Sarma S D. Spintronics：Fundamentals and Applications，Rev. Mod. Phys. ，2004 (76)：323

习　题

3.1　应用洪德定则于包括 n 个电子的 4f 壳层，证明可表示如下：

$$S=\begin{cases}\dfrac{n}{2}, & n\leqslant 7\\[2mm] \dfrac{14-n}{2}, & n\geqslant 7\end{cases};\qquad L=\begin{cases}\dfrac{n(7-n)}{2}, & n\leqslant 7\\[2mm] \dfrac{(14-n)(n-7)}{2}, & n\geqslant 7\end{cases}$$

$$J=\begin{cases}\dfrac{n(6-n)}{2}, & n\leqslant 6\\[2mm] \dfrac{(14-n)(n-6)}{2}, & n\geqslant 6\end{cases}$$

3.2　$CuSO_4$ 的顺磁性的最主要的贡献来自 Cu^{2+} 离子，其磁矩起源于一个单个的不成对的自旋($L=0, J=S=\frac{1}{2}, g=2$). 写出在温度 T 时，磁矩平行和反平行的概率. 由此，把在磁场 B 区域内每单位容积 N 离子的磁矩写为 $M=N\mu_B\tanh\dfrac{\mu_B B}{k_B T}$. 写出内能然后计算离子在永磁区域 B 内的磁热容 C_B，推导在高温和低温时确切热量的有限形式. 把 C_B 描述为温度的函数. 如果 $B=0.5T$，则高温为多少？

3.3　在金属中对于自由电子泡利自旋磁化率我们假设 $\mu_B B\ll\varepsilon_F$.

(1) 证明在 0K 时，自由电子气体的自旋磁矩 M 和区域 B 的确切关系可写为

$$\frac{2\mu_B B}{\varepsilon_F}=(1+M/M_s)^{2/3}-(1-M/M_s)^{2/3}$$

式中，ε_F 是费米能，M_s 是饱和磁矩，假设 $M<M_s$. 你需要在图 3.2.2(c)中选择最大占据能级的能量($\neq\varepsilon_F$)，以使阴暗区域等于电子数.

(2) 估计对于钾($N=1.4\times10^{28}\,m^{-3}$)，要达到饱和自旋磁矩所需要的磁场.

3.4　在苯中碳原子形成一个边长为 1.4Å 的规则六边形，每个原子外层都有电子，形成一个围绕整个苯环的波函数.(每个原子的其他三个电子都是在 sp^2 原子轨道上). 粗略估计液苯中这些电子对于抗磁磁化率的贡献.(密度为 $880kg\cdot m^{-3}$)分子量为 78(C_6H_6). 苯的磁化率实验值$\chi=-7.7\times10^{-6}$.

3.5　已知铜为面心立方结构，点阵常数 $a=0.3608$nm. 如果铜的原子半径为 0.1nm，并设仅有一个芯电子对铜的抗磁性有贡献，试估算铜的芯电子抗磁磁化率.

3.6　在低于奈尔温度下，根据奈尔模型计算其平行和垂直于磁场的抗铁磁性的磁化系数.

3.7　设有一顺磁体，它所含顺磁离子的浓度为 $N(m^{-3})$. 已知顺磁离子的轨道角动量量子数 $l=0$，自旋角动量量子数 $s=1/2$，请求该顺磁离子的 g 因子，并请证明在温度 T 及磁感应强度为 B 的磁场中，顺磁体的磁化强度可表示成 $M=N\mu_B\tanh\dfrac{\mu_B B}{k_B T}$.

3.8　已知在温度 T 下，处在 $2T$ 磁场中的电子自旋系统中，自旋与磁场的方向相平行的电子数正好是反平行的电子数的 2 倍，求温度 T.

3.9　已知 Cu^{2+} 中有 9 个 d 电子，请根据洪德定则决定 Cu^{2+} 的轨道角动量量子数 l、自旋角动量量子数 s 及总角动量量子数 j. 如果在 1K 下，施加 3.4T 磁场，试问这时离子将分裂成几个

能级？有百分之几的 Cu^{2+} 处在最低的能级上？

3.10 对掺有 As 杂质的 Ge 晶体作顺磁共振实验时，由于 As 原子的核磁矩与被它束缚的电子的自旋磁矩的相互作用，在实验中常能测到多个共振吸收峰. 现已知 As 核的角动量量子数 $I=3/2$，问实验能测到几条共振吸收峰？当半导体 Ge 中的掺杂浓度增加到 $10^{18}/cm^3$ 以上时，杂质能级扩展成杂质能带，杂质电子可在杂质原子间运动，因此电子在核处的出现概率减少，超精细互作用消失. 这时，实验只能测到一个共振峰. 实验时，采用的微波频率 $v=2\times10^4$ MHz，共振峰的位置处在磁场强度 $H=7.24\times10^5$ A/m，试求被 As 束缚的电子的 g 因子.

3.11 铁晶体具有体心立方结构，晶格常数 $a=0.286$nm. 铁晶体的居里温度 $T_C=1034$K. 由实验测得的饱和磁化强度 M_{S0} 计算得每个铁原子的平均磁矩 $\frac{M_{S0}}{N}=2.22\mu_B$（$N$ 为铁原子数密度）. 因为铁磁性来源于原子间的交换作用，仅与它们的自旋有关，因此，$j=s$，由此可得 $g=2$. 并由实验测得的 M_s-T 关系可知 $j=s=1/2$. 请根据分子场理论估算以下数值：

(1) 铁晶体的饱和磁化强度 M_{S0}；

(2) 居里常数 C；

(3) 分子场系数 λ；

(4) 分子场的磁感应强度 λM_{S0}.

3.12 铁磁体 EuO 的居里温度 $T_C=70$K，Eu 离子的总角动量量子数 $j=7/2$，$g=2$. 采用分子场理论估算在 0.01T 的磁场作用下，300K 时的磁化强度与 0K 时的磁化强度之比 $M(T)/M(0)$.

第 4 章　超 导 电 性

超导电性自 1911 年以来，由于它奇特的现象和诱人的应用前景，一直是固体物理学最活跃的领域之一. 经过科学家们多年的努力，无论是在超导材料的研制还是在超导机制的理论探索上，都取得了长足的进展，但是至今人们对超导电性的认识仍不完善，对超导电性的认识过程远未完结.

本章首先介绍超导电性的基本实验现象，然后介绍人们为解释这些现象所作的种种努力，最后介绍与超导电性相关的现象及其应用.

4.1　超导电性的实验现象

4.1.1　零电阻

1911 年，荷兰物理学家昂内斯(H. K. Onnes)在研究各种金属在低温下电阻率的变化时，发现当汞的温度降低到 4.2K 左右时，汞的电阻陡然下降；低于这个温度时，汞的电阻完全消失. 从开始下降到完全消失是在 0.05K 的温度间隔内完成的，如图 4.1.1(a)所示.

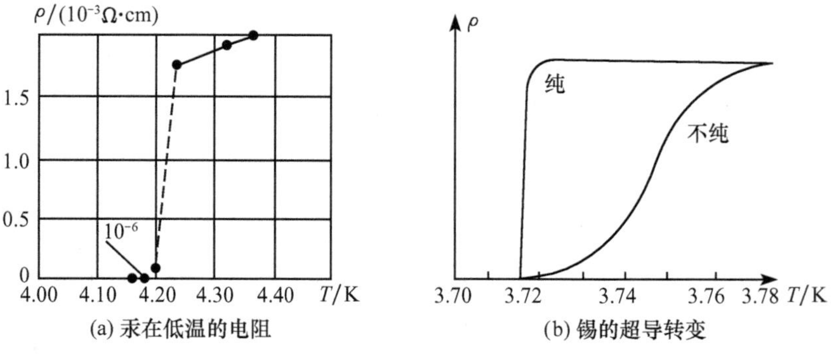

图 4.1.1　超导材料的温度电阻曲线

这种在低温下发生的零电阻现象，被称为物质的超导电性(superconductivity)，具有超导电性的材料称为**超导体**.

实验发现，这种现象是可逆的，即当温度回升到 4.2K 以上时，汞的电阻又恢复为正常值. 即电阻仅是温度的函数，与过程无关. 根据以上事实，昂内斯认为：在一定温度下电阻消失，表明材料进入了一种新的状态，称之为**超导态**. 发生电阻消失的温度,称为超导转变温度或**临界温度** T_C. 温度高于 T_C 时,材料处于人们所熟悉的正常态;而低于 T_C 时,材料进入一种新的完全不同的状态,可把这种转变看成是一种相变.

临界温度 T_C 是物质常数,同一种材料在相同的条件下有确定的值,如汞 $T_C=4.15K$,铅 $T_C=7.201K$,与材料的杂质无关. 但杂质的存在将使转变温度区域增宽,如图 4.1.1(b)所示.

常用的观察超导电现象的方法是:在用超导材料制成的环形回路里激发一电流,并通过测量电流的磁场以确定电流的变化. 正常情况下,电流将在 10^{-12}s 内衰减掉. 但在超导态,电流可以长期持续下去而无衰减. 最长的实践持续了 3 年,尚未发现电流的任何衰减. 由此可求得电阻率的上限小于 $10^{-26}\Omega\cdot cm$,所以实际上可看成是零电阻. 很自然可把超导体看成是电导率无限大的理想导体,其内部电场为零,是一个等势体.

4.1.2 完全抗磁体——迈斯纳效应

迈斯纳(Meissner)和奥克森菲尔德(Ochsenfeld)1933 年在研究处于超导态样品体内的磁场时发现:无论是先降温使样品进入超导态再加外磁场,还是先加磁场再降温,当样品处于超导态时,体内的磁感应强度 $\boldsymbol{B}$ 均为零,磁感应线完全被排出体外. 超导体总有

$$\boldsymbol{B}=\mu_0(\boldsymbol{H}+\boldsymbol{M})=0 \text{ 或者 } \boldsymbol{M}=-\boldsymbol{H} \tag{4.1.1}$$

也就是说超导体具有完全抗磁体,其磁化率 $\chi=-1$. 这称之为迈斯纳效应,如图 4.1.2 所示.

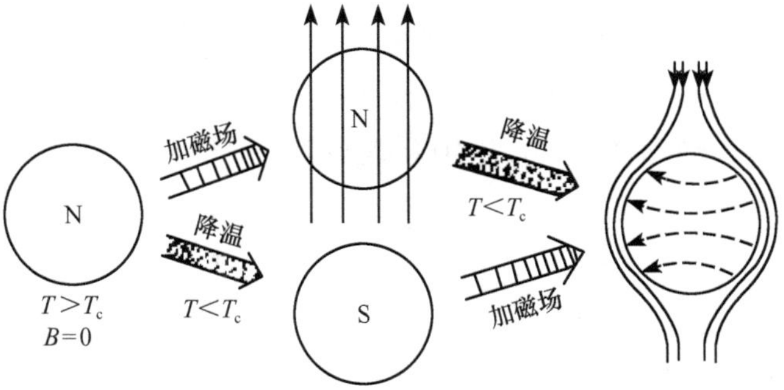

图 4.1.2 迈斯纳效应

由迈斯纳效应,可对超导电现象得出两个有意义的结论:

(1) 由于超导态的完全抗磁性与怎样进入超导态的历程无关,因而超导态是一热力学平衡态.

(2) 超导态的完全抗磁性是独立于零电阻特性的另一特性,不可能从零电

阻特性派生出完全抗磁性. 这是因为若把超导态看成理想导体,其电导率 $\sigma=\infty$,由欧姆定律 $j=\sigma\boldsymbol{E}$ 知,要保持电流密度 j 有限制,必须 $\boldsymbol{E}=0$,根据麦克斯韦方程

$$-\frac{\partial \boldsymbol{B}}{\partial t}=\nabla\times\boldsymbol{E}=0 \tag{4.1.2}$$

可知,在超导体内应有

$$\frac{\partial \boldsymbol{B}}{\partial t}=0 \tag{4.1.3}$$

即 $\boldsymbol{B}$ 不随时间变化,$\boldsymbol{B}$ 取决于初始状态,也就是说,“理想导体”在磁场中由正常态变成超导态后,导体内应继续保持磁场不变. 但迈斯纳效应否定了这一推断,因此超导态不是普通意义下的理想导体. 完全抗磁体和零电阻是超导态两个相互独立的基本特征.

4.1.3 临界参量

实验发现,超导电现象除了临界温度参量外,还有两个临界参量,分述如下.

1. 临界磁场

实验表明,磁场可以破坏超导电性. 把处于超导态($T<T_C$)的样品置于磁场中,当磁场大于某一临界值 $H_C(T)$时,样品将恢复到正常态. 称这个保持超导态的最小磁场 $H_C(T)$为**临界磁场**. 也就是说在磁场中要保持超导态,必须同时满足($T<T_C$)及 $H<H_C(T)$. 实验表明 $H_C(T)$与温度有关,其函数关系可由如下经验公式描述:

$$H_C=H_C(0)[1-(T/T_C)^2] \tag{4.1.4}$$

式中,$H_C(0)$是 $T=0$ 时临界磁场,显然有 $H_C(T_C)=0$. 图 4.1.3 给出了 H_C 值随温度的变化曲线. 一些材料的 $H_C(0)$值在表 4.1.1 中列出.

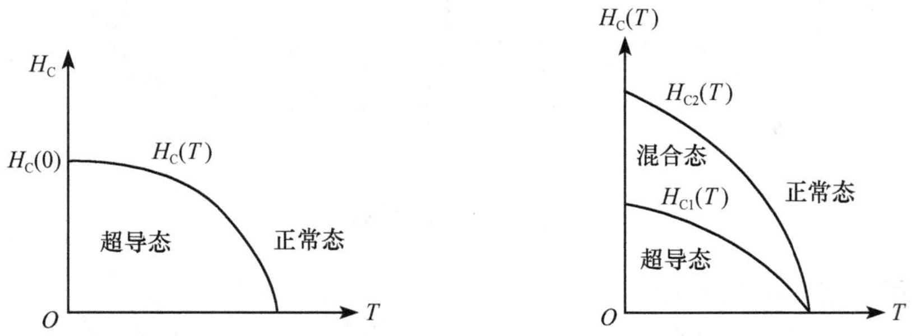

(a) 第一类超导体的 H_C-T 曲线　　(b) 第二类超导体的 H_C-T 曲线

图 4.1.3

表 4.1.1 部分超导元素的 $H_C(0)$

元素	$H_C/(\times 10^{-4}T)$	元素	$H_C/(\times 10^{-4}T)$
Al	99	Pb	803
Cd	30	Ta	830
Ga	51	Sn	306
In	276	W	1.2
Ir	16	Zn	53

有些超导体存在着两个临界磁场 $H_{C1}(T)$、$H_{C2}(T)$. 这两个 $H_C(T)$ 随温度变化的关系都遵从式(4.1.4)，只是其热力学温度为零度的临界磁场有两个不同的值 $H_{C1}(0)$ 和 $H_{C2}(0)$. 按照临界磁场 $H_C(T)$ 的数目，可把超导体分为两类：①只有一个临界磁场的，称为**第一类超导体**. 第一类超导体在超导态具有完全抗磁性和零电阻性. ②有两个临界磁场的，称为**第二类超导体**. 对第二类超导体，当 $T<T_C$，$H<H_{C1}(T)$ 时，处于超导态，当 $H>H_{C2}(T)$ 时，处于正常态；当 $H_{C1}(T)<H<H_{C2}(T)$ 时，处于一种混合状态，在此态中具有零电阻特性，但不具备完全抗磁性，如图 4.1.3(b)所示. 由于第二类超导体有较高的 $H_{C2}(T)$，故有更高的实用价值.

2. 临界电流

临界磁场并不要求一定是外加磁场. 超导电流本身产生的磁场也会破坏超导电态. 当超导电流足够大，以致它所产生的磁场超过 $H_C(T)$ 时，也要导致体系回到正常态. 因此超导体中的允许电流也是有一个极限，称之为**临界电流** $J_C(T)$，其温度的关系也是

$$J_C(T) = J_C(0)[1-(T/T_C)^2] \tag{4.1.5}$$

式中，$J_C(0)$ 与材料的组成、形状和大小有关.

3. 临界温度的同位素效应

前面已说过临界温度是物质参量，取决于材料的组成. 但实验进一步发现：同一种超导元素的各种同位素的 T_C 各不相同(图 4.1.4)，T_C 与同位素相对原子质量之间存在下述关系：

$$T_C M^{\alpha} = \text{常数(对某种物质而言)} \tag{4.1.6}$$

称为同位素效应. 对一般元素，$\alpha \approx \frac{1}{2}$，因此

$$T_C \approx M^{-\frac{1}{2}} \tag{4.1.7}$$

当 $M \to \infty$ 时，$T_C \to 0$，即无超导电性. 原子的质量趋于无穷大，晶格原子就不可能运动，当然也不

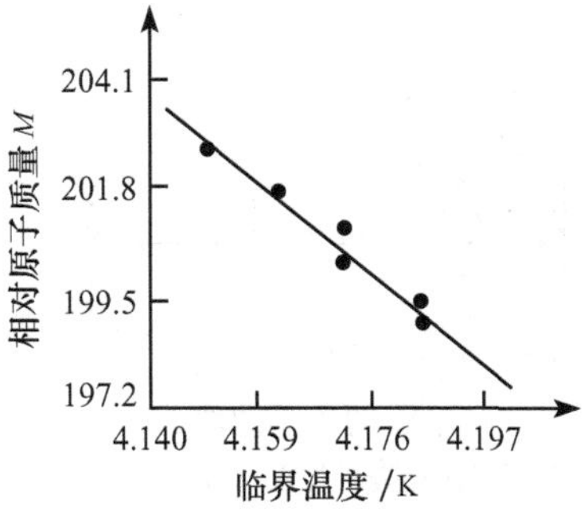

图 4.1.4 汞的同位素效应

会晶格振动，且晶格振动频率 ω 也有下述关系：

$$\omega \approx M^{-\frac{1}{2}}$$

因此，同位素效应告诉我们，电子、声子之间的相互作用也许是超导电性的根源.

4.1.4　比热容突变与能隙

实验发现，在没有磁场的情况下，样品在临界温度进入超导态时，没有潜热的吸收和放出，但样品的比热容发生突变. 在 T_C 处，超导态比热容 C_S 大于正常比热容 C_N，如图 4.1.5(b)所示. 金属的比热容包括晶格比热容和电子比热容两部分. 当金属由正常态进入超导态时，由 X 射线衍射发现晶体结构并无变化. 所以，超导态的晶体比热容仍与正常态一样，超导态和正常态比热容之差主要是来自电子比热容的变化.

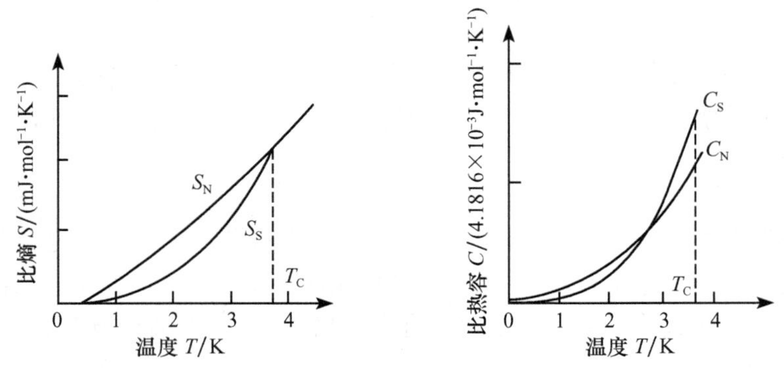

(a) 1 摩尔超导态锡在不同温度下的比熵　　(b) 锡的电子比热容随温度的变化

图 4.1.5　比热容突变

由比热容公式 $C=T\left(\frac{\partial S}{\partial T}\right)$可知，在 T_C 处，$C_S>C_N$ 表明，在 T_C 处超导态电子的比熵比它处在正常态随温度降低而更迅速地下降. 所以，超导态电子比正常态有序度更高[图 4.1.5(a)].

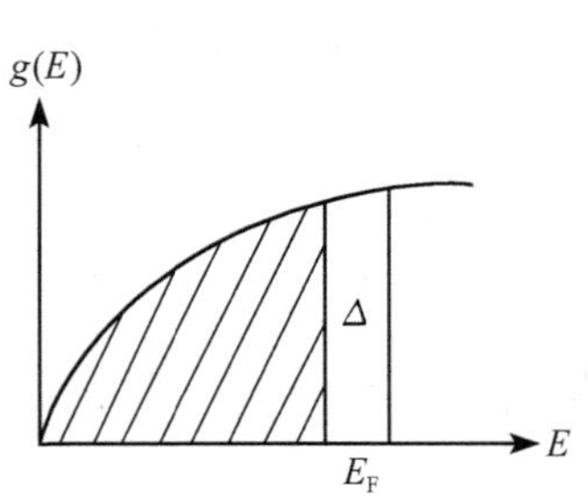

图 4.1.6　超导态密度 $g(E)$ 与 E 的关系曲线

阴影线区域表示在 $T=0$K 时电子填充区域，Δ 为位于费米能级处的超导能隙

实验结果表明，在超导态温度区域，电子比热容按指数形式随温度变化（此时晶格的比热容 $C_q \sim T^3$）为

$$C_S \sim e^{-\Delta/(k_B T)} \qquad (4.1.8)$$

这种指数行为意味着超导电子的能谱中存在能隙，此能隙位于费米能级处（图 4.1.6），它使电子不易被激发，导致比热容非常小. 只有那些获得 Δ 能量的电子，才能进入激发态而对比热容有贡献，按玻尔兹曼统计，这种电子的数目正是正比于 $e^{-\Delta/(k_B T)}$.

能隙的宽度Δ约为k_BT_C量级，这是因为温度上升到T_C时，电子进入正常态. 以一个典型值$T_C=5K$计算，$\Delta\approx10^{-4}eV$，比正常电子的带隙小得多. 正因为如此，金属的超导电性只能在极低温度下出现.

4.1.5 磁通量冻结及其量子化

把环形超导样品在$T>T_C$的温度下放入垂直于其平面的磁场中，如图4.1.7所示. 然后冷却到T_C以下，使之处于超导态. 再后撤掉磁场. 此时超导环所围面积的磁通量依然不变，它由超导环表面的超导电流维持着. 这种现象称为**磁通量冻结**. 而且冻结磁通量的取值是量子化的，有

$$\phi_L = n\phi_0, \qquad n = 0,1,2,\cdots \tag{4.1.9}$$

式中，最小单位$\phi_0=h/(2e)=2.06785\times10^{-15}Wb$.

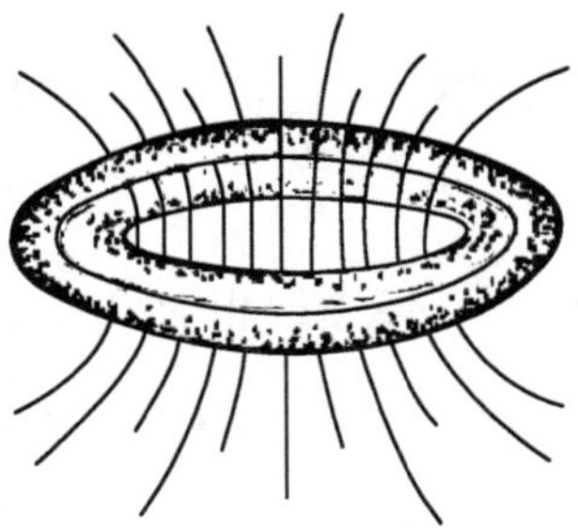

图 4.1.7 超导环中的磁通线

除了上述的几种有关超导电态的实验现象外，还有一些其他现象，例如超导态温差电势为零等，这里不一一列举. 这些现象是研究超导电性的出发点，是建立超导理论的实验基础.

4.2 超导转变热力学

迈斯纳效应以及其他实验现象都表明超导电性是一个热力学平衡态. 有正常态进入超导态或者相反过程都可以看成是一个相变过程. 如图4.1.3(a)所示，曲线$H_C(T)$把H-T图划分成超导态和正常态两个区域，$H_C(T)$曲线上两相平衡共存，体系跨越$H_C(T)$线时将发生正常态和超导态的可逆相变. 本节从相变角度，用热力学的方法讨论超导转变. 其目的在于把超导的一些实验现象联系起来，为认识超导转变的本质提供某些有启发性的线索.

4.2.1 超导态的凝聚能密度

像在通常情况下的固体热力学一样，可认为超导转变是在恒定压力下是进行的. 因此，选择吉布斯自由能作为热力学特性函数. 由于在超导转变中，体积的变化ΔV极微，可忽略不计，但必须考虑外磁场对超导体磁化所做的功，因此，热力学参变量可选为T、$\boldsymbol{H}$，其吉布斯自由能密度为

$$g = u - Ts - \mu_0\boldsymbol{M}\cdot\boldsymbol{H} \tag{4.2.1}$$

式中，$u=E/V$是内能密度，$s=S/V$是熵密度，$\boldsymbol{M}$为磁化强度，$\boldsymbol{H}$为磁场强度，μ_0为真空磁导率. 其微分形式为

$$\mathrm{d}g = -s\mathrm{d}T - \mu_0\boldsymbol{M}\cdot\mathrm{d}\boldsymbol{H} \tag{4.2.2}$$

若用$g_N(T,\boldsymbol{H})$表示正常态的自由能密度，因超导材料都不是铁磁体，在通常情况

下 $\boldsymbol{M}=0$，所以正常态的自由能可认为与磁场无关，即

$$g_N(T,\boldsymbol{H}) = g_N(T,0) = g_N(T) \tag{4.2.3}$$

对超导态，若用 $g_s(T,0)$ 表示无磁场时的自由能密度，由式(4.2.2)，有

$$\left(\frac{\partial g}{\partial \boldsymbol{H}}\right)_T = -\mu_0 \boldsymbol{M}$$

所以，有磁场时超导态自由能密度 $g_s(T,H)$ 可表示为

$$g_s(T,\boldsymbol{H}) = g_s(T,0) + \int_0^H (-\mu_0 M) \cdot \mathrm{d}H \tag{4.2.4}$$

由迈纳斯效应，有 $\boldsymbol{M}=-\boldsymbol{H}$，代入式(4.2.4)，得

$$g_s(T,\boldsymbol{H}) = g_s(T,0) + \frac{1}{2}\mu_0 H^2 \tag{4.2.5}$$

在 $H=H_C(T)$ 相变线上，两相的自由能相等，有

$$g_N(T,H_C) = g_s(T,H_C) = g_s(T,0) + \frac{1}{2}\mu_0 H_C^2 \tag{4.2.6}$$

图 4.2.1 给出了 $T<T_C$ 时，超导态和正常态的吉布斯自由能密度与外磁场的关系. 比较式(4.2.3)、(4.2.5)和(4.2.6)，可以看出，在给定温度 $T(<T_C)$ 情况下，存在着以下 3 种情况：

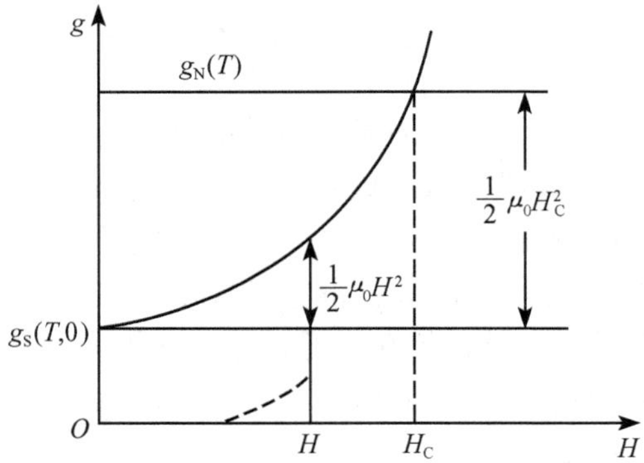

图 4.2.1　$T<T_C$ 时超导态和正常态的自由能与外磁场的关系

(1) 如果 $H<H_C$，则 $g_N(T)>g_s(T,\boldsymbol{H})$，超导态自由能小于正常态自由能，体系处于超导态.

(2) 如果 $H>H_C$，则 $g_N(T)<g_s(T,\boldsymbol{H})$，体系处于正常态.

(3) 如果 $H=H_C$，则 $g_N(T)=g_s(T,\boldsymbol{H})$，体系处于两相共存与转变过程.

定义在相同温度下正常态与零磁场下超导态的吉布斯自由能之差

$$\Delta g = g_N(T) - g_s(T,0) = \frac{1}{2}\mu_0 H_C^2(T) \tag{4.2.7}$$

为超导态的凝聚能密度. Δg 可看成是把超导体等温地从磁场为零处移到磁场为

$H_c(T)$处,变为正常态过程中,外磁场对单位体积超导体所做的功. 当 $T\to 0$ 时,有

$$\Delta g \to \Delta g_{\max} = \frac{1}{2}\mu_0 H_C^2(0)$$

若取典型值 $H_C(0)=500\text{G}$,则 $\Delta g_{\max}\approx 10^3\text{J/m}^3$. 这表明超导态的自由能比正常态的低,超导电子以某种方式更紧密地聚集在一起. 超导态的凝聚能密度很小,以金属铝为例,在临界场中每个电子的平均凝聚能为 1.5×10^{-9}eV,而电子之间的库仑相互作用能为 1eV. 由此看来,电子之间的库仑作用能不可能成为金属超导电性的根源.

4.2.2　熵变与比热容

根据热力学,单位体积的熵可由

$$S = -\left(\frac{\partial g}{\partial T}\right)_H$$

求得. 把式(4.2.3)、式(4.2.5)代入上式,可求得正常态和超导态的熵密度之差

$$S_N - S_S = -\mu_0 H_c \frac{dH_C(T)}{dT} \tag{4.2.8}$$

当 $T=T_C$ 时,$H_C(T_C)=0$[式(4.1.4)],所以 $S_N=S_S$.

当 $T\to 0$K 时,$\left(\frac{dH_C(T)}{dT}\right)_{T=0}=0$,所以也有 $S_N=S_S$.

当 $0\text{K}<T<T_C$ 时,$\frac{dH_C}{dT}<0$,故有 $S_N>S_S$.

由此可知,超导态的熵总不会大于正常态的熵,这表明超导态比正常态更加有序.

单位样品由超导态转变为正常态所吸收的热量——相变潜热 L 可表示为

$$L = T(S_N - S_S) = -\mu_0 T H_C \frac{dH_C(T)}{dT} \tag{4.2.9}$$

由此可知,在 $0\text{K}<T<T_C$ 范围内,$L>0$,从超导态到正常态是吸热的;相反从正常态到超导态是放热的. 因此这是一级相变. 在 $T=T_C$ 时,$H_C=0$,因而 $L=0$;在 $T=0$K 时,$\frac{dH_C}{dT}=0$,因而也有 $L=0$. 因此在这两种情况下超导转变是一个二级相变.

根据热力学,体系的比热容为

$$C = T\frac{dS}{dT}$$

把式(4.2.8)代入上式,可得正常态与超导态比热容的差

$$C_N - C_S = T\left(\frac{dS_N}{dT} - \frac{dS_S}{dT}\right) = -T\mu_0\left[H_C\frac{d^2H_C}{dT^2} + \left(\frac{dH_C}{dT}\right)^2\right] \tag{4.2.10}$$

把 $T=T_C$,$H_C=0$,代入上式,可得在临界温度下的比热容差

$$C_N(T_C) - C_S(T_C) = -T_C\mu_0\left(\frac{dH_C(T)}{dT}\right)^2_{T_C} \tag{4.2.11}$$

由于在 $T=T_C$ 时，$\left(\frac{dH_C}{dT}\right)_{T_C}<0$，所以在相变中，比热容有一个突变. 这与其前面所述的实验事实一致，说明把超导转变看作热力学平衡相变是合理的.

4.3 超导电现象的唯象理论

为了解释超导电性的实验现象，除了上述热力学方法外，曾经提出许多进一步的假定和模型，称之为**超导电现象的唯象理论**. 其中最富有成果的是二流体模型、伦敦(London)方程、金兹堡-朗道(Ginzburg-Landau)方程等. 简要介绍如下.

4.3.1 二流体模型

二流体模型是超导电现象最简单的图像，该模型假定：

(1) 在超导状态下，超导体内有两种传导电子，一种为正常电子，浓度为 n_N；另一种为超导电子，浓度为 n_S. 传导电子的总浓度$n=n_N+n_S$. 在超导体内两类电子共存，但互相独立地运动.

(2) 正常电子与通常金属中的自由电子气的性质相同，它们受晶格散射，有不等于零的熵. 而超导电子具有与正常电子不同的特殊性质：它们不受晶格散射，它们处于一种特殊的状态，都被冻结在一最低能态上，因而有无限大的电导率和等于零的熵. 超导电子有很大的相干长度，约为 10^3 nm 数量级，相干长度可以看作超导电子波函数的空间分布范围.

(3) 超导电子数目与温度有关，为了与实验拟合，假设超导电子浓度

$$n_S = n\left[1-\left(\frac{T}{T_C}\right)^4\right] \tag{4.3.1}$$

$T=0$K 时，$n_S=n$，全部都是超导电子；随着温度的升高，超导电子减少；当 $T=T_C$ 时，全部为正常电子.

很容易利用二流体模型说明前面提到的能隙，把一个超导电子转变为正常电子，相当于把它从冻结能级激发到正常能级，需要吸收额外的能量(凝聚能 Δg)，这个能量就是能隙.

二流体模型对零电阻现象的解释是：当 $T<T_C$ 时，超导体内存在有超导电子，其电导率为无穷大，由于它们的短路作用，使整个超导体的电阻变为零.

根据超导电子的模型，若超导电子的有效电荷为 $-e^*$，有效质量为 m^*，在电场 $\boldsymbol{\varepsilon}$ 作用下，由于无散射作用，其运动方程为

$$m^* \cdot \frac{d\boldsymbol{v}}{dt} = -e^*\boldsymbol{\varepsilon} \tag{4.3.2}$$

又因超导电子的电流密度为

$$\boldsymbol{j}=-n_{\mathrm{S}}e^{*}\boldsymbol{v} \tag{4.3.3}$$

从而得到显示零电阻特性的方程

$$\frac{\mathrm{d}\boldsymbol{j}}{\mathrm{d}t}=\frac{-n_{\mathrm{S}}e^{*2}}{m^{*}}\frac{\mathrm{d}\boldsymbol{v}}{\mathrm{d}t}=\frac{n_{\mathrm{S}}e^{*2}}{m^{*}}\boldsymbol{\varepsilon} \tag{4.3.4}$$

上式取旋度，代入麦克斯韦方程式

$$\nabla\times\boldsymbol{\varepsilon}=-\frac{\partial\boldsymbol{B}}{\partial t} \tag{4.3.5}$$

中，并利用 $\boldsymbol{B}=\nabla\times\boldsymbol{A}$，$\boldsymbol{A}$ 为矢势，得

$$\frac{\partial}{\partial t}\left[\frac{m^{*}}{n_{\mathrm{S}}e^{*2}}\nabla\times\boldsymbol{j}+\boldsymbol{B}\right]=0 \tag{4.3.6}$$

至此，二流体模型并未能说明迈斯纳效应.

4.3.2 伦敦方程

为了说明迈斯纳效应，伦敦认为持续不衰的超导电流是一种宏观量子效应，就像原子中电子绕原子核运动的永恒电流一样. 由于超导电子都处在同一状态，故可用相同的波函数描述. 假定超导电子浓度

$$n_{\mathrm{S}}(\boldsymbol{r})=\psi^{*}(\boldsymbol{r})\psi(\boldsymbol{r})=|\psi|^{2} \tag{4.3.7}$$

由此可把超导电子波函数写成

$$\psi(\boldsymbol{r})=[n_{\mathrm{S}}(\boldsymbol{r})]^{\frac{1}{2}}\mathrm{e}^{\mathrm{i}\varphi(\boldsymbol{r})} \tag{4.3.8}$$

$\varphi(\boldsymbol{r})$为相因子. 按照量子力学，超导电流密度

$$j_{\mathrm{S}}(r)=\frac{ie^{*}\hbar}{2m^{*}}(\psi\nabla\psi^{*}-\psi^{*}\nabla\psi)-\frac{e^{*2}}{m^{*}}A\psi\psi^{*} \tag{4.3.9}$$

把式(4.3.8)代入上式，并假定 $n(r)$是均匀的，得

$$j_{\mathrm{S}}(r)=-n_{\mathrm{S}}\frac{e^{*2}}{m^{*}}\left[\frac{\hbar}{e^{*}}\nabla\varphi-\boldsymbol{A}(\boldsymbol{r})\right] \tag{4.3.10}$$

上式两边取旋度，并注意到$\nabla\times(\nabla\varphi)=0$，得

$$\frac{m^{*}}{n_{\mathrm{S}}e^{*2}}\nabla\times\boldsymbol{j}_{\mathrm{S}}=-\boldsymbol{B}\quad 或\quad \boldsymbol{B}=-\frac{m^{*}}{n_{\mathrm{S}}e^{*2}}\nabla\times\boldsymbol{j} \tag{4.3.11}$$

伦敦把上式和表示零电阻特性的式(4.3.4)一起作为决定超导态电磁性质的基本方程，称之为**伦敦方程**.

把麦克斯韦方程

$$\nabla\times\boldsymbol{B}=\mu_0\boldsymbol{j} \tag{4.3.12}$$

两边取旋度，得到

$$\nabla\times(\nabla\times\boldsymbol{B})=\boldsymbol{\mu}_0\nabla\times\boldsymbol{j} \tag{4.3.13}$$

并考虑到矢量微分公式$\nabla\times(\nabla\times\boldsymbol{B})=\nabla(\nabla\cdot\boldsymbol{B})-\nabla^2\boldsymbol{B}$ 以及磁场的无散性$\nabla\cdot\boldsymbol{B}=0$，并

把式(4.3.11)代入式(4.3.13),得

$$\nabla^2 \boldsymbol{B} = \frac{\mu_0 n_S e^*}{m^*}\boldsymbol{B} = \frac{1}{\lambda_L{}^2}\boldsymbol{B} \tag{4.3.14}$$

式中,$\lambda_L = [m^*/(\mu_0 n_S e^{*2})]^{1/2}$称为超导体的穿透深度.对于大多数具有超导电性的金属元素,λ_L 为$10^{-6}\sim10^{-7}$m.式(4.3.14)是超导态样品体内磁场分布所满足的方程.下面以一维情况为例说明由此方程所能得到的重要结果.

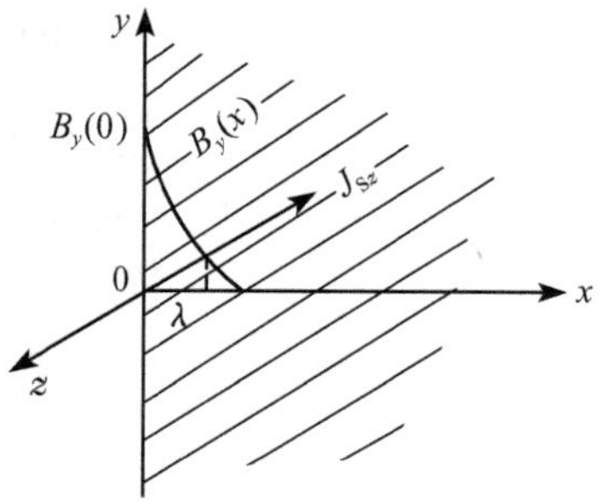

图 4.3.1　磁场的穿透

设一半无限超导体,位于 $x\geqslant0$ 的空间,并设磁场 $\boldsymbol{B}$ 沿 y 方向,即 $B=B_y$,如图 4.3.1 所示.此时方程(4.3.14)变为

$$\frac{\partial^2 B_y}{\partial x^2} = \frac{1}{\lambda_L^2}B_y \tag{4.3.15}$$

其解为

$$B_y(x) = B_y(0)e^{-x/\lambda_L} \tag{4.3.16}$$

$B_y(0)$是超导体表明 $x=0$ 处的磁感应强度.式(4.3.16)表明,超导体内的磁感应强度以指数规律迅速衰减.当 $x\gg\lambda_L$ 时,$B_y(x)\to0$;在 $0<x<\lambda_L$ 时,超导体内有较强的磁场.由此,可得到以下两个重要的结果:

(1) 磁场将透入超导体内,透入体内的深度为

$$\lambda_L = \left(\frac{m^*}{\mu_0 n_S e^{*2}}\right)^{1/2} = \lambda(0)\left[1-\left(\frac{T}{T_C}\right)^4\right]^{-1/2} \tag{4.3.17}$$

式中,$\lambda(0)=\left(\frac{m^*}{\mu_0 n_S e^{*2}}\right)^{1/2}$为 $T=0$K 时的穿透深度[已用到式(4.3.1)].取适当的值可计算 $\lambda=10^2$nm 的量级,所以磁场穿透深度很小.在超导体内部 B 实际为 0,呈完全抗磁性.因此伦敦理论不仅解释了迈斯纳效应,还预言了穿透深度,此预言后来被实验所证实,它是伦敦理论的一个巨大成就.

(2) 在超导体表面有超导电流.把式(4.3.16)代入麦克斯韦方程$\nabla\times\boldsymbol{B}=\mu_0\boldsymbol{j}$,得

$$j_{S_z} = \frac{1}{\mu_0\lambda_L}B_y(0)e^{-x/\lambda_L} \tag{4.3.18}$$

表明在表面很薄一层内产生沿 z 方向的表面电流.正是这个表面电流的磁场抵消了外磁场,使超导体内的 $B=0$.因而也称之为抗磁电流或屏蔽电流.由此又一次看到,不能把处于超导态的超导体看作正常的理想导体.因为正常导体的电流是均匀通过整个样品的.

4.3.3　磁通量子化现象

由于在外磁场中,超导体表面存在电流,这就不难解释磁通量冻结现象.下面说明磁通量的量子化现象,仍以式(4.3.8)为讨论的出发点.

根据伦敦理论的结论，超导体内的 $\boldsymbol{B}$ 和 $\boldsymbol{j}$ 都为零. 所以，由式(4.3.10)可得

$$-\hbar\nabla\varphi(\boldsymbol{r}) = e^{*}A(\boldsymbol{r}) \tag{4.3.19}$$

把上式两边沿超导环体内围绕磁场任一闭合曲线积分，如图 4.1.7 所示，有

$$\oint\nabla\varphi(\boldsymbol{r})\cdot \mathrm{d}\boldsymbol{l} = \varphi_2 - \varphi_1 \tag{4.3.20}$$

由于 $n_\mathrm{S}=\psi\psi^{*}$ 是可观测量，因此 ψ 必须是单值，即

$$\varphi_2 - \varphi_1 = 2\pi n, \qquad n = 0, \pm 1, \pm 2, \cdots \tag{4.3.21}$$

利用斯托克斯定理

$$\oint\boldsymbol{A}\cdot \mathrm{d}l = \iint_s \nabla\times\boldsymbol{A}\cdot \mathrm{d}\boldsymbol{S} = \iint\boldsymbol{B}_\mathrm{S}\cdot \mathbf{ds} = \phi_\mathrm{L} \tag{4.3.22}$$

由式(4.3.21)、式(4.3.22)及式(4.3.20)，得

$$\phi_\mathrm{L} = \frac{2\pi\hbar}{e^{*}}n = n\phi_0 \tag{4.3.23}$$

$$\phi_0 = \frac{h}{e^{*}} \tag{4.3.24}$$

把式(4.3.23)与实验、公式(4.1.9)比较，只需认为超导电子的有效电量 $e^{*}=2e$，两者就完全一致. 这不仅解释了磁通量子化现象，也给我们以重要启示：超导电子并不是普通电子，由于它的有效电量为 $2e$，因而可看成是由某方程结合在一起的电子对. 这成为后面将要阐述的 BCS 理论的基础.

4.3.4 金兹堡-朗道理论

金兹堡-朗道理论也是以二流体模型为基础的，其超导电子浓度 n_S 及超导电子波函数仍为式(4.3.7)和式(4.3.8)所描述. 但认为电子波函数不是直接由薛定谔方程决定的，而是由热力学平衡条件，即吉布斯自由能取极小值来确定$\psi(\boldsymbol{r})$所满足的方程决定的. 下面我们仅予以简略介绍.

1. 超导体的吉布斯自由能密度

在临界温度附近($T<T_\mathrm{C}$)，外磁场 B 中的超导体吉布斯自由能密度应由三部分组成：无外磁场的自由能密度 $g_\mathrm{S}(0)$，磁场能量密度 $B^2/(2\mu_0)$，以及超导电子的动能密度 $n_\mathrm{S}\times\frac{1}{2}m^{*}v^2$，即

$$g_\mathrm{S}(B) = g_\mathrm{S}(0) + \frac{B^2}{2\mu_0} + \frac{1}{2}n_\mathrm{S}m^{*}v^2 \tag{4.3.25}$$

式中的第三项可写成 $n_\mathrm{S}(m^{*}v)^2/(2m^{*})=|P\psi|^2/(2m^{*})$，$\boldsymbol{P}$ 为超导电子的机械动量. 若磁场的矢势为 $\boldsymbol{A}$，则 $\boldsymbol{B}=\nabla\times\boldsymbol{A}$，则电子的正则动量

$$\boldsymbol{P}' = \boldsymbol{P} + (-e^{*}\boldsymbol{A}) = \boldsymbol{P} - e^{*}\boldsymbol{A}$$

变上式为算符形式，则

$$\hat{\boldsymbol{P}} = -\mathrm{i}\hbar\,\nabla + e^{*}\boldsymbol{A}$$

所以式(4.3.25)右边第三项可写成

$$n_{\mathrm{S}} \times \frac{1}{2}m^{*}v^{2} = \frac{1}{2m^{*}}\,|\,(-\mathrm{i}\hbar\,\nabla + e^{*}\boldsymbol{A})\psi\,|^{2} \tag{4.3.26}$$

上式已用到 $n_{\mathrm{S}}=|\psi|^2$.

由于在临界温度附近，超导电子浓度很小，因而超导体在无外磁场情况下的吉布斯自由能密度 $g_{\mathrm{S}}(0)$ 可在临界温度附近用 $|\psi|^2$ 展开，即

$$g_{\mathrm{S}}(0) = g_{\mathrm{N}}(0) + \alpha\,|\,\psi\,|^{2} + \frac{\beta}{2}\,|\,\psi\,|^{4} \tag{4.3.27}$$

式中，$g_{\mathrm{N}}(0)$ 是正常态的自由能密度，α、β 为展开系数，可从经验考虑予以确定. 由于 $n_{\mathrm{S}}=|\psi|^2$ 很小，式(4.3.27)中高次项已经略去. 把式(4.3.26)和式(4.3.27)代入式(4.3.25)中，得

$$g_{\mathrm{S}}(B) = g_{\mathrm{N}}(0) + \alpha\,|\,\psi\,|^{2} + \frac{\beta}{2}\,|\,\psi\,|^{4} + \frac{1}{2m^{*}}\,|\,(-\mathrm{i}\hbar\,\nabla + e^{*}A)\psi\,|^{2} + \frac{B^{2}}{2\mu_{0}} \tag{4.3.28}$$

2. 金兹堡-朗道方程

由式(4.3.28)看出，$g_{\mathrm{S}}(B)$ 是 ψ 和 $\boldsymbol{A}$ 的函数. 由于 $n_{\mathrm{S}}=|\psi|^2$ 是否为 0 是正常态与超导态的判别标准，称 n_{S} 为超导态的序参量，金兹堡-朗道理论认为 $\psi(r)$ 本身就是序参量，因此可认为 $g_{\mathrm{S}}(B)$ 直接是 ψ 的函数.

在热力学平衡态，$g_{\mathrm{S}}(B)$ 应取极小值，即须满足

$$\frac{\delta g_{\mathrm{S}}(B)}{\delta\psi} = 0 \quad 及 \quad \frac{\delta g_{\mathrm{S}}(B)}{\delta\boldsymbol{A}} = 0 \tag{4.3.29}$$

把式(4.3.28)代入式(4.3.29)，可得

$$\frac{1}{2m^{*}}(-\mathrm{i}\hbar\,\nabla + e^{*}\boldsymbol{A})^{2}\psi + \alpha\psi + \beta\,|\,\psi\,|^{2}\psi = 0 \tag{4.3.30}$$

$$\boldsymbol{j}_{\mathrm{S}} = \frac{\mathrm{i}\hbar e^{*}}{2m^{*}}(\psi^{*}\,\nabla\psi - \psi\,\nabla\psi^{*}) - \frac{(e^{*})^{2}}{m^{*}}\,|\,\psi\,|^{2}\boldsymbol{A} \tag{4.3.31}$$

以上两式称为**金兹堡-朗道方程**. 由于这两个方程是相互耦合的非线性方程，要严格求解是相当困难的. 下面仅就一些简单情形，说明从金兹堡-朗道方程所能得到的重要结果.

3. 相干长度

对磁场和 ψ 的梯度很小的情形，可略去式(4.3.30)中的第一项，即

$$\alpha\psi + \beta\,|\,\psi\,|^{2}\psi = 0 \tag{4.3.32}$$

由此得

$$|\psi|^2 = -\frac{\alpha}{\beta} = |\psi_0|^2 \tag{4.3.33}$$

这说明在弱磁场条件下,“有效波函数”所表示的 n_S 不随 r 变化,称之为 ψ 是刚性的. 同时,式(4.3.31)简化成为伦敦方程 $j_S = -\frac{e^{*2}}{m^*}|\psi_0|^2\mathbf{A}$,再与麦克斯韦方程联立求解,得到伦敦磁场穿透深度

$$\lambda_L = \left(\frac{m^*}{\mu_0 |\psi_0|^2 e^{*2}}\right)^{1/2}$$

对序参量 $\psi(r)$ 随空间的变化不可忽略,但无外磁场的情况,一维问题式(4.3.30)可写为

$$-\frac{\hbar^2}{2m^*}\frac{\mathrm{d}^2\psi}{\mathrm{d}x^2} + \alpha\psi + \beta|\psi|^2\psi = 0 \tag{4.3.34}$$

令

$$\psi(x) = \psi_0 + f(x)$$

并注意到 $\beta = -\alpha/|\psi_0|^2$,可得关于 $f(x)$ 的微分方程

$$\frac{\mathrm{d}^2 f}{\mathrm{d}x^2} - \frac{4m^*|\alpha|}{\hbar^2} f = 0 \tag{4.3.35}$$

令

$$\xi^2 = \frac{\hbar^2}{4m^*|\alpha|} \tag{4.3.36}$$

得

$$f = \psi - \psi_0 = Ce^{-x/\xi} \tag{4.3.37}$$

上式描述了“有效波函数”随空间变化的那一部分. 显然超导电子浓度有显著变化的范围约为 ξ,这个范围就是**相干长度**,通常 $\xi \sim 10^{-6}\,\mathrm{m}$,大于穿透浓度 $\lambda_L(\lambda_L) = 10^{-8}\,\mathrm{m}$. 这在超导理论中是一个相当重要的概念.

4. 上临界磁场　第二类超导体

在 $B > B_C$ 的情况下,对于位于 $x \geqslant 0$ 的半无限大超导体,若在下述条件下:

$$B = B_0, \qquad A(x) = B_0 x$$

且令 $\psi = \psi_0 + f(x)$,则式(4.3.30)可写成

$$\frac{\mathrm{d}^2 f}{\mathrm{d}x^2} = -\frac{1}{\xi^2}\left(1 - \frac{B_0^2 x^2}{2H_C\lambda^2\mu_0^2}\right)f \tag{4.3.38}$$

由数理方程得知,此方程仅当 B_0 满足条件

$$B_0 = \mu_0 H_C \frac{\lambda_L}{\xi}\frac{\sqrt{2}}{(2n+1)}, \qquad n = 0, \pm 1, \pm 2, \cdots \tag{4.3.39}$$

时才有解. 否则当 $x \to \infty$ 时, f 将发散.

由式(4.3.39)可看出, 当 $\lambda_L/\xi > (2n+1)/\sqrt{2}$ 时, 超导体内的磁场 $H_0 = B_0/\mu_0$ 将超过临界磁场 H_C. 外磁场的最大允许值($n=0$ 所对应的值), 就是上临界磁场

$$H_{C2} = H_C \frac{\lambda_L}{\xi} \times \sqrt{2}$$

具有上临界磁场的材料就是前面讲过的**第二类超导材料**, 这是金兹堡-朗道超导理论的重要成果之一.

4.4　超导电性的微观理论

前述的宏观唯象理论虽然可以解释超导电性的一些现象, 但不能说明超导电性的本质起因. 真正试图从微观本质上说明超导电性, 并被人们所接受的超导电性是 1957 年由巴丁(Bardeen)、库珀(Cooper)和施里弗(Schrieffer)提出的 BCS 理论. 详细介绍 BCS 理论需要较多量子力学基础和复杂计算, 为了简明, 本节仅就其基本假定、基本机制和所得到的基本要点作简要介绍.

4.4.1　库珀对及其形成机制

任何一种有效理论必须以实验事实为依据, BCS 理论也不例外, 它是在实验和唯象研究的基础上提出的. 二流体模型认为超导态中存在一种特殊载流子——超导电子. 由磁通量量子化的伦敦理论可知, 超导电子的有效电量是正常电子的 2 倍. BCS 理论以这个事实作为其实验基础, 认为材料处于超导态时, 电子处在一种特殊的状态: 费米面附近的电子形成电子配对, 每个电子对的能量比两个独立电子的能量和小, 并把这种电子对状态称为**库珀对**(Cooper pair), 它是 BCS 理论的基础.

但是库珀对的概念是与电子基本性质相矛盾的. 由于库仑排斥力, 两个电子是不能形成束缚态的. 那么超导态中的库珀对究竟是怎样形成的呢? 同位素效应为此提供了有益线索: 既然同位素晶体之间差别仅在于组成晶格的原子质量不同, 从而引起晶格振动频率的不同, 那么同位素材料的临界温度 T_C 仅与原子质量有关的事实正说明超导电性与晶格振动有关. 通过对大量元素的考察也说明了这一点: 良导体都不是超导体, 临界温度较高的超导体在正常情况下都是电阻率较高的不良导体. 由于电阻率的大小反映了电子-声子相互作用的大小, 这就告诉我们 T_C 高的超导体是电子-声子作用较强的材料. 这些都启示我们, 晶格振动(声子)与电子的相互作用是超导电性根源的探讨方向.

在这些实验事实的启发下, BCS 理论提出, 电子是通过晶格振动, 或者说通过交换声子克服库仑排斥力, 产生相互作用吸引, 结合成超导电子对——库珀对的.

对此可以这样理解：设想处在费米面附近的两个电子 1 和 2，彼此在某一时刻相距很近，由于电子 1 对处于格点位置的正离子有吸引作用，使得它周围的正电荷向它靠拢，从而电子 1 周围在某一瞬间呈现正电子性，从而对电子 2 产生吸引作用. 这就表现为电子 1 通过晶格离子的偏移而间接地吸引电子 2. 由于晶格离子的偏移必然引起格波，所以也可以说电子 1 和 2 之间的相互吸引是通过交换声子实现的. 波矢为 $\boldsymbol{k}_1$ 的电子与晶格作用发射矢波为 $\boldsymbol{q}$ 的声子而跃迁到波矢 $\boldsymbol{k}_1'=\boldsymbol{k}_1-\boldsymbol{q}$ 态，波矢为 $\boldsymbol{k}_2$ 的电子吸引这个声子跃迁到 $\boldsymbol{k}_2'=\boldsymbol{k}_2+\boldsymbol{q}$，这个过程如图 4.4.1 所示. 若这两个电子的能量分别为 $E(\boldsymbol{k}_1)$ 和 $E(\boldsymbol{k}_2)$，根据量子力学跃迁理论的计算分析表明，当满足条件

$$|E(\boldsymbol{k}_1)-E(\boldsymbol{k}_2)|<\hbar\omega_q \tag{4.4.1}$$

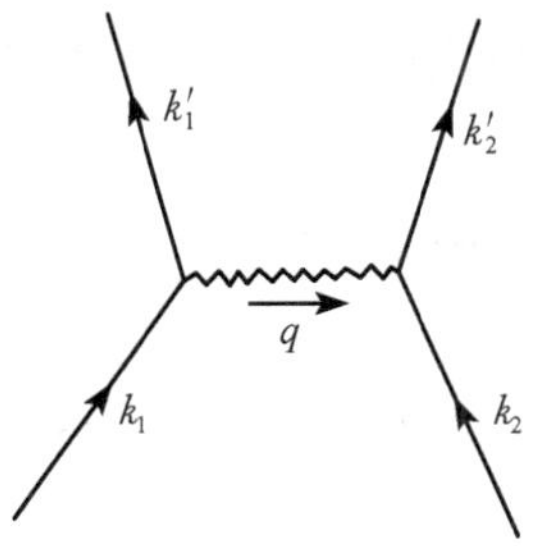

(a) 由声子传递的电子-电子相互作用

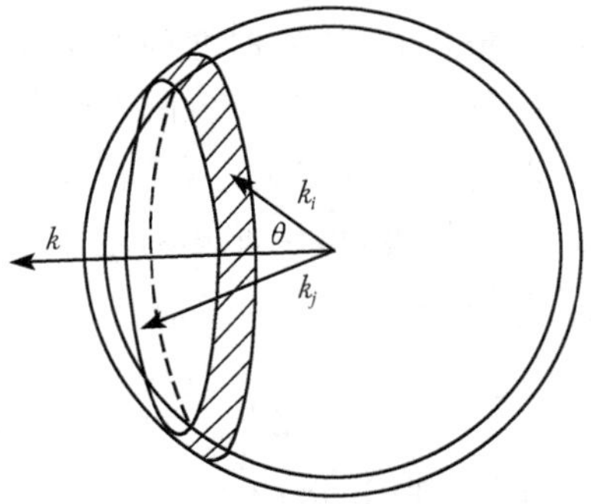

(b) 形成总的波矢量为 k 的电子对

图 4.4.1 电子-声子相互作用产生库珀对的微观机制

时，两个电子通过交换声子将产生净吸引，这就是电子-声子相互作用产生库珀对的微观机制.

下面我们分析库珀对中的电子处于什么状态. 由于泡利不相容原理，费米面能级以下的深能态已被电子所填满，它们难以通过吸收或发射声子与其他能级相近的电子发生作用，只有费米面附近的电子才可能通过声子产生相互作用. 但是能够产生净吸引作用的过程必须满足式(4.4.1)，因而只有费米面附近约 $\pm\hbar\omega_D$(ω_D 为德拜频率，是 ω_q 的最大值)范围内的电子才有可能产生间接相互吸引作用. 如前所述，费米面附近 $\boldsymbol{k}_1$、$\boldsymbol{k}_2$ 处两电子通过交换声子跃迁到 $\boldsymbol{k}_1'$ 和 $\boldsymbol{k}_2'$，如图 4.4.2(a)所示，并形成库珀对. 在这个过程中除了必须满足动量守恒

$$\boldsymbol{k}_1+\boldsymbol{k}_2=\boldsymbol{k}_1'+\boldsymbol{k}_2'=\boldsymbol{k} \tag{4.4.2}$$

外，$\boldsymbol{k}_1$、$\boldsymbol{k}_2$、$\boldsymbol{k}_1'$ 和 $\boldsymbol{k}_2'$ 还必须在 $\boldsymbol{k}_F$ 外厚度为 $\Delta k=m\omega_D/(\hbar k_F)$ 的球壳内. 这可用图 4.4.2(b)形象地表示出来. 图中两个球的半径均为 $\boldsymbol{k}_F$，两球心距离为 $|\boldsymbol{k}_1+\boldsymbol{k}_2|=\boldsymbol{k}$. 由图可知，只有在两个球壳相交的阴影区内的两个电子能同时满足式(4.4.1)和式(4.4.2)所表示的条件. 显然，此体积越大，参与交换声子的电子越多，产生净吸引

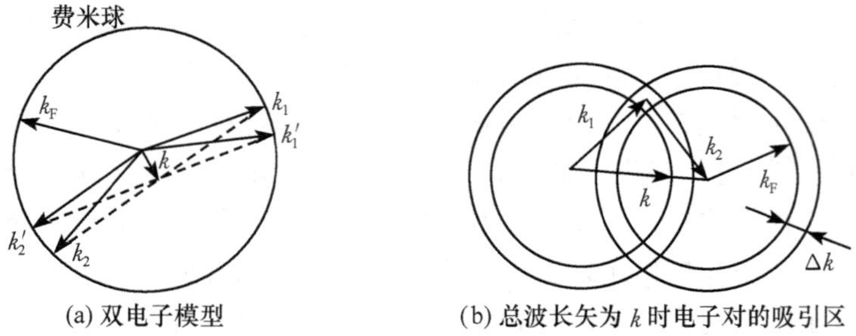

图 4.4.2　库珀对中的电子

可能性越大. 当然体系的能量也就越低. 当 $\boldsymbol{k}=0$ 时,两球壳重合,产生净吸引可能性最大,体系的能量也最低. 此时,形成库珀对的两个电子的波矢 $\boldsymbol{k}_1=-\boldsymbol{k}_2$,即两个电子的动量之和为零. 由泡利不相容原理知,这两个电子自旋相反. 因此,库珀对内最可能出现的电子状态是:两个电子波矢相反,自旋相反,可用($\boldsymbol{k}_1\uparrow,\boldsymbol{k}_2\downarrow$)表示. 因此库珀对是一个动量为零,自旋为零的玻色子.

库珀对的线度,可用库珀对电子之间的平均距离 ξ_0(相干长度)表示,ξ_0 可用测不准关系得到

$$\xi_0=\Delta x\sim\frac{1}{\Delta k}=\frac{\hbar k_F}{m\omega_D}=\frac{E_F}{\hbar\omega_D}\frac{1}{k_F}\sim10^4\times10^{-10}\,\text{m}=10^{-6}\,\text{m}$$

与金兹堡-朗道理论的结果一致.

4.4.2　BCS 理论要点

以库珀对为基础的 BCS 理论,其解释超导电性的主要论点是:

(1) 超导电子就是那些库珀电子对. 在 $T=0\text{K}$ 时,所有费米面附近的电子都形成库珀对:每个库珀对可看成是遵守玻色-爱因斯坦统计的复合粒子;并且所有的库珀对都处在具有相同能量的同一量子态中,可用同一波函数进行描述. 并称这种状态为**超导基态**.

由于库珀对的线度是 10^{-6} m,为晶格常数的几千倍,库珀对之间必然交叉重叠,因而库珀对在运动中是高度相关的.

(2) 超导能谱中存在能隙. 在 $T\neq0\text{K}$ 时,晶格的热振动可以把一些库珀对拆开变成正常电子. 温度越高,库珀对越少,正常电子越多. 当 $T=T_C$ 时,所有的库珀对都变成正常电子. 破坏库珀对需要一定的能量,这表明在超导能谱中存在能隙,它把超导基态与激发态分开. 能隙与温度有关. 在 $T=0\text{K}$ 时,BCS 理论求得能隙$\Delta(0)$为

$$\Delta(0)=2\hbar\omega_D e^{-1/[g(E_F)V]} \tag{4.4.3}$$

式中,ω_D 是德拜频率,$g(E_F)$是正常金属在费米能级处的能态密度,V 为电子之间

的有效相互作用矩阵元,它是代表电子-声子耦合强弱的系数. 随着温度升高,能隙 $\Delta(T)$将减小,在 $T=T_C$ 时,能隙消失. BCS 理论得出,能隙与温度之间的关系可表示为

$$\Delta(T) = 1.74\Delta(0)\left(1-\frac{T}{T_C}\right)^{1/2} \tag{4.4.4}$$

超导能隙可通过红外光吸收测定. 实验结果与上述结论很相符.

(3) 临界温度及其上限. BCS 理论得出的临界温度可表示成

$$k_B T_C = 1.13\hbar\omega_D e^{-1/[g(E_F)V]} \tag{4.4.5}$$

由于 $\omega_D \sim M^{1/2}$,因而式(4.4.5)可说明同位素效应. 另外式(4.4.5)表明 $g(E_F)V$ 越大,T_C 越高. 这意味着电子、声子耦合作用越强,越容易形成超导态. 但 V 大也意味着在正常态下的金属的电阻大,所以不良导体更容易出现超导态. 这与前面提到的实验事实完全一致.

由式(4.4.3)和式(4.4.5)可得

$$2\Delta(0) = 3.53k_B T_C \tag{4.4.6}$$

式(4.4.5)表明,T_C 有一上限. 后虽经多次修正,但许多科学家认为,在声子机制框架内,T_C 最多只能达到 40K.

(4) 超导电流是靠库珀对传输的. 在超导基态,所有库珀对的动量为零,没有电流. 当超导体处于**载流超导态**时,每个库珀对的总动量不再为零,所有的库珀对都获得一附加动量 $P=\hbar k$,表示成$[(\boldsymbol{k}_i+\boldsymbol{k}/2)\uparrow,(-\boldsymbol{k}_i+\boldsymbol{k}/2)\downarrow]$,即在载流态,超导体中的电子在 $\boldsymbol{k}$ 空间分布整体地移动了$\frac{\boldsymbol{k}}{2}$. 在 $0\text{K}<T<T_C$ 时,作为载流子的库珀对也会不断的受到晶格振动的散射. 但由于库珀对集合在运动中的高度相关性,且各库珀对的能量相等,散射作用只能使一个库珀对$[(\boldsymbol{k}_i+\boldsymbol{k}/2)\uparrow,(-\boldsymbol{k}_i+\boldsymbol{k}/2)\downarrow]$变成另一个库珀对$[(\boldsymbol{k}_j+\boldsymbol{k}/2)\uparrow,(-\boldsymbol{k}_j+\boldsymbol{k}/2)\downarrow]$,整个集合并无变化,集合总动量保持不变,所以电流没有变化. 这就是零电阻现象. 若散射破坏了库珀对,就会使电流减少,不过这种破坏库珀对的散射过程所需能量至少为 $2\Delta(T)$,因此常将超导态的能隙写成 $E_g=2\Delta(T)$. 在电流密度很低时,电流本身无法给库珀对提供这样多的能量,但这也意味着存在临界电流密度 I_C,超过 I_C 就会出现电阻.

根据 BCS 理论的上述要点,其他超导现象,如迈斯纳效应、比热容突变、磁通量子化等现象也可以得到解释.

4.5 隧道效应和约瑟夫森效应

本节讨论与超导体界面有关的电子运输现象,这些现象构成了超导电子学这一新型分支学科的基础,并在实际中得到广泛应用.

4.5.1　单电子隧道效应

当金属被一极薄的绝缘层隔开，构成金属-绝缘-金属的结型结构时，电子可以一定的概率穿透绝缘层而进入另一边金属的现象，成为**隧道效应**(tunnel effect).

根据泡利不相容原理，电子能够穿越绝缘层进入对面金属的条件是，进入金属中有与离出金属电子能级相同的空态(空穴).

1. N-I-N 结

两层正常金属被很薄的绝缘氧化层隔开，就构成正常金属-绝缘层-正常金属型结，简写为 N-I-N. 显然，当两金属的费米能级相等，且不加外电压时，结中无电流通过. 当加上外电压 V 时，两层金属费米能级相差 $-eV$，在这个能量范围内的电子隧道穿透形成净电流，电流 I 与 V 成正比. 如图 4.5.1 所示.

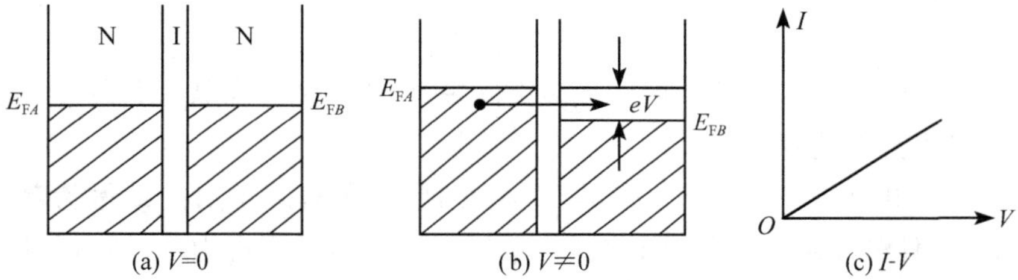

图 4.5.1　正常金属之间隧道效应

2. S-I-N 结

如果 N-I-N 结中的一个金属变为超导态时，就构成了**超导体-绝缘体-正常金属结**，称为 S-I-N 结. 其电流-电压曲线可用超导电子能谱中存在以费米能级为中心、宽度为 2Δ 的能隙来解释. 根据 BCS 理论，超导态单电子能态密度为

$$g_S(E)=\begin{cases}g_N(E)\left|\dfrac{E}{\sqrt{E^2-\Delta^2}}\right|, & |E|>\Delta\\ 0, & |E|<\Delta\end{cases}\qquad(4.5.1)$$

式中，$g_N(E)$为正常态的能态密度，E 为单电子激发态能量，这里已取费米能级为零点能. 由于 $g(E)$总是正的，所以加上绝对值符号. 当$|E|<\Delta$ 时，电子的能级处于能隙中，不存在电子态，所以 $g_S(E)$为 0，在$|E|\gg\Delta$ 时，$g_S(E)\approx g_N(E)$；当然$|E|\sim\Delta$ 时，$g_S(E)\to\infty$. 图 4.5.2 显示了超导态和正常态单电子能态密度的分布. 由图可知，在超导态时在费米能级附近 2Δ 能隙之内不存在电子态，与半导体能带中的带隙相类似. 当 $T=0$K 时，在 2Δ 能隙之下全部填满电子，在 2Δ 能隙之上全部为空态. 当 $T\neq0$K 时，出现电子的激发，即在能隙之上出现少量电子，与此对应，

在能隙之下出现少量空态. 图 4.5.2 中阴影线代表有电子占据.

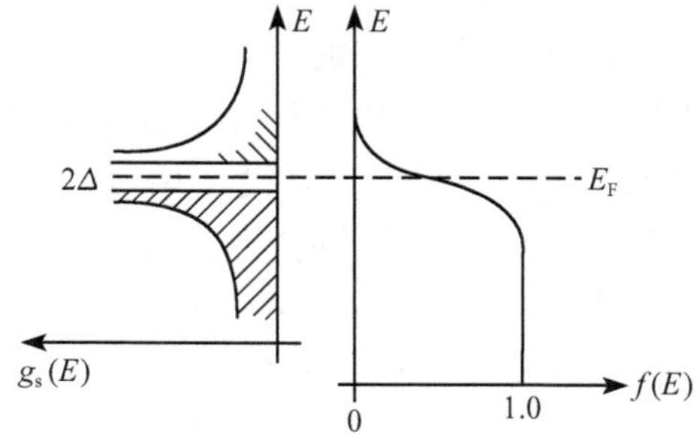

图 4.5.2 超导态的单粒子能态密度,以及在 $T\neq 0$K 时,电子的分布

在 $T=0$K 时,S-I-N 结的能隙密度分布如图 4.5.3 所示. 由图可看出,在零偏压下,由于在超导态对应能量无空的能态,因而结中无电流. 外加电压 V 使正常态电子能量增加、超导态电子能量下降. 只有当 $V\geqslant\Delta/e$ 时,才有与正常态电子能量相应的超导态电子空态,才能产生隧道电流. 在 V 刚达到 $V_B=\Delta/e$ 时,由于超导态的态密度很大,故电流 I 急剧上升;当 V 的数值超过 Δ/e 一段之后,由于 $|E|\gg\Delta$ 时,$g_s(E)\approx g_N(E)$,因此 I-V 曲线与 N-I-N 结的结果一致. 这就是图 4.5.4 中 S-I-N结的 I-V 曲线所示的结果.

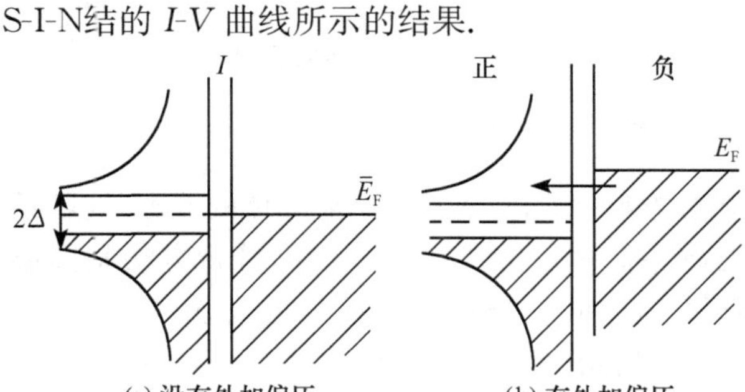

(a) 没有外加偏压 (b) 有外加偏压

图 4.5.3 S-I-N 结单粒子隧道电流

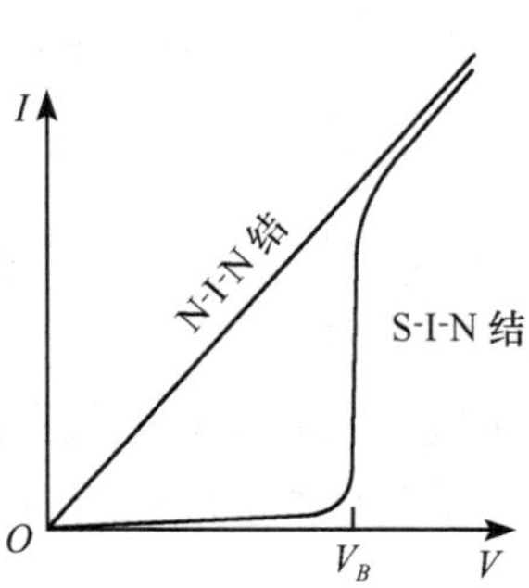

图 4.5.4 单粒子隧道效应的电流-电压关系

在 $T\neq 0$K 时,由于超导态能隙之上有少量电子,能隙之下有少量空态,故当 $0<V<\Delta/e$时,会有一定的隧道电流,不过这种隧道电流是很小的.

3. S-I-S 结

当上述结型结构中的金属都进入超导态时,就构成 S-I-S 结.

对有两种相同金属形成的 S-I-S 结,如在 $T=1.2$K 以下,Al-Al_2O_3-Al 中的 Al 已转变成超导体,而 Al_2O_3 仍为绝缘体. 在零压下,其能态分布如图 4.5.5(a)所示. 由于热激发,它们都有少量正常电子存在. 因对侧能态大部分空着,这些电子可

能向对面一侧隧道穿透. 但由于 $V=0$,两侧互相穿透的概率相等,因而结中无净电流出现. 若加上一偏电压 V 时,比如左侧电势高于右侧,则左侧能级相对右侧将下降 eV. 在 $0<V<\Delta/e$ 范围内,处在激发态的少数正常电子就会从右向左穿透,形成很小的净隧道电流[图 4.5.5(b)]且电流随电压增加而增加. 这里要指出,在 $T=0\text{K}$情况下,由于激发态无电子,在 $0<V<2\Delta/e$ 内,$I=0$. 当 $V\geqslant 2\Delta/e$ 时,无论是 $T=0\text{K}$ 还是 $T>0\text{K}$,都会产生较强的隧道电流. 特别是在 $V\geqslant 2\Delta/e$ 时,右侧超导态的电子密度很高,左侧空态密度也很高,隧道电流将急剧增大. 当 V 的数值增大到 $V\gg 2\Delta/e$ 时,由于$|E|\gg\Delta$ 时,$g_S(E)\approx g_N(E)$,故电流 I 随 V 的变化与 N-I-N 结的情况相同,即相同金属构成的 S-I-S 结隧道电流的 I-V 关系曲线与图 4.5.2 所示的 S-I-N 结的相同.

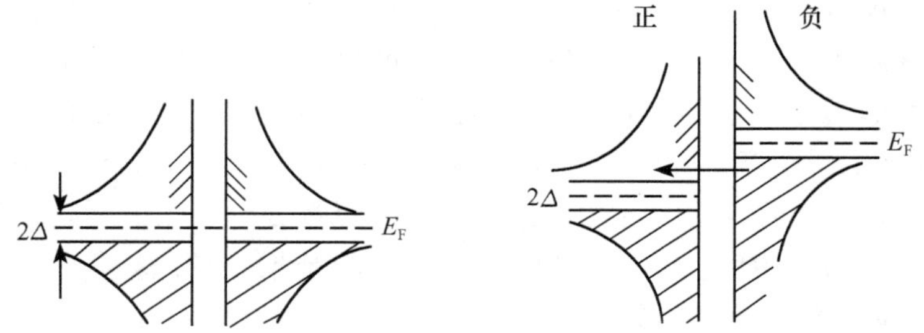

(a) 能态密度　　　　(b) 产生隧道电流的示意图

图 4.5.5　同种金属 S-I-N 结的隧道电流

利用 $V=2\Delta/e$ 时,电流 I 的急剧增加,可用来实验测定超导体的能隙. 这已经成为研究超导体的重要手段. 对两种不同金属构成的 S-I-S 结,分析方法是类似的,不同的只是 I-V 曲线稍微复杂,电流急剧上升发生在 $V\geqslant(\Delta_1+\Delta_2)/e$ 时,Δ_1、Δ_2 分别为两种金属的能隙,如图 4.5.6 所示.

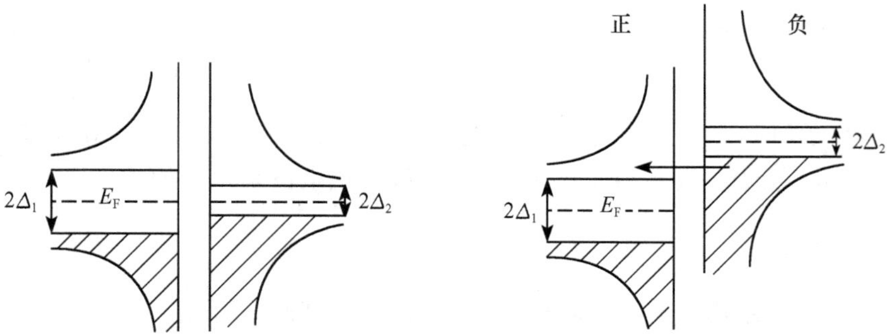

(a) $V=0$ 时能态密度　　　　(b) $V\neq 0$ 时隧道电流产生的示意图

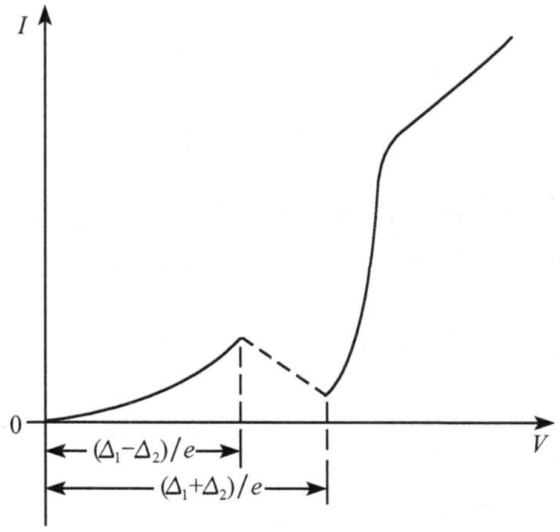

(c) 电流-电压关系

图 4.5.6 不同金属的 S-I-S 结的单粒子隧道电流

4.5.2 约瑟夫森效应

当 S-I-S 结的绝缘层小于 1.5～2nm 时，除了有前面所述的正常电子的隧道电流外，还存在有一种与库珀对相联系的隧道电流，这种库珀对穿越势垒后，仍保持其配对的形式. 这种不同于单电子隧道效应的新现象，称为**约瑟夫森效应**.

约瑟夫森效应是一种宏观量子效应. 下面采用费曼(Feynman)提出的简化推导方法，说明其微观图像.

1. 约瑟夫森方程

由于超导电子对的长程相关性，当绝缘层厚度小于超导电子的相干长度 ξ 时，两侧库珀对波函数将发生耦合，绝缘层的作用是使两侧波函数之间产生相位差. 设绝缘层两侧的库珀对的波函数分别为

$$\psi_1 = \sqrt{n_{S1}}\,e^{i\varphi_1}, \qquad \psi_2 = \sqrt{n_{S2}}\,e^{i\varphi_2} \tag{4.5.2}$$

如果绝缘层太厚，则两侧波函数相互独立，在各自区域分别满足薛定谔方程

$$\left.\begin{aligned} i\hbar\frac{\partial\psi_1}{\partial t} &= \hat{H}_1\psi_1 \\ i\hbar\frac{\partial\psi_2}{\partial t} &= \hat{H}_2\psi_2 \end{aligned}\right\} \tag{4.5.3}$$

绝缘层厚度足够小时，两侧波函数就不再是相互独立的了. 此时，ψ_1、ψ_2 满足的薛定谔方程应为

$$\left.\begin{aligned} i\hbar \frac{\partial \psi_1}{\partial t} &= \hat{H}_1\psi_1 + k\psi_2 \\ i\hbar \frac{\partial \psi_2}{\partial t} &= \hat{H}_2\psi_2 + k\psi_1 \end{aligned}\right\} \tag{4.5.4}$$

H_1、H_2 分别为左右两侧库珀对的哈密顿量，k 为耦合系数，表征两侧超导体弱耦合的程度. 把式(4.5.2)代入式(4.5.4)，并将实部和虚部分开，得

$$\left.\begin{aligned} \hbar \frac{\partial n_{S1}}{\partial t} &= 2k(n_{S1}n_{S2})^{1/2}\sin(\varphi_2 - \varphi_1) \\ \hbar \frac{\partial n_{S2}}{\partial t} &= -2k(n_{S1}n_{S2})^{1/2}\sin(\varphi_2 - \varphi_1) \\ \hbar \frac{\partial \varphi_1}{\partial t} &= -H_1 - k(n_{S1}/n_{S2})^{1/2}\cos(\varphi_2 - \varphi_1) \\ \hbar \frac{\partial \varphi_2}{\partial t} &= -H_2 - k(n_{S1}/n_{S2})^{1/2}\cos(\varphi_2 - \varphi_1) \end{aligned}\right\} \tag{4.5.5}$$

由式(4.5.5)的前两式看出，$\partial n_{S1}/\partial t = -\partial n_{S2}/\partial t$，其物理意义是一侧失去库珀对的速率正好等于另一侧库珀对增加的速率，于是约瑟夫森电流密度

$$\left.\begin{aligned} j_S &= 2e\frac{\partial n_{S1}}{\partial t} = j_{0S}\sin(\varphi_2 - \varphi_1) \\ j_{0S} &= \frac{4ek}{\hbar}(n_{S1}n_{S2})^{1/2} \end{aligned}\right. \tag{4.5.6}$$

由式(4.5.5)的后两式，可得

$$\frac{\partial(\varphi_2 - \varphi_1)}{\partial t} = \frac{1}{\hbar}(H_1 - H_2) = \frac{2e}{\hbar}\left(\frac{H_1 - H_2}{2e}\right) = \frac{2e}{\hbar}(V_1 - V_2) = \frac{2e}{\hbar}V \tag{4.5.7}$$

式中，V 为约瑟夫森结两侧的电势差. 方程(4.5.6)和方程(4.5.7)是约瑟夫森效应的基本方程.

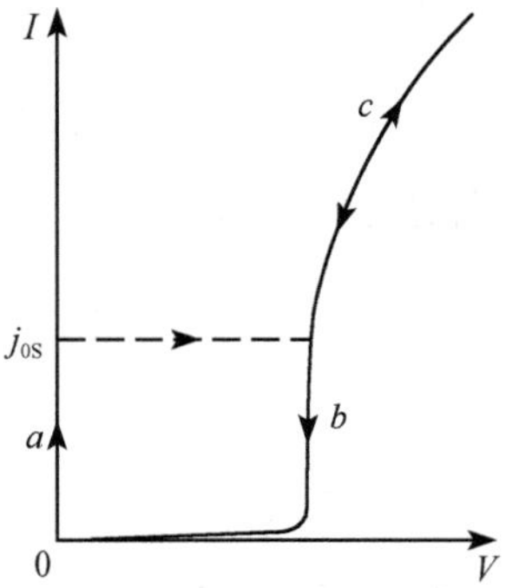

图 4.5.7　直流约瑟夫森效应的电流-电压关系

2. 直流约瑟夫森效应

当结两侧的电压 $V=0$ 时，由式(4.5.7)可知 $\varphi_2 - \varphi_1$ 是与时间无关的常数. 此时通过结的电流是直流超导电流，电流的数值在 j_{0S} 和 $-j_{0S}$ 之间. 这表明在流过结的超导电流小于 j_{0S} 时，在绝缘层上无电压降，绝缘层好像也具有超导性，整个结好像一个完整的超导体. 这个现象称为**直流约瑟夫森效应**.

约瑟夫森的这一理论预言很快就由安德森等人通过测量约瑟夫森结的 V-I 特性而得到证实. 如图 4.5.7

所示.假定结是由理想电流源供电,只要电流不超过临界电流 j_{0S},结两端就没有电压降(曲线 a).当电流大于 j_{0S}时,结两端就出现直流电压 $V=2\Delta/e$,此时电子所获得的能量足以拆散库珀对,将形成正常电子隧道电流(曲线 c).此后若降低电压,电流将按正常电子隧道效应的曲线 b 下降.

4.5.3 交流约瑟夫森效应

如果把直流电压 V 加到结上,由式(4.5.7)有

$$\frac{\partial(\varphi_2-\varphi_1)}{\partial t}=\frac{2e}{\hbar}V \tag{4.5.8}$$

其解为

$$\varphi_2-\varphi_1=(\varphi_2-\varphi_1)_0+\frac{2e}{\hbar}Vt \tag{4.5.9}$$

把式(4.5.9)代入式(4.5.6),得到通过结的电流密度

$$j_S=j_{0S}\sin\left[(\varphi_2-\varphi_1)_0+\frac{2eV}{\hbar}t\right] \tag{4.5.10}$$

上式表明,把直流偏压 V 加到结两侧时得到的是频率为 $\omega=2eV/\hbar$ 的交流电,这个现象叫**交流约瑟夫森效应**.当 $V=10^{-6}\,\text{V}$ 时,$\omega\approx483.6\times10^6\,\text{Hz}$,是在微波范围内.如此高的交变电流通过结必然产生相同频率的电磁辐射,称为约瑟夫森辐射.其物理机制是库珀对穿过结势垒时以光子 $\hbar\omega$ 发射形式放出 2eV 的能量.

如果在结两端加一直流电压的同时,用频率为 ω_0 的微波辐射照于结上,此时两端的电压为

$$V+V_0\cos\omega_0 t \tag{4.5.11}$$

代入式(4.5.7),其解为

$$\varphi_2-\varphi_1=(\varphi_2-\varphi_1)_0+\frac{2e}{\hbar}Vt+\frac{2eV_0}{\hbar\omega_0}\sin\omega_0 t \tag{4.5.12}$$

约瑟夫森电流为

$$j_S=j_0\sin\left[(\varphi_2-\varphi_1)_0+\frac{2eV}{\hbar}t+\frac{2eV_0}{\hbar\omega_0}\sin\omega_0 t\right] \tag{4.5.13}$$

上式表示交流偏压部分对约瑟夫森电流起频率调制作用.把式(4.5.13)做傅里叶展开,可证明当满足

$$\frac{2eV}{\hbar}=n\omega_0,\qquad n=0,1,2,3,\cdots \tag{4.5.14}$$

时,j_S 存在有直流分量.在关系式(4.5.14)满足时,I-V 特性曲线上会出现电流平台,称为微波感应台阶.利用它可以非常精确地测定基本常数 $\hbar/e$.

4.5.4 超导量子干涉效应现象

把两个相同的约瑟夫森结 a、b 用超导通路并联起来,形成如图 4.5.8 所示的

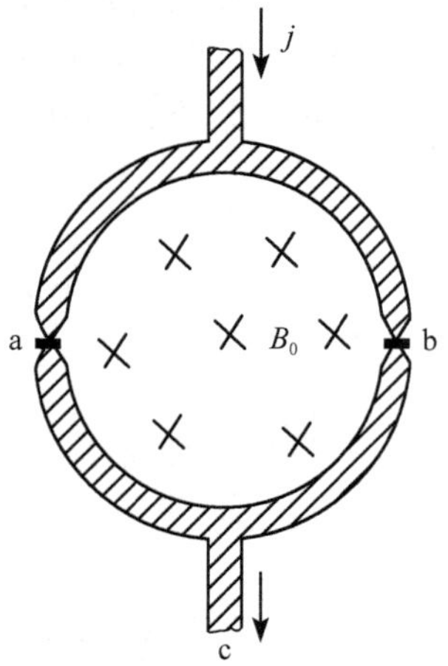

图 4.5.8　实现量子干涉效应的实验装置

环状结构. 现分析磁场垂直于环所在的平面时,磁场对约瑟夫森电流 j_S 的影响.

若用 φ_a、φ_b 分别表示结 a 和结 b 两侧的相位差,则 $\varphi_a=\varphi_{a2}-\varphi_{a1}$,$\varphi_b=\varphi_{b2}-\varphi_{b1}$. 当外磁场为零时,$\varphi_a=\varphi_b=\varphi$,并联通路中的电流为两结电流的并联

$$j_S=j_{Sa}+j_{Sb}=j_0\sin\varphi_a+j_0\sin\varphi_b=2j_0\sin\varphi$$

若外磁场不为零时,由于穿过超导环所围面积的磁通量

$$\Phi=\oint \boldsymbol{A}\cdot \mathrm{d}\boldsymbol{l}\neq 0$$

由式(4.3.22)和式(4.3.23)可知,磁场的存在会沿环路方向产生一相位差

$$\varphi_H=\varphi_2-\varphi_1=\frac{2e}{\hbar}\oint \boldsymbol{A}\cdot \mathrm{d}\boldsymbol{l}=\frac{2e}{\hbar}\Phi=2\pi\frac{\Phi}{\Phi_0} \tag{4.5.15}$$

式中,$\Phi_0=h/(2e)$为磁通量子. 此时,φ_a 与 φ_b 将不再相等,它们的差值就是磁场产生的 φ_H. 考虑到相位差可相差 2π 的整数倍,所以有

$$\varphi_b-\varphi_a=\varphi_H+2\pi n=2\pi(\Phi/\Phi_0+n),\qquad n=0,\pm 1,\pm 2,\cdots \tag{4.5.16}$$

设

$$\begin{aligned}\varphi_b&=\varphi_0+\pi(\Phi/\Phi_0+n)\\ \varphi_a&=\varphi_0-\pi(\Phi/\Phi_0+n)\end{aligned} \tag{4.5.17}$$

则通过两个结的电流为

$$\left.\begin{aligned}j_{Sa}&=j_0\sin\varphi_a=j_0\sin(\varphi_0-\pi\Phi/\Phi_0)\\ j_{Sb}&=j_0\sin\varphi_b=j_0\sin(\varphi_0+\pi\Phi/\Phi_0)\end{aligned}\right\} \tag{4.5.18}$$

总电流

$$j_S=j_{Sa}+j_{Sb}=2j_0\sin\varphi_0\cos(\pi\Phi/\Phi_0) \tag{4.5.19}$$

可见电流随磁通 Φ 周期性变化,当 Φ 为 Φ_0 的整数倍时,电流出现极大,图 4.5.9 显示一具体实验结果. 式(4.5.19)所表现出的关系与物理光学中双缝干涉的光强分布公式十分一致. 这说明超导电流 j_{Sa} 和 j_{Sb} 具有相干性,叠加之后可产生干涉,称其为**超导量子干涉现象**. 利用这个效应可探测磁场的微小变化. 由于超导环内的磁通量只需要改变 $2\Phi_0$,电流就变化一次,而 Φ_0 仅有 20×10^{-15} Wb,因此分辨率可达 $10^{-11}\sim10^{-12}$ T. 图 4.5.8 所示的装置称为超导量子干涉器件,简称 SQUID,是目前灵敏度最高的磁场强度测量仪器.

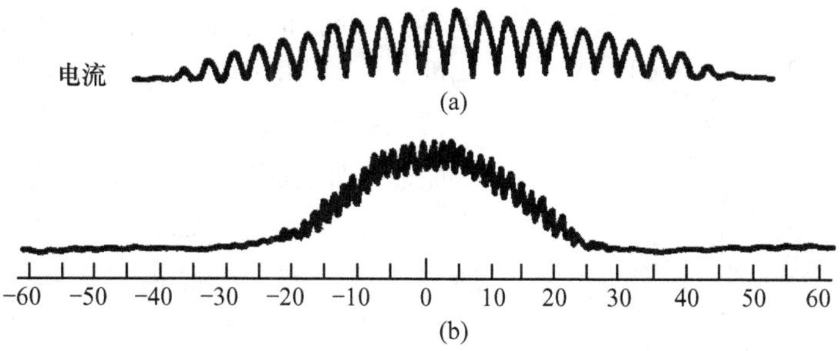

图 4.5.9 约瑟夫森电流与磁场强度关系的实验曲线，表现出图 4.5.8 中两个结的干涉和衍射效应

4.6 高临界温度超导体

制约超导材料实际应用的障碍，一是临界温度太低，二是临界磁场和临界电流太小. 但第二个障碍由于第二类超导体合金的发现，以及金兹堡-朗道理论的提出得到了克服，如 Nb_3Sn 和 V_3Ca 等的 H_C 已达到 10～25T；高磁场下的临界电流密度已达到 $10^5 A/cm^2$ 以上，完全满足实用要求. 但常规的超导材料，包括上述第二类超导合金，其临界温度依然很低，只能在液氦下工作. 由于自然界氦资源稀少，获得液氦的设备和技术复杂，且制冷效率很低，使获得液氦温度的成本昂贵，严重地限制了超导体的应用. 寻求更高转变温度的超导材料一直是科学家们探索的课题.

4.6.1 氧化物超导体

目前研究最多、转变温度最高的超导体是氧化物超导体. 1986 年缪勒(Müller)和贝德诺尔茨(Bednorz)首先发现了 La-Ba-Cu-O 化合物陶瓷具有 35K 的转变温度. 随后 Ushida 重复观测到 La-Ba-Cu-O 化合物的 T_C＝30K，并确定了其 T_C 相 $(LaBa)_2CuO_{4-\delta}$为 K_2NiF_4 型结构. 1987 年，朱经武和赵忠贤几乎同时在 $(LaBa)_2CuO_{4-\delta}$体系基础上，采用元素替代方法分别合成了 T_C＝98K 和 T_C＝100K 的 Y-Ba-Cu-O 氧化物超导体，转变温度超过了液氮温度. 以后又相继发现了 T_C＝110K 的 Bi-Sr-Ca-Cu-O 系统及 T_C＝125K 的 Ti-Ba-Ca-Cu-O 系统，显示了诱人的前景. 大量实验表明，高 T_C 氧化物超导体都是通过替代 Y-Ba-Cu-O 中的 Y 元素形式的. 这些替代元素除了 Sc 外都是稀土元素，所以可将这类氧化物超导体统一缩写为 R-Ba-Cu-O，其中 R 代表 Sc、Y 和稀土元素.

在氧化物超导体中研究最多的是 $YBa_2Cu_3O_{7-\delta}$化合物，经过对单晶样品的 X 射线分析，其晶体结构似于钙钛矿结构，如图 4.6.1 所示. 铜位于氧八面体中心，并构成简单立方格子；Y 和 Ba 位于立方格子的体心，并沿 c 轴构成 Ba-Y-Ba 有序排

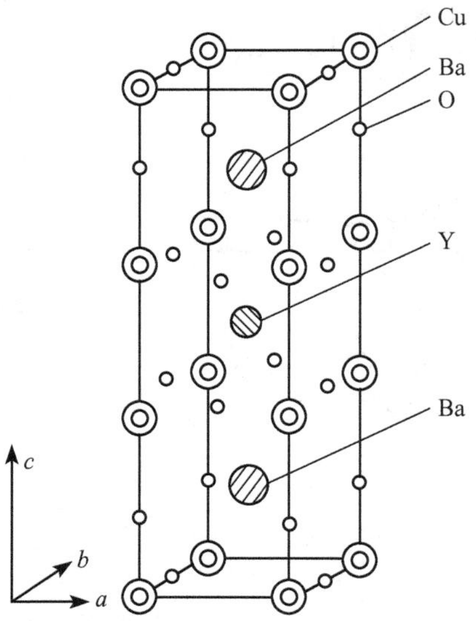

图 4.6.1　$YBa_2Cu_3O_{7-\delta}$的晶体结构

列，使 c 轴方向的晶格常数为理想钙钛矿结构的 3 倍. 晶格中存在着大量的氧空位，且氧空位的排列也是有规律的；在通过 Y 垂直于 c 轴的平面上的氧几乎全部失去，在通过 Cu-O 平面上的氧在 a 轴方向上少于 b 轴方向，所以这两个方向的晶格常数略有差异，构成正交晶系. 许多研究研究发现：这种正交晶体结构是真正的高温超导相，由于沿 c 轴不同的 Cu-O 平面间的距离较大，故平面之间的耦合弱. 夹在 Ba 和 Y 层中间的 Cu-O 平面对超导电性起着决定性的作用. 在正常状态下，这种材料的能带结构的初步研究结果为：Cu 的 3d 电子和氧的 2p 电子所构成的反键态恰好落在费米能级附近，因此估计是处在该带上的电子或空穴对超导电性有重要贡献. 但有关机制还无一致公认的理论，尚在进一步研究之中.

4.6.2　非常规超导体及其高温机制探索

根据原始 BCS 理论，临界温度有一上限 T_C 难以超过 30～40K，即所谓 McMillan 极限. 大量实验事实表明：金属、合金和金属化合物等传统的超导材料的 T_C 都远小于 40K，这些材料通常称为**常规超导体**. 除此而外，还有一些超导体，其超导电难以用 BCS 理论解释，这些超导体称为**非常规超导体**. 除了氧化物超导体外，目前发现的非常规超导体还有：重费米子超导体、低维无机超导体、有机超导体、非晶态超导体和颗粒超导体等. 这些非常规超导体往往呈现出一些未曾预料到的性质和现象. 这些新现象在理论上提出一系列的新问题，如像重费米子、电荷密度波、自旋密度波、超导和磁有序共存、低维特性等凝聚态物理中的前沿课题. 这些问题立即引起物理学家们的特别关注，因为解决这些问题可能会导致创建新的超导机制和理论. 这一令人神往的前景，使不同的超导理论应运而生，正如莫特所说，有多少个理论物理学家，就会有多少种高温超导理论. 这段话既反映了理论物理学家的创新精神，也反映了超导理论莫衷一是、众说纷纭的现状.

影响较大的超导理论观点有以下几种：一种理论方案是在原 BCS 超导机制中寻找突破 McMillan 极限的特殊缘由，诸如高的德拜温度、特别的声子谱耦合情况、特殊的态密度、特殊的软模和低维效应等. 另一种理论方案是保持 BCS 的理论模式，但是放弃电子-声子机制，采用其他的波色子作为耦合的中介，如激子、等离激元及反铁磁性涨落等.还有一种理论,认为应采用实空间的电子局域对来代替BCS理论的库珀对.双极化子理论即为一例,即近局域电子对(自旋相反,两电子间距与两近邻原子间距量级相同)内的两个电子有负的相关能,近局域电子对内的电子间也有类似于库珀对的净吸引作用,形成所谓同座配对;而不同近局域电子对中两个电子有正的相关能时,也可引起净吸引作用,形成所谓坐间配对.按照这种理论,T_C为双极化子波色凝聚温度.另外还有一种理论,认为纯La_2CuO_4的绝缘态是处于共振价状态,或者说是量子自旋液体,即该态中存在有最近邻自旋单态配对,由于"掺杂"了少量的二价离子Ba^{2+}、Sr^{2+}使系统金属化了,所以它们就变成了对超导起作用的电子对.

总的来说,高温超导体的物理现象丰富、多彩而且异常复杂,目前还没有一个理论能够圆满地全面地解释这些现象,而且各类化合物超导体的行为也不尽一致,更增加了理论的难度.最终的理论图像是什么,迄今尚无定论.不过,尽管如此,人类对超导体本质的认识已经深化了.现在普遍认为,高温超导体的特殊性质是由于组成材料的微观粒子之间的强关联作用引起的,高温超导体是一个强关联体系,这将在下一章介绍.

4.6.3 高温超导体的应用

新型高温超导材料的出现,开辟了超导电性更多应用的可能途径,主要有以下几种应用的希望.

1. 超导磁体的应用

超导磁体目前是超导的主要应用.超导磁体重量轻、耗电少,具有常规电磁铁不可达到的强磁场等优点,一个5T的中型超导磁体只有几公斤.现有的商业应用有:医用磁共振成像,用于物理、高能物理的大型加速器的强磁体等.另外尚未商业化的应用有:磁约束核聚变、旋转机械(即涡轮或单极发电机)、能量储存、磁悬浮列车、磁屏蔽和磁发射器等.限制这些应用的商业化因素并非超导磁体本身,而是其冷却费用和运行价格.高温超导体的出现,使这些应用更具有商业化的竞争力,如用氧化物高温超导体制成的医用磁共振成像仪,运行时的全部冷却费用可为常规超导体的1/10以下.

2. 超导输电线

另一个可能的大规模应用是电力输送.与超导磁体应用不同的是,超导磁体没有真正的非超导竞争者.而在输电方法只有超导体相对于现有技术有足够的价格优势和充分的稳定性时才有应用价值.

3. 超导隧道效应的应用

除了前述的基于超导隧道效应的超导量子干涉已以商品进入市场外，超导器件在电子学应用的广阔范围内提供了更高速、更高灵敏度和更高精度的可能性，如毫米波探测、高速数字和逻辑电路、极低噪声低频测量装置和支流标准电压装置等.

另外，还有其他一些可能的潜在应用，如计算机的内连接、红外敏感元件等. 由于目前的超导材料，包括高温氧化物超导体性质的限制，大规模的商业应用也许还需要长时间的努力.

习　题

4.1　超导材料锡(Sn)的临界温度 $T_C=3.7\text{K}$，在 $T=0\text{K}$ 时的临界磁场为 $H_C=30.6\text{mT}$. 计算直径为 1mm 的锡导线在 $T=2\text{K}$ 时的临界电流，如果要载流 100A，此导线的直径要是多少？

4.2　按照自由电子模型，Sn 的电子浓度为 $n_{Sn}=14.48\times10^{22}\text{cm}^{-3}$，Al 的 $n_{Al}=18.06\times10^{22}\text{cm}^{-3}$，求这两种材料在超导态时的穿透深度 λ_{Sn} 和 λ_{Al}.

4.3　在 BCS 理论中，超导转变温度和有效吸引势能 V 的关系为 $T_C=1.13\Theta_D\exp\{-1/[g(E_F)V]\}$，已知 Hg 的 $T_C=4.16\text{K}$，$\Theta_D=70\text{K}$，Pb 的 $T_C=7.22\text{K}$，$\Theta_D=96\text{K}$. 再由低温电子比热 $\gamma=\frac{1}{3}\pi^2 g(E_F)k_B^2$ 的数据 $\gamma_{Hg}=1.79\text{mJ}\cdot\text{mol}^{-1}\text{K}^{-2}$，$\gamma_{Pb}=2.98\text{mJ}\cdot\text{mol}^{-1}\text{K}^{-2}$，求 $V_{Pb}/V_{Hg}=?$

4.4　金属在正常态的自由能密度 $G_n=G_0-\gamma T^2/2$，在超导态自由能密度 $G_S=G_0-\frac{B_C^2(0)}{2\mu_0}\omega\ \frac{1}{2}\gamma T^2(1-\omega)^{1/2}$，其中 $\omega=n_S/n$ 是序参量. 试由条件 $(\partial G_S/\partial\omega)_T=0$，求在温度 T 时，$\omega(T)=1-\left(\frac{T}{T_C}\right)^4$.

4.5　什么是超导转变材料比热的不连续性. 由热力学理论 $C_S-C_N=\mu_0 T\left[\left(\frac{\mathrm{d}H_C}{\mathrm{d}T}\right)^2+H_C\frac{\mathrm{d}^2H_C}{\mathrm{d}T^2}\right]$，设 $H_C(T)=H_0\left(1-\frac{T^2}{T_C^2}\right)$，求：

(1) $C_S-C_N=?$

(2) 对于 Al，$H_0=9.9\times10^{-3}T$，$T_C=1.18\text{K}$，$\gamma=1.35\times10^{-3}\text{J}\cdot\text{mol}^{-1}\cdot\text{K}^{-2}$，求其 $\frac{C_S-C_N}{C_N}$.

4.6　利用朗道方程证明穿入超导体内厚度为 d 的薄层中 xy 平面内(平行于磁场)，B 的表示式为

$$B = B_c\cosh(z/\lambda)\cosh[d/(2\lambda)]$$

这里 B_c 是外加磁场，薄膜的中心位置在 $z=0$ 处. 并计算当薄膜的超导态与正常态的吉布斯自由能相等时磁场的大小.

4.7　隧穿效应. Pb-I-Al 约瑟夫森结的 $I\sim V$ 特性曲线，在电势 $V_1=11.8\times10^{-4}\text{V}$ 时，电流

I 为极大；在电势 $V_1 = 15.2\times10^{-4}$ V 时，电流极小，过 V_2 电流急剧上升，求 Al 和 Pb 的超导能隙.

4.8 超导薄板的磁场穿透. 设均匀磁场 H_0 沿 y 轴、z 轴与薄板垂直，薄板上下两个平面为 $z=\pm d$，求证超导板内磁通密度为 $B(z)=\mu_0 H_0 \dfrac{\cosh(z/\lambda)}{\cosh(d/\lambda)}$.

第 5 章　固体中的电子关联

在固体电子论的讨论中,我们面对的是一个由大量的,相互作用着的多粒子体系.为了求解这个复杂多粒子系统的薛定谔方程,不得不作了绝热近似和平均场近似,得到了以单电子近似为基础的能带理论,并成功地解释了很多固体现象,成为认识固体电子结构和有关电现象的有力武器.但是随着对固体研究的不断深入,发现能带理论并不能解释所有固体材料的实验现象,如掺杂锰氧化物的超巨磁电阻效应和掺杂铜氧化物的高温超导现象.这是因为在平均场近似中,我们假定一个电子处于其他所有电子产生的作用势的平均势场中,该电子的势能只与该电子的位置有关,而与其他电子的位置无关.而这一假定不总是正确的,通常电子势能与其他电子位置也是有关的,即固体中的电子是相互关联的.如果关联较弱,能带理论是很好的近似.如果关联较强,能带理论失效.本章我们先讨对中等程度关联电子体系的有效的密度泛函理论,然后介绍对强电子关联体系的一些描述.

5.1　电子状态的密度泛函理论和局域密度近似

5.1.1　哈特里-福克(Hartree-Fock)近似

1. 哈特里方程

我们用绝热近似和平均场近似,可以得到单电子近似的薛定谔方程,这种建立在平均场近似下的理论,不总是有效的.一般来说每个电子受到的其他电子的作用不仅与该电子位置有关,而且还与其他电子的位置有关,即电子之间是关联的,这正好与平均场近似的假定相矛盾.

为了解决这一问题,哈特里提出了自洽场的方法:假定电子系统波函数仍有单电子近似下的形式,即

$$\varphi(r_1, r_2, \cdots, r_n) = \prod_i^n \varphi_i(r_i)$$

应用薛定谔方程的变分原理(变分原理有两种描述形式,一种是已知薛定谔方程求本征函数,另一种是已知波函数求本征方程,这里用第二种形式),对能量平均值

$$\bar{E} = \langle \varphi(r_1, \cdots, r_i, \cdots) \mid \hat{H} \mid \varphi(r_1, \cdots, r_i, \cdots) \rangle \tag{5.1.1}$$

式中,H 为方程(4.1.2)中的哈密顿算符,作变分

$$\delta\left[\bar{E}-\sum_i \varepsilon_i(\langle\varphi_i \mid \varphi_i\rangle-1)\right]=0 \tag{5.1.2}$$

式中，ε_i 为拉格朗日乘子，可得到一组方程

$$\left[-\frac{\hbar^2}{2m}\nabla_i^2+u_i(r)+\frac{e^2}{4\pi\varepsilon_0}\sum_j{}'\int\frac{\varphi_j^*(r')\varphi_j(r')}{|r_j'-r_i|}\mathrm{d}r'\right]\varphi_i(r_i)=\varepsilon_i\varphi_i(r_i) \tag{5.1.3}$$

式中，求和符号在上面的撇号表示不包括 $i=j$ 的项，如果定义有效势场

$$V_{\mathrm{eff}}(r)=u(r)+\frac{e^2}{4\pi\varepsilon_0}\sum_j\int\frac{\varphi_j^*(r_j')\varphi_j(r_j')}{|r_i-r_j'|}\mathrm{d}r_j'$$

则式(5.1.3)等价于式(4.1.11). 但是这里必须注意，式(5.1.3)中的 ε_i 并非真正的单电子能量，这一点可从

$$\begin{aligned}\bar{E}&=\langle\varphi(r_1,\cdots r_i,\cdots)\mid\hat{H}\mid\varphi(r_1,\cdots r_i,\cdots)\rangle\\&=\sum_i\varepsilon_i-\frac{e^2}{8\pi\varepsilon_0}\sum_{i\neq j}e^2\int\frac{\varphi_j^*(r')\varphi_i^*(r)\varphi_i(r)\varphi_j(r')}{|r-r'|}\mathrm{d}r\mathrm{d}r'\end{aligned} \tag{5.1.4}$$

清楚看出. 系统总的能量并不等于各个单电子能量 ε_i 之和，必须减去一项. 实际上可以证明，ε_i 的物理意义是：在 N 个电子体系中，取走一个状态为 φ_i 的电子而同时保持其他 $N-1$ 个电子的状态不变时，系统能量的改变.

由于哈特里方程(5.1.3)中包含有其他电子波函数 $\varphi_j(r')$ 项，只能通过迭代自洽求解. 首先，我们假设电子处于一组特殊的本征态，用此假设态计算有效势场 V_{eff}，再把有效势 V_{eff} 代入哈特里方程计算本征函数，反复进行这个过程，直到状态和有效势场自洽，如图 5.1.1 所示.

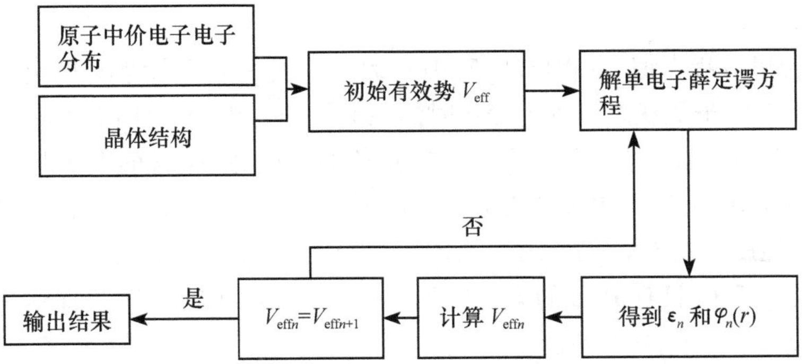

图 5.1.1 自洽迭代计算能带过程示意图

2. 哈特里-福克方程

哈特里虽然考虑到了泡利不相容原理，但忽略了多电子体系波函数的交换反对称性，基于这一点，福克假定晶体电子体系的波函数为

$$\Psi(r_1\cdots r_i\cdots r_N)=\frac{1}{\sqrt{N_1'}}\begin{vmatrix}\varphi_1(q_1)\varphi_1(q_2) & \cdots & \varphi_1(q_N)\\ & \vdots & \\ \varphi_N(q_1) & \cdots & \varphi_N(q_N)\end{vmatrix} \tag{5.1.5}$$

式中，q_i 包括空间坐标和自旋坐标. 把式(5.1.5)代入(5.1.1)，得系统的总能

$$\begin{aligned}E=&\sum_i\varphi_i^*(q_i)\left[-\frac{\hbar^2}{2m}\nabla_i^2+u_i(r_i)\right]\varphi_i(q_i)\\&+\frac{1}{2}\sum_{i,j}\frac{e^2}{4\pi\varepsilon_0}\int|\varphi_i(r)|^2\frac{1}{|r_i-r_j'|}|\varphi_j(r')|^2\mathrm{d}r\mathrm{d}r'\\&-\frac{1}{2}\sum_{i,j}\frac{e^2}{4\pi\varepsilon_0}\int|\varphi_i^*(r)\varphi_j(r')|\frac{1}{|r_i-r_j'|}\varphi_j^*(r')\varphi_i(r')\mathrm{d}r\mathrm{d}r'\end{aligned}\tag{5.1.6}$$

上式中积分包括对自旋变量的求和. 求和中取消了对 $i\neq j$ 的限制，因为 $i=j$ 时，右边后两项相互抵消. 与式(5.1.2)类似的变分运算，可得到哈特里-福克方程组

$$\begin{aligned}&\left[-\frac{\hbar^2}{2m}\nabla_i^2+u_i(r)+\frac{e^2}{4\pi\varepsilon_0}\sum_j\int\frac{\varphi_j^*(r')\varphi_j(r')}{|r-r'|}\mathrm{d}r'\right]\varphi_i(r)\\&-\left[\frac{e^2}{4\pi\varepsilon_0}\sum_{j,/\!/}\int\frac{\varphi_j^*(r')\varphi_i(r')\mathrm{d}r'}{|r-r'|}\right]\varphi_j(r)=\varepsilon_i\varphi_i(r)\end{aligned}\tag{5.1.7}$$

与方程(5.1.3)相比，首先多了第四项，称为交换势能 $V_{\mathrm{ex}}(r)$ 项，$V_{\mathrm{ex}}(r)$ 是电子波函数具有反对称性的必然结果，来源于泡利全同原理. “//”表示求和只对自旋平行情况进行. 这是由于自旋波函数的正交性，如果 $\varphi_i^*(q)$ 和 $\varphi_j(q)$ 的自旋相反，对自旋的求和为零. 其次在第三项(库仑项)中，单电子感受到的是“所有”电子产生的平均库仑场，而不是哈特里近似中“其他”电子所产生的，因而此时的库仑场与所讨论的电子的状态有关.

与哈特里方程类似，方程(5.1.7)中 ε_i 表示取走一个状态为 φ_i 的电子，并保持剩下 $N-1$ 个电子的状态不发生变化时体系能量的变化. 证明如下：

设 $\varphi(N-1)$ 为取走一个 φ_i 态电子后系统的波函数，$j\neq i$ 的电子状态不变. 则 $\varphi(N-1)$ 可由式(5.1.5)中去掉第 i 行、第 i 列得到. 系统能量的改变

$$\Delta E=\langle\varphi(N-1)\mid\hat{H}\mid\varphi(N-1)\rangle-\langle\varphi(N)\mid\hat{H}\mid\varphi(N)\rangle$$

由式(5.1.6)可知，只有 $j=i$ 的第一项和 j 不等于 i 的第二、三项仍保留，于是系统能量的改变

$$\begin{aligned}\Delta E=&\int\varphi_i^*(r)\left(-\frac{\hbar^2}{2m}\nabla_i^2+u_i(r)\right)\varphi_i(r)\mathrm{d}r\\&+\frac{1}{4\pi\varepsilon_0}\sum_{j(\neq i)}\int|\varphi_i(r)|^2\frac{e^2}{|r-r'|}|\varphi_j(r')|^2\mathrm{d}r\mathrm{d}r'\\&-\frac{1}{4\pi\varepsilon_0}\sum_{j(\neq i)}\int\varphi_i^*(r)\varphi_j^*(r')\frac{e^2}{|r-r'|}\varphi_j(r)\varphi_i(r')\mathrm{d}r\mathrm{d}r'=\varepsilon_i\end{aligned}$$

在上式求和中(一重求和)两电子之间的相互作用并未重复计算,所以求和前不存在$\frac{1}{2}$因子.

为了形式上把 H-F 方程式(5.1.7)写成单电子方程的形式,把式(5.1.7)中的交换项写成

$$V_{ex}(r)\varphi_i(r) = -\left[\frac{1}{4\pi\varepsilon_0}\sum_{j,/\!/}\int dr' \frac{\varphi_j^*(r')\varphi_i(r')\varphi_i^*(r)\varphi_j(r)}{|r'-r||\varphi_i(r)|^2}\right]\varphi_i(r) \tag{5.1.8}$$

这样使式(5.1.7)成为

$$\left[-\frac{\hbar^2}{2m}\nabla_i^2 + V(r) + V_c - V_{ex}\right]\varphi_i(r) = \varepsilon_i\varphi_i(r) \tag{5.1.9}$$

式中,$V(r)$是晶格周期势. V_c 是电子之间的库仑势,V_{ex}是交换势. 哈特里-福克方程(5.1.9)由于交换项的存在,比哈特里方程更为难解,这是因为交换项与所考虑的电子状态 $\varphi_i(r')$有关,是一个依赖于两个变量的非定域的积分算符,一般也要用前面所述的自洽方法求解. 而且在交换项中还涉及其他的电子态 $\varphi_j(r)$,使得求解 $\varphi_i(r)$时必须处理 N 个电子的联立方程组. 只有知道正确的交换势 V_{ex},才能得到正确的单电子方程,因此确定体系的交换势是问题的关键.

3. 自由电子体系的交换势能

现在讨论自由电子气体(固体凝胶模型)的交换势能. 用 HF 近似处理自由电子体系,可选择 φ_i 为一组正交平面波,其空间部分为

$$\varphi_i(r) = \frac{1}{\sqrt{V}}e^{ik_i\cdot r} \tag{5.1.10}$$

由于电子气在均匀分布的正电荷背景中运动,电荷密度相同的正负电荷与电子的相互作用($V(r)$与 V_c 项)相互抵消. 需要计算的仅为交换项.

将式(5.1.7)中的交换项写成

$$V_{ex}(r)\varphi_i(r) = \left[-\frac{1}{4\pi\varepsilon_0}\sum_{j,/\!/}\int dr' \frac{\varphi_j^*(r')\varphi_i(r')\varphi_i^*(r)}{|r'-r||\varphi_i(r)|^2}\varphi_j(r)\right]\varphi_i(r) \tag{5.1.11}$$

把平面波 φ_i 的表达式(5.1.10)代入式(5.1.11),得

$$V_{ex}(r) = -\frac{1}{4\pi\varepsilon_0 V}\sum_{j,/\!/}\int dr' \frac{-e^2}{|r'-r|}e^{i(k_i-k_j)\cdot(r-r')} \tag{5.1.12}$$

式中，积分部分正好是$\frac{1}{r-r'}$的傅里叶变换，令 $r_{12}=r-r'$，其值等于

$$\int \mathrm{d}r_{12}\,\frac{\mathrm{e}^{\mathrm{i}(k_i-k_j)\cdot(r-r')}}{|r-r'|}=\frac{4\pi}{|k_i-k_j|^2} \tag{5.1.13}$$

于是 H-F 方程变成

$$\left[-\frac{\hbar^2}{2m}\nabla^2-\frac{1}{4\pi\varepsilon_0 V}\sum_{j,//}\frac{4\pi}{|k_i-k_j|^2}\right]\varphi_i(r)=\varepsilon_i\varphi_i(r) \tag{5.1.14}$$

成为单电子方程，其能量本征值

$$\varepsilon_i=\frac{\hbar^2k_i^2}{2m}-\sum_{j,//}\frac{1}{\varepsilon_0 V}\frac{1}{|k_i-k_j|^2} \tag{5.1.15}$$

上式第二项为交换势能 V_{ex}.

因为 k_j 的数目很多，可用积分求出

$$\begin{aligned}V_{\mathrm{ex}}^i&=-\frac{V}{(2\pi)^3}\int \mathrm{d}k_j\,\frac{1}{\varepsilon_0 V}\frac{1}{|k_i-k_j|^2}\\&=-\frac{1}{8\pi^3\varepsilon_0}\int_0^{k_{\mathrm{F}}}k_j\,\mathrm{d}k_j\int_0^{2\pi}\mathrm{d}\varphi\int_0^{\pi}\sin\theta\mathrm{d}\theta\,\frac{1}{|k_i-k_j|^2}\\&=-\frac{e^2k_{\mathrm{F}}}{4\pi^2\varepsilon_0}\left(1+\frac{k_{\mathrm{F}}^2-k_i^2}{2k_ik_{\mathrm{F}}}\ln\left|\frac{k_i+k_{\mathrm{F}}}{k_i-k_{\mathrm{F}}}\right|\right)\end{aligned} \tag{5.1.16}$$

式中，$k_{\mathrm{F}}=(3\pi^2n)^{1/3}$ 为费米波矢，$n(r)$ 为电子数局域密度. 把式(5.1.16)代入式(5.1.15)，即可得到单电子能谱

$$\varepsilon(k)=\frac{\hbar^2k^2}{2m}-\frac{e^2k_{\mathrm{F}}}{4\pi^2\varepsilon_0}\left(1+\frac{k_{\mathrm{F}}^2-k^2}{2kk_{\mathrm{F}}}\ln\left|\frac{k+k_{\mathrm{F}}}{k-k_{\mathrm{F}}}\right|\right) \tag{5.1.17}$$

式(5.1.17)的 V_{ex}对 k 在费米球内求平均即可得电子的平均交换能量

$$\bar{\varepsilon}_{\mathrm{ex}}=\int_0^{E_{\mathrm{F}}}V_{\mathrm{ex}}(k)\,\frac{4\pi k^2\,\mathrm{d}k}{\frac{4}{3}\pi k_{\mathrm{F}}^3}\mathrm{d}k=-\frac{3e^2}{8\pi^2\varepsilon_0}k_{\mathrm{F}}=-\frac{3e^2}{4\pi\varepsilon_0}(3\pi^2n(r))^{\frac{1}{3}} \tag{5.1.18}$$

这样 H-F 方程中的交换项可以被一个正比于$[n(r)]^{\frac{1}{3}}$的势场代替.

但是，把上述结果应用于金属自由电子气体性质的描述却是不成功的. 这可从式(5.1.17)看出. 如果把式(5.1.17)的第二项写成$-\frac{e^2k_{\mathrm{F}}}{4\pi^2\varepsilon_0}F\left(\frac{k}{k_{\mathrm{F}}}\right)$的形式，则

$$F\left(\frac{k}{k_{\mathrm{F}}}\right)=F(x)=\frac{1}{2}+\frac{1-x^2}{4x}\ln\left|\frac{1+x}{1-x}\right| \tag{5.1.19}$$

$F(x)$随 x 的变化如图 5.1.2 所示.

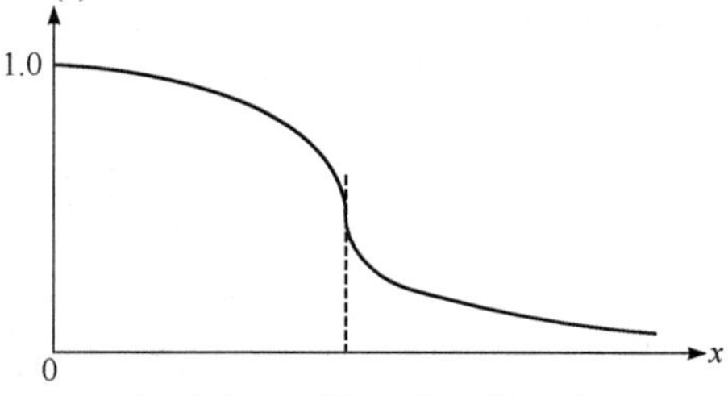

图 5.1.2　$F(x)$随 x 的变化

从图 5.1.2 可知 $F(1)=\frac{1}{2}$，且在 $x=1$ 处斜率为无穷. 这样 k_F 处的费米速度 $\left(\frac{1}{\hbar}\frac{\partial\varepsilon}{\partial k}\right)_{k=k_F}=\infty$. 能态密度与 $\left(\frac{\partial\varepsilon}{\partial k}\right)^{-1}$ 成正比，趋于零，从而使对费米面态密度非常敏感的金属的物理性质发生巨大变化，这是不符合实际情况的. 产生这些非物理结果的根源在于长程的库仑相互作用（$\sim 1/r$），其傅里叶变换 $\frac{4\pi e^2}{k^2}$ 在 $k=0$ 时发散. 实际上，金属中电子由于屏蔽作用，其库仑势变成短程形式

$$\Phi(r)=\frac{Q}{4\pi\varepsilon r}e^{-k_s r}$$

相应两电子之间的库仑相互作用为 $\frac{e^2}{4\pi\varepsilon_0 r}e^{-k_s\cdot r}$，其傅里叶变换为 $\frac{4\pi e^2}{\varepsilon_0(k^2+k_s^2)}$，就可以排除 $k=0$ 时发散.

产生以上问题原因是，HF 近似虽然包含了电子与电子的交换相互作用（自旋平行），但自旋反平行电子之间的排斥相互作用被忽略. 如果在 r 处占据了一个电子，那么在 r 周围的电子的密度 $\rho(r')$ 将不再保持，由于电子之间的排斥作用，$\rho(r')$ 应该减少，暴露出正电背景，或者说出现相等相反电荷的空穴，称为关联空穴（corralation hole）. 必须考虑电子相互排斥引起的关联相互作用. 实际上，由于屏蔽作用，大大降低了电子之间相互吸引作用的重要性. 对非自由电子体系，交换作用将更加复杂，因此 HF 存在着本质性的欠缺.

5.1.2 密度泛函及其局域密度近似

1. 科恩-沈（Kohn-Sham）方程

严格的单电子近似的近代理论是密度泛函理论. 到目前为止，波函数一直是薛定谔方程所求解的基本变量. 对固体电子态问题，从波函数 $\varphi(r)$ 我们可得到固体中电子密度分布 $n(r)$. 那么反过来，在计算固体的电子态时，是否可以把 $n(r)$ 看作基本变量呢？答案是肯定的，对自由电子气体，可以从 HF 近似处理结果式（5.1.18）得到验证. HF 方程中的交换项被一与电子局域密度 $n^{1/3}(r)$ 相关的势能代替. 对固体的非均匀电子系统，霍恩伯格（Hobenberg）和科恩在 1964 年证明了如下规律：原子、分子和固体的基态物理性质可用粒子数密度的函数来描述，可归结为两个定理：

（1）不计自旋的全同费米子系统的基态能量是由电子数密度 $n(r)$ 唯一确定.

（2）基态能量可以通过对能量泛函 $E[n(r)]$ 在粒子数不变的条件下，对电子数密度 $n(r)$ 求极小值而得到，定律的证明可查阅本章末参考文献[5.1].

根据上述的**密度泛函理论**（density functional theory，DFT）可建立固体电子

系统一组有效的单电子薛定谔方程.

为简单计,假定基态能量是非简并的,并不计自旋相互作用,电子系统的哈密顿量可写成 $n(r)$ 的泛函数

$$H[n(r)] = T[n] + \frac{e^2}{8\pi\varepsilon_r}\int \frac{n(r)n(r')}{|r-r'|}\mathrm{d}r\mathrm{d}r' - \int V(r)n(r)\mathrm{d}r + E_{xc}[n] \tag{5.1.20}$$

式中

$$n(r) = \sum_i \varphi_i^*(r)\varphi_i(r) \tag{5.1.21}$$

为电子数密度,$T[n]$为动能项,第二项为库仑相互作用项,第三项为外场项,$V(r)$表示外场局域势,$E_{xc}[n]$为交换与关联能. 虽然我们并不能精确的知道 $T[n]$和 $E_{xc}[n]$,但这不影响对 $H[n(r)]$变分运算.

在 $\int n(r)\mathrm{d}r = N$ 条件下,引进拉格朗日乘子 ε,对 $n(r)$ 求泛函 $H[n(r)]$ 的条件极值,即

$$\int \delta n(r)\left[\frac{\delta T[n(r)]}{\delta n(r)} + V(r) + \frac{e^2}{4\pi\varepsilon}\int \frac{n(r')}{|r-r'|}\mathrm{d}r' + \frac{\delta E_{xc}[n(r)]}{\delta n(r)} - \varepsilon\right]\mathrm{d}r = 0$$

得

$$\frac{\delta T[n(r)]}{\delta n(r)} + V(r) + \frac{1}{4\pi\varepsilon_0}\int \frac{e^2}{|r-r'|}n(r')\mathrm{d}r' + \frac{\delta E_{xc}[n(r)]}{\delta n(r)} = \varepsilon \tag{5.1.22}$$

可定义一个有效势

$$V_{eff}(r) = V(r) + \frac{e^2}{4\pi\varepsilon_0}\int \frac{n(r')}{|r-r'|}\mathrm{d}r' + V_{xc}(r) \tag{5.1.23}$$

式中

$$V_{xc}(r) = \frac{\delta E_{xc}[n(r)]}{\delta n(r)} \tag{5.1.24}$$

为关联-交换势

现在关键的问题给出动能项 $T[n(r)]$的具体形式,虽然对相互作用粒子的动能项一无所知,但我们总可以用一个无相互作用粒子体系的动能泛函数

$$\begin{aligned} T_s[n(r)] &= \frac{\hbar^2}{2m}\sum_i \int \nabla\varphi_i^* \cdot \nabla\varphi_i(r)\mathrm{d}r \\ &= \frac{\hbar^2}{2m}\sum_i \int \varphi_i^*(r) \cdot (-\nabla^2)\varphi_i(r)\mathrm{d}r \end{aligned} \tag{5.1.25}$$

来替代,而把 $T[n]$与 $T_s[n]$的差别中无法转换的复杂成分归到 $E_{xc}[n(r)]$中去,因为 $E_{xc}[n(r)]$仍是未知的,这样就可得到单电子的薛定谔方程,称为科恩-沈方程

(KS 方程).

$$\left[-\frac{\hbar^2}{2m}\nabla^2+V_{\text{eff}}(r)\right]\varphi_i(r)=\varepsilon_i\varphi_i(r) \tag{5.1.26}$$

原则上 KS 方程(5.1.26)只是一种形式上的确切化,所有的未知的多体效应都被包含进了 V_{xc} 中,DFT 理论的有效性完全依赖于 $E_{xc}[n(r)]$是否能够准确、并且足够简单地给出.

2. 局域密度近似(local density approximation)

在解决实际问题时,对 $E_{xc}[n(r)]$必须采用一些近似,最成功的近似就是局域密度近似. 对自由电子系统,由于屏蔽效应,在半径为 $\lambda_F(r)$的球形区域($\lambda_F(r)=[3\pi^2 n(r)]^{-\frac{1}{3}}$)内的电子对这个区域以外势场的变化并不敏感,因此电子感受到的是局域场,即 $E_{xc}[n(r)]$对 $n(r)$的依赖是局域的. 而一般的非均匀系统,$E_{xc}[n(r)]$对 $n(r)$的依赖是非局域的,即对于空间 r'处电子密度 $n(r')$的任意微小改变,它不仅引起 r'处能量密度的改变,同时也改变整个相互作用体系中各处能量密度的改变,就是说 $E_{xc}[n(r)]$依赖于整个的密度分布. 只有当电子密度在空间改变足够缓慢时(如自由电子气体),$E_{xc}[n(r)]$对 $n(r)$的依赖才是局域的或准局域的.

把 $E_{xc}[n(r)]$写成单个电子交换关联能量密度 $\varepsilon_{xc}[n(r)]$的积分形式

$$E_{xc}[n(r)]=\int\varepsilon_{xc}[n(r)]n(r)\mathrm{d}r \tag{5.1.27}$$

对一个电子密度缓变的系统,可对 $\varepsilon_{xc}[n(r)]$展成级数

$$\varepsilon_{xc}[n(r)]=\varepsilon_{xc0}[n(r)]+\varepsilon_{ex1}[n(r)]\nabla n(r)+\cdots \tag{5.1.28}$$

这里 $\varepsilon_{xc0}[n(r)]$,ε_{xc1},…是电子数密度 $n(r)$的局域函数,不再是泛函数.

当仅取首项时,就是局域密度近似,这样,交换-关联能式(5.1.27)为

$$E_{xc}=\int\varepsilon_{xc0}[n(r)]n(r)\mathrm{d}r \tag{5.1.29}$$

相应的有效势式(5.1.23)改写为

$$\begin{aligned}V_{\text{eff}}(r)&=V(r)+\frac{e^2}{4\pi\varepsilon_0}\int\frac{n(r')}{|r-r'|}\mathrm{d}r'+\frac{\mathrm{d}\int\varepsilon_{xc0}[n(r)]n(r)\mathrm{d}r}{\mathrm{d}n(r)}\\&=V(r)+\frac{e^2}{4\pi\varepsilon_0}\int\frac{n(r')}{|r-r'|}\mathrm{d}r'+\int\varepsilon_{xc0}[n(r)]\mathrm{d}r+\int n(r)\frac{\mathrm{d}\varepsilon_{xc0}[n(r)]}{\mathrm{d}n(r)}\mathrm{d}r\end{aligned}$$

引入单电子有效交换势 $V_{ex}[n(r)]$

$$V_{ex}[n(r)]=\int\varepsilon_{xco}[n(r)]\mathrm{d}r$$

和关联势

$$V_{cdrr}[n(r)]=\int n(r)\frac{\mathrm{d}\varepsilon_{xc0}[n(r)]}{\mathrm{d}n(r)}\mathrm{d}r$$

并令

$$V(r) = -\frac{1}{4\pi\varepsilon_0}\sum_{R_n}\frac{e^2}{|r-R_n|}$$

则晶体中相互作用电子系统的等价单电子薛定谔方程为

$$\left[-\frac{\hbar^2}{2m}\nabla^2 - \frac{1}{4\pi\varepsilon_0}\sum_{R_n}\frac{e^2}{|r-R_n|} + \frac{1}{4\pi\varepsilon}\int\frac{e^2}{|r-r'|}n(r')\mathrm{d}r' + V_{\mathrm{ex}}(r) + V_{\mathrm{corr}}(r)\right]\varphi_i(r) = \varepsilon_i\varphi(r)$$

密度泛函理论替代电子体系波函数把电子密度作为求解多电子系统的出发点，简化了处理难度，特别是局域密度近似下的密度泛函理论对电子密度缓变的复杂结构固体极为有用，已经成为广泛应用于磁有序固体、超导体等的电子结构研究的有力工具. 理论本身和近似方法在应用中也得到很多新的发展，可参阅文献[5.1].

对强关联体系，DFT 理论只是对关联势 $V_{\mathrm{corr}}[n(r)]$作了合理假设的结果，从而回避了从第一性原理对它进行计算. 而实际上 DFT 只是在电子是均匀关联或中等程度关联系统中才是适用的.

5.2　强关联体系

5.2.1　莫特转变与电子强关联

在能带理论和密度泛函理论中，单电子或准单电子近似是最主要的理论基础. 对弱和中等相作用体系是有效的，但对强关联体系，能带理论和密度泛函理论是失败的，如对金属单氧化物 CoO、MnO 等. 以 CoO 为例说明这一点，该物质基元包含一个 Co 原子和一个 O 原子，其在空间形成轻微畸变的 NaCl 结构，Co、O 原子的外壳层电子组态分别是 $3d^7 4s^2$ 及 $2s^2 2p^4$. 每个基元的最外层电子数为 9＋6＝15，为奇数，根据能带理论，CoO 包含奇数个电子，应该是金属，但实验上发现这个判断是错误的，实际上 CoO 是有很大能隙的绝缘体. 这个失败的原因在于忽略了电子之间的关联.

莫特考虑了单价金属，如 Na，在改变原子间距时发生的理想化的金属-绝缘体转变.

由于 Na 晶体具有体心立方结构，每个原胞中有一个 Na 原子，每个 Na 原子提供一个 s 态价电子，因此，相应的 s 带是半满的，价电子是非定域化的，Na 晶体为金属.

如果保持原有的晶体结构，但增大晶格常数，s 带的带宽将减小. 当晶格常数增加到相邻 s 态电子波函数已无交叠时，s 能带过渡到孤立原子的分立的 s 能级，每个原子拥有一个定域在它周围的价电子. 此时,尽管按照能带理论,体系仍有平移对称性,单电子的波函数仍为布洛赫波函数,能带仍为半满,但是实际上材料已成为绝缘体. 能带理论失效的原因可以从图 5.2.1 中得到理解. 按照单电子近似,图 5.2.1(a)、(b)两种价电子的位形能量相同. 这是由于按照能带理论单电子势 $V(r)$ 具有的平移对称性,价电子移到另一原胞中等价的位置上不会改变体系的能量. 但实际上由于电子之间有强的库仑排斥作用,位形(b)的能量要比位形(a)的能量高得多. 当晶格常数增大,能带变窄,电子的可动性变差时,电子之间的屏蔽作用减弱,从而使得它们之间的相互作用变得重要,结果使每个原子只有一个 s 态价电子体系能量最低. 一个原子的 s 轨道被两个电子同时占据时,体系的能量要增加

$$U = -\frac{1}{4\pi\varepsilon}\left\langle \frac{e^2}{r_{12}} \right\rangle$$

式中,r_{12} 是同一原子上两个价电子之间的距离,⟨ ⟩表示库仑能的平均值.

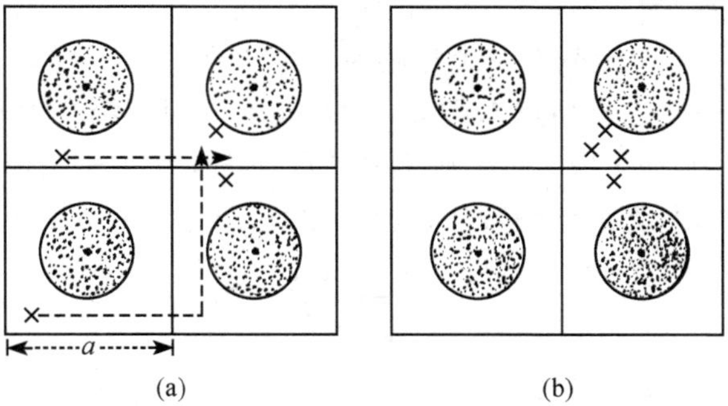

图 5.2.1 晶体中 4 个原胞内电子的两种位形
阴影圆表示离子实,×表示价电子的位置

在孤立原子极限下,这相当于两原子间的电子转移,即

$$Na + Na —— Na^{+} + Na^{-}$$

这时在 Na^{-} 格座产生了同一格座轨道双占据,因为在该格座上已经有了一个电子,第二个电子若占据同一格座,必须克服巨大的库仑排斥力,而一个电子脱离原来格座,也需要克服电子与离子实的库仑吸引力. 因而,完成这样的转变所需要的能量是

$$U = I - A \tag{5.2.1}$$

这里 I 为 $Na —— Na^{+} + e^{-}$ 电离能,A 为 $Na + e^{-} = Na^{-}$ 亲和能,分别为 5.14eV 和 0.55eV,A 远小于 I. 原子极限下体系的基态和第一激发态如图 5.2.2 所示.

$\varepsilon_0 + U$ − − − − − − − −
ε_0 + + + + + + + +
(a) 基态

$\varepsilon_0 + U$ − − + − − − − −
ε_0 + + − + + + + +
(b) 激发态

图 5.2.2 原子极限下体系的基态和第一激发态

5.2.2 窄能带的哈伯德模型

哈伯德首先研究了过渡金属窄 d 能带中电子关联问题. 从紧束缚近似出发提出一个模型哈伯德哈密顿量(Hubbard Hamiltonian),其中包含相互竞争的两项,其一是由于形成能带引起的电子动能的降低,另一项是局域化引起的库仑关联能的降低. 哈伯德认为,对于窄带紧束缚系统在最低阶近似下,短程库仑相互作用能可用格座能 U 代替. 对 S 带,可得到如下用二次量子化形式写出的哈密顿量

$$\hat{H} = -\sum_{i,j\sigma} t_{ij} C_{i\sigma}^{+} C_{j\sigma} + U \sum_{i} \hat{n}_{i\sigma} n_{i-\sigma} \tag{5.2.2}$$

式中,$n_{i\sigma}=C_{i\sigma}^{+}C_{i\sigma}$ 为粒子数算符,$C_{i\sigma}^{+}$ 及 $C_{i\sigma}$ 分别是原子 i 中电子产生算符和消灭算符,σ 为自旋标记. t_{ij} 表示最近邻格座之间的电子跃迁能量. U 表示由于两个电子在同一格座上,由于库仑排斥导致的能量增加. 如果只考虑最近邻近似,该哈密顿量包括三个参数 $t_0=t_{ii}$,$t=t_{ij}$ 及 U. 下面将看到 t_0 为能带的平均能量,t 对应的是紧束缚近似中交叠积分,U 表示由于两个电子在同一格座上,由于库仑排斥导致的能量增加. 如果在格点 i 上只有一个自旋为 σ 的电子,即 $n_{i\sigma}=1$,$n_{i-\sigma}=0$,则第二项为零. 如果有两个电子占据格点 i,则 $n_{i\sigma}=1$,$n_{i-\sigma}=1$,对于第二项就为 U.

在式(5.2.2)中,如果取 $U=0$,则回到了周期场中单电子情形. 在窄能带中,用万尼尔表示较为方便,万尼尔函数如式(4.4.27),定义为

$$\alpha_m(r-R_m) = \frac{1}{\sqrt{N}} \sum_{k} \mathrm{e}^{-\mathrm{i}\boldsymbol{k}\cdot R_m} \psi_k(r) \tag{5.2.3}$$

这里省去了能量指标 n,t_{ij} 按定义为

$$\begin{aligned} t_{ij} &= \int a^*(r-R_i)\left[-\frac{\hbar}{2m}\nabla^2 + V(r)\right]\alpha(r-R_j)\,\mathrm{d}r \\ &= \frac{1}{N}\sum_{k} \mathrm{e}^{\mathrm{i}\boldsymbol{k}\cdot(R_i-R_j)}\varepsilon(k) \end{aligned} \tag{5.2.4}$$

$\varepsilon(k)$ 为波矢 k 的单电子态能量,即紧束缚能谱式(4.4.16),有

$$\varepsilon(k) = \varepsilon^{at} - \beta - \sum_{nn} \gamma(R_n)\mathrm{e}^{\mathrm{i}\boldsymbol{k}\cdot R_n}$$

这里已采用最近邻近似,这样

$$t_{ij} = \frac{1}{N}\left\{ \sum_{k} \left[\varepsilon^{at} - \beta - \sum_{nn} \gamma(R_n)\mathrm{e}^{\mathrm{i}\boldsymbol{k}\cdot R_n} \right] \mathrm{e}^{\mathrm{i}\boldsymbol{k}(R_i-R_j)} \right\} \tag{5.2.5}$$

由于 $\frac{1}{N}\sum_{k} \mathrm{e}^{\mathrm{i}\boldsymbol{k}\cdot R_n} = \delta_{R_n,0}$ 所以式(5.2.5)为

$$t_{ij} = (\varepsilon^{at} - \beta)\delta_{ij} - \sum_{nn} \gamma(R_n)\delta_{i+n,j} \tag{5.2.6}$$

由式(5.2.6)可知

$$t_0 \equiv t_{ii} = \varepsilon^{at} - \beta \tag{5.2.7}$$

是能带平均能量值. 而

$$t = t_{ij} = -\sum_{nn} \gamma(R_n) \delta_{i+n,j} \tag{5.2.8}$$

在最近邻近似下,对于晶格常数为 a 的立方格子,$t=-\gamma(a)z$,z 为最近格点数,即 t 与交叠积分 γ 的比例,等于能带半宽度. 如式(4.4.21)所示.

如果 $t=0$,即原子之间无交叠,参量 U 的含义为晶格常数无穷大时原子能级双占据能. 此时,式(5.2.2)所示的哈密顿量对角化,体系的能量为

$$E = \sum t_0 (n_{i\sigma} + n_{i-\bar{\sigma}} + U n_{i\sigma} n_{i-\sigma}) = N_1 t_0 + N_2 (t_0 + U) \tag{5.2.9}$$

对于孤立原子系统,每个格点上电子有两个能级 t_0 和 t_0+U,如图 5.2.3 所示. 其中 N_1 个格点只被一个电子占据,N_2 个格点被两个电子占据. 第二个自旋相反的电子占据时,能量增加 t_0+U. 因此,U 是位于同一格 $\boldsymbol{R}_i$ 上的同一轨道上的两个电子的库仑相互作用能量,即

$$U = \frac{1}{4\pi\varepsilon_0} \int \mathrm{d}\boldsymbol{r}_1 \int \mathrm{d}\boldsymbol{r}_2 \mid a(r_1 - R_i) \mid^2 \frac{e^2}{\mid \boldsymbol{r}_1 - \boldsymbol{r}_2 \mid} \mid a(r_2 - R_i) \mid^2 \tag{5.2.10}$$

体系处于基态时,每个格点上只有一个电子即 $N_1=N$,$N_2=0$. 在这种极限下,电子是严格定域化的.

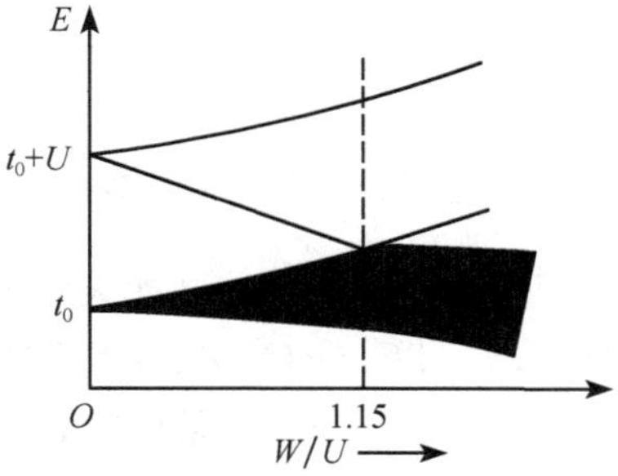

图 5.2.3 哈伯德模型半满能带中,从定域态到扩展态的转变

t_0 是一个电子附着于自由离子的能量,t_0+U 是第二个电子附着于同一离子的能量

当 $t\neq0$ 时,相邻格点原子轨道波函数有交叠,$\gamma(\alpha)\neq0$,形成了分别以 t_0 和 t_0+U 为中心的两个能带. 对于所讨论的半满 s 带,其带宽 $W=2t=2z\gamma(a)$. 哈伯德模型得到能带随 W/U 的增大逐渐展宽的趋势,如图 5.2.3 所示. 当 $W/U<1.15$ 时,半满带分成能量较低的(以 t_0 为中心)的满带,称为下哈伯德带,以及能量较高(以 t_0+U 为中心)的空带,称为上哈伯德带,体系为绝缘态;在 $W/U>1.15$ 时,能带不分裂,体系具有金属性. 图 5.2.4 给出几个不同的 W/U 值时,能带密度的示意图. 因为能带宽度 W 依赖于原子间距,但哈伯德能 U 对原子间距并不敏感,所以改变原子间距时,会引起从金属到绝缘体的转变,也就是说电子关联导致所有电子的集体定域化,这就是**莫特转变**实质.

通常把电子之间的有效库仑能远大于其能带宽度的体系,即 $U>W$ 的体系称为强关联体系. 这时,如果仍用单电子模型,而只把电子之间的相互作用简单地当做平均场或微扰,就无法解释体系主要物理性质.

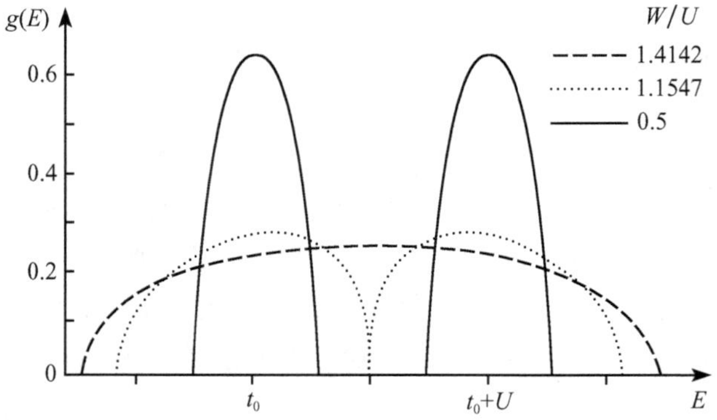

图 5.2.4　态密度 $g(E)$展示了由于哈伯德模型中电子与电子相互作用而导致的能带分裂

5.2.3　莫特绝缘体的分类

能带模型因强关联而失效最明显的是反映在含有半满 d 带的过渡族金属氧化物中，如 NiO、CoO、MnO 等晶体. 由于 $U>W$，半满的 d 带被分成哈伯德子带，这些子带处于 4s 和 2p 带之间，它们之间的相对位置决定了材料的绝缘行为. 根据哈伯德能 U 与电荷转移能(能隙)Δ 的相对大小，可把莫特绝缘体分为两类，如果 $\Delta>U$，称为 MH(莫特-哈伯德)型；如果 $U>\Delta$，称为 CT(charge transfer，电荷转移)型，如图 5.2.5 所示.

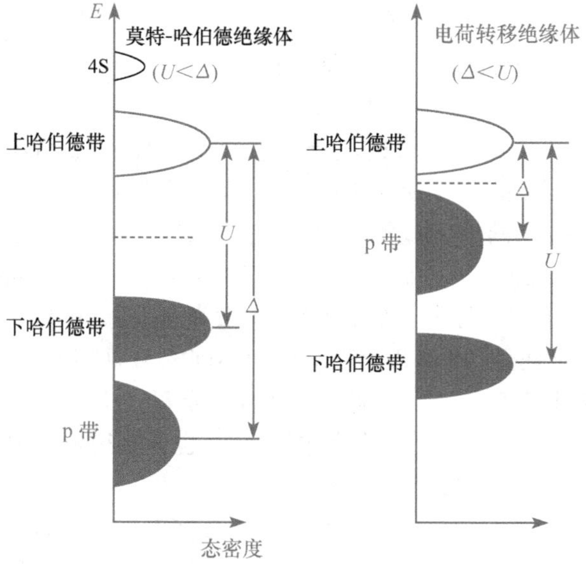

图 5.2.5　哈伯德子带与氧 2p 带的相对位置

对 $LaMO_3$ 型化合物(这里 M 是过渡金属)是形成 MH 型绝缘体还是 CT 电荷转移型绝缘体,取决于 3d 电子数目以及过渡金属 3d 电子与氧离子的 p 电子之间的杂化强度 t_{pd},详细论述可查阅章末参考文献[5.2].

5.2.4 金属-绝缘体相变及电荷序

金属-绝缘体相变及电荷有序现象是强关联体系的典型特性. 由图 5.2.5 可看出,MH 型绝缘体在热激发下可产生 d 电子和 d 空穴,但对 CT 型绝缘体由于 2p 带高于下哈伯德带,这时在热激发下产生的是 d 电子和 p 空穴. 这些热激发电子和相应的空穴由于库仑作用 $V=-e^2/4\pi\varepsilon r$ 而形成束缚态,称为激子(exciton). 随着温度的升高,将在上哈伯德带产生更多的电子,增加了电子之间的屏蔽作用,此时电子-空穴之间的相互作用[见式(5.6.11)]将成为

$$V=-\frac{e^2}{4\pi\varepsilon r}\mathrm{e}^{-k_s r} \tag{5.2.11}$$

降低了电子-空穴对的结合能. 当电子浓度达到一定程度时,屏蔽长度 $1/k_s$ 小于电子-空穴的尺度 a_0,即

$$a_0 k_s > 1 \tag{5.2.12}$$

时. 极化子解体,束缚解除,电导率急剧增加,出现由绝缘体到金属态的转变,称之为**莫特金属-绝缘体相变**(Mott metal-insulator transition).

由式(5.6.10)可知,体系处于金属态的条件式(5.2.12)等价于

$$n^{\frac{1}{3}}a_0 > \frac{1}{4}\left(\frac{\pi}{3}\right)^{\frac{1}{3}} \approx \frac{1}{4} \tag{5.2.13}$$

式中,n 是电子密度,若把电子看成是半径为 r_e 的球体,则$\frac{1}{n}=\frac{V}{N}=\frac{4\pi r_e^3}{3}$由此得到电子的半径为 $r_e=\left(\frac{3}{4n\pi}\right)^{\frac{1}{3}}$,则式(5.2.13)用电子半径写出为

$$\frac{r_e}{a_0} < 2.5 \tag{5.2.14}$$

即要求电子的密度超过一定的临界值,才可发生莫特 M-I 相变.

由式(5.1.13)和式(5.1.18)可知,自由电子的平均动能和平均交换能分别为

$$\varepsilon_k = \frac{3\hbar^2(3\pi^2 n)^{\frac{2}{3}}}{10m} \sim r_e^{-2} \tag{5.2.15}$$

$$\varepsilon_{ex} = -\frac{3e^2(3\pi^2 n(r))^{\frac{1}{3}}}{4\pi\varepsilon} \sim r_e^{-1} \tag{5.2.16}$$

因此电子密度大时,动能项占主导地位,电子处在波函数平滑的扩展态,这也就是为什么在极高压下可以产生金属氢的原因. 相反,当电子密度低时(此时 r_e/a_0

大)，势能项占主导地位. 当势能项大到可以忽略动能项时，电子的空间分布的位置就由库仑排斥势取极小而确定. 电子形成规则的晶格格子以降低由于无序排列形成的相对较高的势能，电子就从扩展态向定域化转变而结晶，这就是由维格纳首先提出的电子结晶化 . 它造成电荷在空间的有序分布——电荷序. 维格纳估计这种转变发生在 r_e/a_0 为 40～100 的情况下. 另一方面，令电子的平均动能与势能相等，可以得到

$$\frac{r_e}{a_0} \approx 2.4$$

这与式(5. 2. 14)十分接近. 这样我们可以更一般地理解关联作用的影响:在高电子密度下，动能占主导地位，关联可以忽略. 在低电子密度下，关联能影响重大，导致电子定域. 对掺杂的莫特绝缘体，如锰氧化物 $La_{0.5}Ca_{0.5}MnO_3$，在低于临界温度 $T_C=160K$ 时，发现了稳定的电荷有序的 AFM 态，Mn^{3+} 和 Mn^{4+} 离子像棋盘那样排列，Mn 离子的周期排列不仅降低排斥能和交换作用能，也减少了由于 Mn^{3+} 格座的存在引起的格子畸变能扬-特勒(Jahn-Teller)——畸变能. 值得提及的是，表现出超巨磁电阻效应的正是那些电荷有序的锰氧化物 .

作为强关联体系的掺杂莫特绝缘体，由于其丰富的物理内涵和巨大的应用潜力，已成为当前固体物理学研究的热点，前面提到过的超巨磁电阻材料和高温超导材料都是这一类强关联材料，特别是对包含有 4 或 5 种元素的过渡族金属化合物的研究才刚刚开始，进一步研究这类高科技材料不仅具有重大的科学意义，而且应用前景非常巨大，这就是大量科学家从事此项研究的科学原动力. 从以前的经验看，强关联体系与具有未满的 d 壳和 f 壳的元素的窄能带密切相关. 一些具有奇异性质的材料，如超巨磁电阻的锰氧化物和超导体铜氧化物都是这类元素的化合物. 因此发掘和研究具有优异或奇异性能的新型复杂化合物将是 21 世纪凝聚态物理的主要课题之一.

参考文献

[5. 1] Dreizler R M, Cross E K U. 1990. Density Functional Theory. Berlin: Springer

[5. 2] Arima T, et al. Variation of optical gaps in perovskite-type 3d transition metal oxides. Phy. Rev. B, 48(1993): 17006

[5. 3] Zokawa T M, Fujimori A. Spin, charge and orbital ordering in Mn perovskite oxides studied by model Hartree-Fock calculation. Phys. Rev. B, 56(1997): 493

习　题

5.1　从波函数取斯莱特行列式(5. 1. 1)出发，用变分方法推导决定晶体中单电子能量的哈

特里-福克方程式(5.1.7).

5.2　若一个电子受到的净库仑作用为零,则单电子薛定谔方程可写成

$$\left[-\frac{\hbar^2}{2m}\nabla^2+V_{cx}(r)\right]\varphi(r)=E\varphi(r)$$

式中,$V_{ex}(r)$为电子-电子交换能.若电子的波函数可取作平面波 $\varphi_j(r)=\frac{1}{\sqrt{V}}e^{ik\cdot r}$.

证明电子气交换能具有的形式为:$V_{ex}(r)=-\frac{e^2}{8\pi^2\varepsilon_0}\int d\boldsymbol{k}_j\frac{1}{|\boldsymbol{k}_i-\boldsymbol{k}_j|^2}$.这里 $\boldsymbol{k}_i$、$\boldsymbol{k}_j$ 都是处于费米球中的电子波矢.

5.3　将交换能式(5.1.8)第一式写成 $V_{ex}=-\frac{1}{4\pi\varepsilon_0}\int\frac{e^2}{R}n_{ex,k}(R)dR$ 的形式,这相当于原点($R=0$)处,处于κ、σ态的电子感受到的交换势数值大小等于电子与密度为$n_{ex,k}(R)$的电子云的库仑相互作用.求出 $n_{ex,k}(R)$ 的解析表达式.

5.4　对于二维体系中能量 ε 随动量 p 线性变化的准粒子体系,证明其低温比热比例于T^2变化.

第 6 章　非晶态固体与无序体系

至今的讨论都是对晶体而言的. 除晶体之外，固体还有另一大类——非晶态固体. 非晶态物理学是固体物理学的一个极为重要、十分活跃的前沿，其巨大的潜在应用前景、丰富的物理现象已引起人们的广泛重视.

与晶体相比，非晶态固体的显著特点是原子在空间的排列完全不具有周期性，或者说是长程无序的，它是一种强无序体系. 因此，不能把描述和研究晶体的概念和理论直接搬用到非晶态固体. 例如，布拉维格子、布里渊区、格波、布洛赫波等概念对非晶态固体已不再适用，不能像处理晶体中的杂质，缺陷那样作为微扰对待，必须寻找和发展一套新的描述方法和理论. 经过几十年的努力，非晶态物理学的研究虽然已经取得了很大进展，但与古老的、已基本成熟的晶体物理学相比，还是处于初创阶段，还没建立完整、连贯的理论体系；无论是在基础理论，还是在微观结构、宏观性能以及新型非晶态材料的探索等方面，都有大量的课题待以研究.

本章将对非晶态物理学中公认成熟的理论和方法予以简单介绍，主要包括非晶态固体的结构、电子态以及电学、光学性质等.

6.1　非晶态固体的结构

6.1.1　非晶态固体的短程序

若系统中的粒子(原子、分子)的排列和分布遵从一定的规律，称为有序；若系统中的粒子排列和分布处于随机的混乱状态，则称为无序. 按有序在空间的延续范围大小，又可分为长程有序(大约在大于上千个原子的间距上)和短程有序(几个原子间距).

大量实验事实表明，虽然**非晶态固体**原子的排列是不具有长程序，即没有平移周期性(这是与晶体的根本区别)，但另一方面，非晶态固体原子的排列并非像冻结的气体分子的排列那样绝对混乱. 非晶态固体是由大量的无规取向的**有序畴**构成的，这些有序畴的线度大约在几个原子间距(1.0～1.5nm)范围内. 在这些小的有序畴内，原子排序仍保持着形貌和组分的某些特征. 图 6.1.1(a)、(b)、(c)分别给出了晶体、非晶态固体和气体分子的排列示意图. 在非晶态固体中，原子排列具有一种高度的局域关联性，如图(b)所示，每个原子都有 3 个与其距离几乎相等的最近邻，且键角也是几乎相等的原子. 因此从结构上说，非晶态固体虽不具有晶体的长程序，但具有与晶体相近的短程序，这是由组成原子之间的相互关联决定的. 研究表明，对完整类别的固体来说，长程序是非本质的，短程序才是决定材料物理性质的本质因素.实验已经证明,如果一种晶态材料是半导体,如果把它变成非晶态固体时,只要保持与晶体同样的短程序,则它仍为半导体.

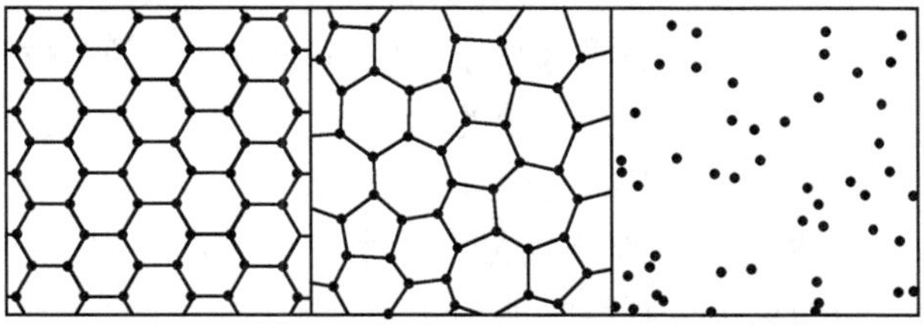

图 6.1.1 分子排列示意图

这里需要指出,并非所有的长程无序系统都是非晶态.非晶态的长程无序是指原子在空间位置排列上的无规性,称为**几何(位形)无序**或**拓扑无序**.在多元系固体中,还有另外两类无序,称为化学(成分)无序和自旋无序,它们是指不同元素或不同自旋的原子相互替位而产生的无序,例如合金,化合物中不同元素原子的相互置换.这种无序还保持着晶格结构的特征,因而可当作晶体中的点缺陷处理.而几何无序使固体完全失去晶格结构特征,这才是非晶态在结构上与晶态的本质区别.当然对多元系非晶体来说,几何位置的无序,一般也包含着化学无序在内.

6.1.2 非晶态结构的描述方法

1. 短程序参量

由于非晶态的长程无序性质,使得描述晶体结构的一套方法如原胞,布拉菲格子等对非晶体失效.但非晶体仍保持着高度的短程有序,而且这种短程序在决定材料性质方面往往起着决定性的作用.正确描述这种短程序是研究非晶态的基础.非晶态短程序可用以下参量描述:

(1) 近邻原子间距 r_i.以任何一个参考原子为球心,将其周围的原子划为不同的配位球层 i,r_i 表示参考原子与第 i 个配位层上原子的平均间距.

(2) 配位数 N_i.N_i 表示第 i 个配位球层上的原子数.

(3) 近邻原子间的夹角 α.α 为配位层原子分别与中心原子连线之间的夹角,它表示任一个原子的两个近邻原子之间的夹角.

(4) 近邻原子的类别.对多元系,必须指出近邻原子的类别,并对每一类原子分别给出上述 3 个参量的平均值.

这些参量包含了固体材料最有价值的信息,如化学键、拓扑结构等.

2. 径向分布函数

上述短程序参量固然重要,但在实验上很难直接观察.通常用一个可以由 X

射线、电子、中子衍射实验直接测定的、描述非晶态固体中原子相对分布的物理量——**径向分布函数**(radial distribution function，RDF)来描述短程序参量. 它给出非晶态固体中原子分布具有统计平均性和概括性的图像.

径向分布函数的定义是:以某参考原子为球心,半径为 r 的单位厚度球形壳层中所包含的平均原子数. 若用 $\rho(r)$表示 r 处的平均原子密度,则径向分布函数可写成

$$\mathrm{RDF}(r) = 4\pi r^2 \rho(r) \tag{6.1.1}$$

RDF(r)所表示的仅是原子在三维空间分布沿半径 r 方向(一维)的投影,并且是对所有原子求统计平均的结果. 因此,它非但不能给出非晶态原子分布的全貌,而且在统计平均过程中还丢失了一些结构信息. 尽管如此,它是目前能由实验获得的有关非晶态结构的唯一解析函数,因此径向分布函数仍是描述和研究非晶态结构中应用最广和最重要的物理量. 图 6.1.2(a)、(b)、(c)分别给出了晶体的配位层图,以及非晶体和气体的径向分布函数. 它们的差别是一目了然的.

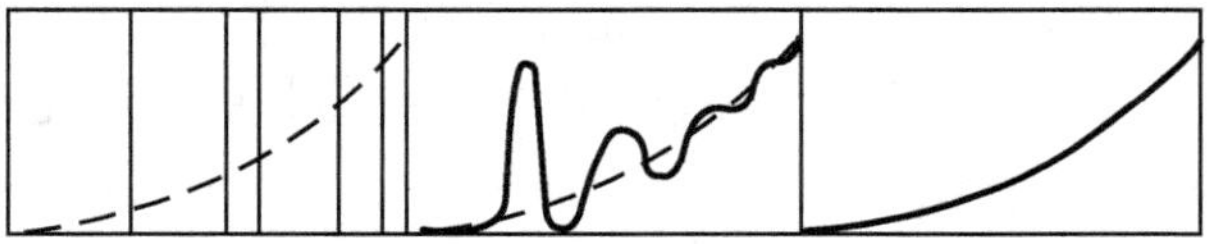
(a) 晶态　　(b) 非晶态　　(c) 气体

图 6.1.2　径向分布函数

由图可知,RDF(r)-r 曲线一般都具有与配位层相对应的若干个峰;与峰值所对应的 r 值依次给出最近邻、次近邻、第三近邻……平均距离;峰的面积表示相应配位层的平均原子数. 随着 r 的增大,曲线的起伏很快消失而变得比较平滑,与气体的曲线走向趋于一致,如图 6.1.2(b)所示. 这直接显示了非晶态固体中仅存在短程序,即有确定的最近邻及次近邻配位层,而不存在长程序的特点. 对于完全无规分布,单位体积的平均原子数为常量 ρ_0,此时 RDF(r)$=4\pi r^2\rho_0$. 非晶态固体的 RDF(r)随 r 的变化曲线是叠加在此本底上的起伏. r 越大,由于非晶态的长程无序,其 RDF(r)相对起伏越小. 为了描述非晶态固体与完全无规则系统的差别,现引入**约化径向分布函数** G(r)和**双体相关函数**(双体概率函数)$g(r)$. 定义分别为

$$G(r) = 4\pi r^2[\rho(r) - \rho_0] \tag{6.1.2}$$

$$g(r) = \rho(r)/\rho_0 \tag{6.1.3}$$

式中,$G(r)$表示与完全无规系统的相对起伏;$g(r)$表示距任何一个原子为 r 处原子分布概率,r 较小时,$g(r)$会明显偏离 1,这是短程序的标志.

6.1.3　径向分布函数的实验测定

X 射线、电子、中子的大角散射可用来测定**径向分布函数** RDF 及 $G(r)$. 我们以 X 射线为例说明实验测量原理. 与晶体中 X 射线的几何结构因子[式(1.7.15)]

类似，把非晶态固体整个样品当作一元胞，其结构因子

$$F(\boldsymbol{k}) = \sum_i f_i \mathrm{e}^{\mathrm{i}(\boldsymbol{k}-\boldsymbol{k}_0)\cdot \boldsymbol{r}_i} = \sum^i f_i \mathrm{e}^{\mathrm{i}\boldsymbol{K}\cdot \boldsymbol{r}_i} \tag{6.1.4}$$

式中，$\boldsymbol{K}=\boldsymbol{k}-\boldsymbol{k}_0$，$\boldsymbol{k}_0$ 为入射 X 射线的波矢，$\boldsymbol{k}$ 为散射波的波矢，假定散射是弹性的，则 $k=k_0$，f_i是第 i 个原子的散射因子，r_i 是 i 第个原子的位矢. 衍射强度

$$\begin{aligned} I = |F(\boldsymbol{k})|^2 &= F^*(\boldsymbol{k})F(\boldsymbol{k}) = \sum_i f_i \mathrm{e}^{\mathrm{i}\boldsymbol{K}\cdot\boldsymbol{r}_i} \sum_j f_j^* \mathrm{e}^{-\boldsymbol{K}\cdot\boldsymbol{r}_j} \\ &= \sum_i |f_i|^2 + \sum_i \sum_{j(\neq i)} f_i f_j^* \mathrm{e}^{\mathrm{i}\boldsymbol{K}\cdot(\boldsymbol{r}_i-\boldsymbol{r}_j)} \\ &= \sum_i |f_i|^2 + \sum_i \sum_{j(j\neq i)} f_i f_j^* \mathrm{e}^{\mathrm{i}\boldsymbol{K}\cdot\boldsymbol{r}_{ij}} \end{aligned} \tag{6.1.5}$$

式中，$\boldsymbol{r}_{ij}=\boldsymbol{r}_i-\boldsymbol{r}_j$. 如果设原子之间的相对取向是任意的，则 $\boldsymbol{r}_{ij}$ 在任意取向的取值概率相等，就是说相对于某一衍射波 $\boldsymbol{k}$，$\boldsymbol{r}_{ij}$ 的末端在以 $\boldsymbol{K}$ 的起始点为球心、$\boldsymbol{r}_{ij}$ 为半径的球面上的任一点出现的概率相等，如图 6.1.3 所示. 因此，式(6.1.5)中指数项的平均值为

$$\langle \mathrm{e}^{\mathrm{i}\boldsymbol{K}\cdot\boldsymbol{r}_{ij}} \rangle = \frac{1}{4\pi r^2}\int_0^{\pi}\int_0^{2\pi} \mathrm{e}^{\mathrm{i}Kr_{ij}\cos\theta} r_{ij}^2 \sin\theta\,\mathrm{d}\theta\mathrm{d}\varphi = \frac{\sin(Kr_{ij})}{Kr_{ij}} \tag{6.1.6}$$

式中，$r_{ij}=|\boldsymbol{r}_{ij}|$. 把式(6.1.6)代入式(6.1.5)得

$$I(\boldsymbol{K}) = \sum_i |f_i|^2 + \sum_i \sum_{j(\neq i)} f_i f_j^* \frac{\sin(Kr_{ij})}{Kr_{ij}} \tag{6.1.7}$$

上式称为德拜方程. 根据此方程可计算原子分布一定的体系对单色 X 射线散射时，相应散射波($\boldsymbol{k}$)的强度.

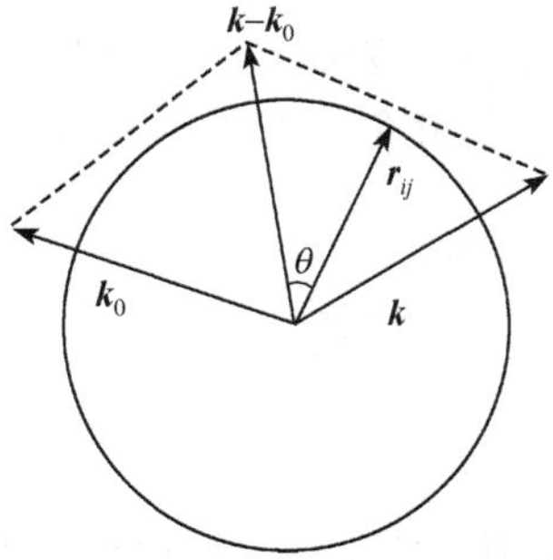

图 6.1.3 位矢 $\boldsymbol{r}_{ij}$ 可在空间任意取向，其末端的球面上各点的分布概率相等

为了方便，把式(6.1.7)中对 j 的求和用积分表示. 为此引入相对原子密度函数 $\rho_m(r_i)$，它表示距第 i 个原子距离为 r_i 处第 m 种原子的密度. 则式(6.1.7)可表示为

$$I(K) = \sum_i |f_i|^2 + \sum_i \sum_m f_i f_m^* \int_0^{\infty} \frac{4\pi r^2 \rho_m(r_i)\sin(Kr)}{Kr}\mathrm{d}r \tag{6.1.8}$$

式中，$\sum\limits_m$ 是对元素种类求和. 若令 $\bar{\rho}_m$ 表示第 m 种原子的平均密度，式(6.1.8)也可写成

$$I(K) = \sum_i |f_i|^2 + \sum_i \sum_m f_i f_m^* \int_0^{\infty} \frac{4\pi r^2 [\rho_m(r_i) - \bar{\rho}_m]\sin(Kr)}{Kr}\mathrm{d}r$$

$$+\sum_i \sum_m f_i f_m^* \int_0^\infty \frac{4\pi r^2 \bar{\rho}_m \sin(Kr)}{Kr} \mathrm{d}r \tag{6.1.9}$$

上式,右边第二项表示原子分布偏离平均密度对衍射强度的贡献;第三项表示平均密度产生的本底值.

为简单计,只考虑单元系非晶体情况.若非晶体是由 N 个单一原子组成的,则式(6.1.9)为

$$I(K) = Nf^2 + Nf^2 \int \frac{4\pi r^2[\rho(r) - \rho_0]\sin(Kr)}{Kr} \mathrm{d}r + Nf^2 \int \frac{4\pi r^2 \rho_0 \sin(Kr)}{Kr} \mathrm{d}r \tag{6.1.10}$$

可以证明,式(6.1.10)右边第三项只在小角散射范围 $\theta<3°$时,才有一定的强度.在通常大角散射测量的角范围 $3°<\theta<120°$内,其强度与第一、二项比较足够小,可以忽略不计.因此,大角散射时,平均一个原子的弹性散射强度 $I_\alpha(K)$为

$$I_\alpha(K) = \frac{I(K)}{N} = f^2 + f^2 \int_0^\infty 4\pi r^2[\rho(r) - \rho_0] \frac{\sin(Kr)}{Kr} \mathrm{d}r \tag{6.1.11}$$

定义**干涉函数**(又称相干函数)

$$i(K) = \frac{I_\alpha(K) - f^2}{f^2} \tag{6.1.12}$$

它是可以通过测定散射强度而由实验确定的物理量.对单元系,它仅由原子的类型及其分布状态决定.由式(6.1.11)可知

$$i(K) = 4\pi \int r[\rho(r) - \rho_0] \frac{\sin Kr}{Kr} \mathrm{d}r \tag{6.1.13}$$

利用 δ 函数的定义

$$\delta(x) = 2 \times \frac{1}{2\pi} \int_0^\infty \mathrm{e}^{ikx} \mathrm{d}k \tag{6.1.14}$$

根据傅里叶变换,很容易求得

$$\begin{aligned} \int_0^\infty 2i(K) \frac{1}{\pi} Kr' \sin Kr' \mathrm{d}k &= \int_0^\infty 4\pi r^2[\rho(r) - \rho_0] \frac{4r'}{r} \times \frac{1}{2\pi} \int_0^\infty \sin Kr \sin(Kr') \mathrm{d}r \mathrm{d}k \\ &= \int_0^\infty 4\pi r[\rho(r) - \rho_0] \frac{r'}{r} \delta(r - r') \mathrm{d}r = 4\pi r'^2[\rho(r') - \rho_0] \end{aligned} \tag{6.1.15}$$

于是

$$4\pi r^2 \rho(r) = 4\pi r^2 \rho_0 + \frac{2r}{\pi} \int_0^\infty i(K) k \sin(Kr) \mathrm{d}k \tag{6.1.16}$$

上式表示,从实验测得衍射强度 $I(K)$后,再由平均原子密度和已知的原子散射因子,就可通过上述傅里叶变换求得非晶体的径向分布函数 $4\pi r^2 \rho(r)$.同时其配位数 $N(r)$ 也可大略地由积分 $\int_{r_1}^{r_2} 4\pi r^2 \rho(r) \mathrm{d}r$ 求得.

这里需要指出，一个实验观察到的径向分布函数并不能和一个确定的结构模型唯一对应. 也就是说，在相当范围内的拓扑上有区别的结构，都有相同的实验观测径向分布函数. 这是由于径向分布函数的统计平均性质造成的，这种平均的图像漏掉了一些有关化学序以及化学键方面有价值的信息. 尽管如此，径向分布函数的使用大大地缩小了可能结构的范围，因此在非晶态固体的研究中仍得到广泛应用.

6.1.4 扩展 X 射线吸收精细结构谱(EXAFS)

如前所述，通常的 X 射线散射实验所测得的径向分布函数所描述的是固体中原子的平均周围环境. 对单元系固体，这也许是相当满意的，但对多种原子组成的固体，这种平均丢失了固体化学键方面的重要信息. 例如，对典型的共价硫系玻璃 As_2S_3，其实际的短程序最近邻配位数为 $N(As)=3$ 和 $N(S)=2$，但从 X 射线散射实验测定得出的 RDF 的第一峰下面积看，得到的是 $N=2.4$，相当于加权平均. 它无法区分 As 与 S 原子各自的贡献. 我们希望能够对每一种原子，不仅能直接确定最近邻数及其径向位置，而且还能够确定它们化学上同一性. EXAFS 技术提出了研究多元系非晶态固体的重要实验方法. 用这种方法可以得到每个组分的偏 RDF，如 As 原子和 S 原子分别所处的几何环境 $\rho_{As}(r)$ 和 $\rho_S(r)$.

EXAFS 是凝聚态材料 X 射线吸收谱中存在的一个重要现象. 当 X 射线进入凝聚态材料时，材料物质中处于低能态的电子，通过与 X 射线的作用，吸收光子后跃迁到费米能级以上的空态，这个过程表现为 X 射线在材料中强度不断衰减，称为 X 射线的吸收. 各种元素的吸收系数 μ 随 X 射线波长(能量)的变化，一般情况下满足 Victoreen 公式

$$\mu = C\lambda^3 + D\lambda^4 = a\frac{1}{E^3} + b\frac{1}{E^4} \tag{6.1.17}$$

即吸收系数随着 X 射线能量的增大而缓慢减小. 但是，每一种元素在某些特定能量处出现吸收系数的突变. 吸收突变所对应的能量(波长)称为吸收边，如图 6.1.4 所示. 吸收边的产生是由于当 X 射线光子能量较大，使得原子内层电子被 X 射线激发而跃迁到类自由电子状态，成为光电效应中的光电子. 这时，X 射线就被大量吸收而产生吸收突变，于是在吸收谱中出现吸收边. 除此之外，EXAFS 是指在吸收边高能侧一定的能量间隔内，将出现吸收系数随 X 射线能量的增大而振荡变化的现象. 这种振荡可延伸到高于吸收边 10^3 eV 处，如图 6.1.4 所示. 正是这个特殊的精细结构包含着材料的结构信息，其作用类似于前面在结构的大角散射实验中讨论过的干涉函数. 由于不同元素原子的 X 射线吸收边的谱位是各不相同的，因此 EXAFS 技术可用于分别探测固体中不同种类原子的环境. 于是近年来用 EXAFS 研究非晶结构受到极大重视.

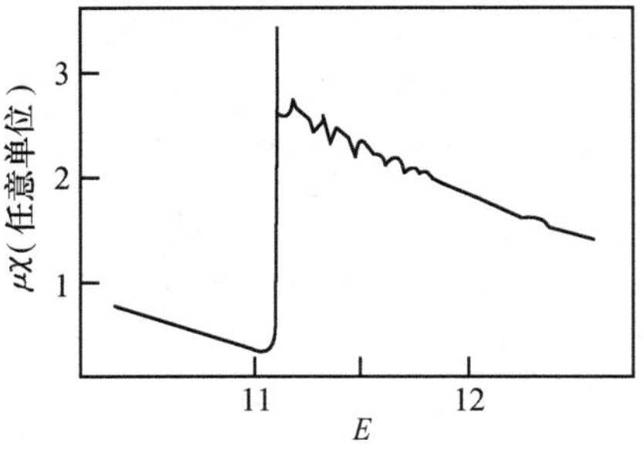

图 6.1.4　锗的 $\mu\chi$-E 实验曲线，吸收限处取为能量零点

早在 1929 年就已发现 EXAFS 现象，但其正确的理论在 20 世纪 70 年代以后才逐步建立和完善起来. 目前公认的是短程作用理论，它的物理图像简介如下：

对单原子气体，原子间距比光电子的平均自由程大得多，光电子所对应的德布罗意波可自由地向外传播，这时吸收系数满足式(6.1.17)，即从吸收边开始，吸收系数随着能量增加而单调下降，如图 6.1.5(a)所示. 但对凝聚态物质来说，由于吸收原子周围存在其他原子，它所射出的光电子被邻近原子散射，形成背散射波，如图 6.1.6 所示. 出射波与背散射波在吸收原子处发生干涉. 随着 X 射线能量的增大，出射的光电子德布罗意波长 λ 值减小，从而使出射和背散射波的相位差发生变化. 当两束波的相位相同时，相干波加强；相位相反时相干波减弱. 这样吸收原子的末态波函数将发生振荡变化，从而使跃迁概率矩阵元 $\boldsymbol{M}_{fi}$ 也具有振荡变化的性质，于是导致吸收系数随入射 X 光子能量的增大而振荡变化的特性，这就是 X 射线吸收谱的精细结构. 由于只有同种原子的散射波才能

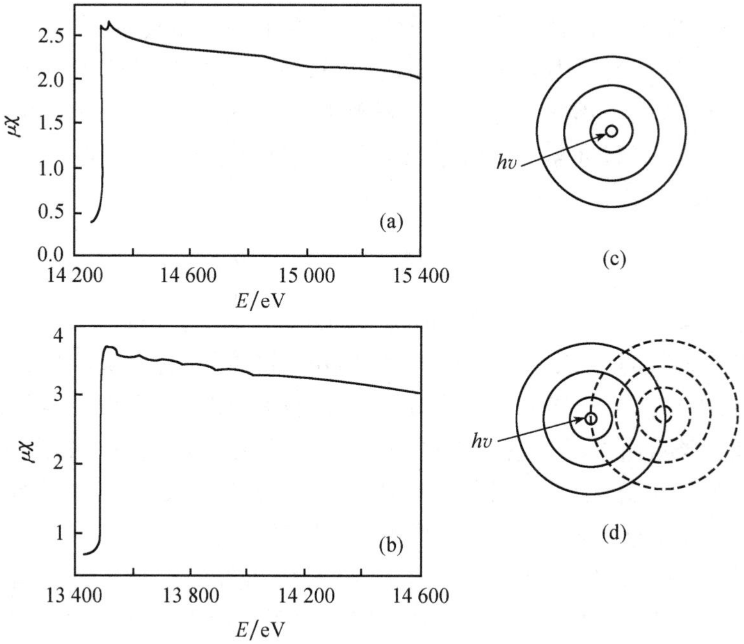

图 6.1.5　单元子和双原子气体的 $\mu\chi$-E 曲线及其光电子德布罗意波的传播过程

(a)单原子气体氪；(b)双原子气体 Br_2 的 $\mu\chi$-E 曲线；

(c)和(d)分别示出相应的 X 射线吸收过程

与出射波发生干涉,因此 EXAFS 的特性与吸收原子周围近邻同种原子的排列情况密切相关. 这就是它可以用作短程结构分析的原因所在.

如果 μ 为凝聚态物质中某组元的 X 射线(单能)线吸收系数,μ_0 为该组元在处于自由原子态时线吸收系数, μ_0' 为凝聚态物质中不考虑周围原子散射作用时的线吸收系数,且有 $\mu_0'=\mu_0(1+\Delta\mu^s)$,其中 $\Delta\mu^s$ 表示由于物质中吸收原子周围原子的位场作用对自由原子态线吸收系数的修正作用. 定义 EXAFS 函数 $x(k)$ 为

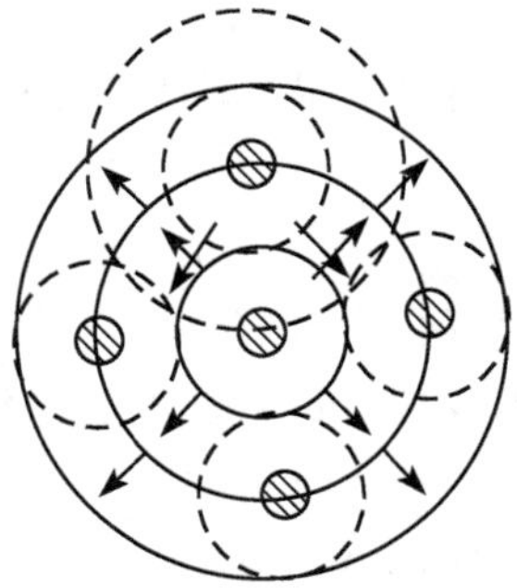

图 6.1.6　EXAFS 产生原理示意图

$$x(k)=\frac{\mu-\mu_0'}{\mu_0} \tag{6.1.18}$$

在单电子、单次散射近似下,通过理论推导,对 K 吸收(1s 电离吸收)谱和 L(2s)吸收谱.其 EXAFS 函数为

$$x(k)=\sum_j \frac{N_jF_j(k)}{kr_j^2}e^{-2r_j/l}e^{-2k^2\sigma_j^2}\sin[2kr_j+2\varphi_j(k)] \tag{6.1.19}$$

式中,j 是配位层序号;k 为光电子的德布罗意波,$k=2\pi/\lambda_e$;r_j 为以吸收原子为球心的第 j 层配位球层的半径;N_j 是第 j 配位层的配位数;$F_j(k)$是第 j 配位层内每个原子的背散射振幅;$e^{-2r_j/l}$是由于近邻原子的非弹性散射作用而引入的振幅衰减因子;l 是光电子的平均自由程,表示光电子波保持能量不变时可以传播的平均距离; $e^{-2k^2\sigma_j^2}$ 称为 j 配位层的 Debye-Waller 因子,σ_j^2 表示相对于吸收原子 j 配位层原子偏离平均位置的方均值. 由于吸收原子和近邻原子之间的这种相对位移,使出射波与背散射波之间的相位关系发生变化,导致 EXAFS 振幅衰减,$e^{-2k^2\sigma_j^2}$ 因子表示这种效应; $\varphi_j(k)$称为相移因子,$2\varphi_j(k)$表示由于吸收原子和 j 配位层原子的势场作用,引起出射波和背散射波在吸收原子处形成的相干波的相移.

由式(6.1.19)可明显看出: $x(k)$是一系列正弦振荡的叠加,每一个振荡是不同配位层的贡献. 如果某配位层上有几种原子时,每一种原子均独立作为一个配位层处理. 由于电子的平均自由程 l 有限,而高层的 σ_j^2 很大,因而一般只有前一、二层的贡献是主要的,求和可只对一、二层进行. 原则上由 $x(k)$可得到非晶结构的重要信息,如从振荡频率可得到有关吸收原子近邻距离 r_j 的信息;从振荡振幅就得到有关配位数 N_j、原子类型及其分布的信息. 这些信息可通过对 $x(k)$的傅里叶变换得出:

$$\varphi(r)=\frac{1}{\sqrt{2\pi}}\int_{k_{\min}}^{k_{\max}}k^n x(k)e^{i2pkr}dk \tag{6.1.20}$$

式中,$\varphi(r)$称为径向结构函数(RSF),它实际是吸收原子周围原子的径向分布函

数；$n=1,2$，或 3，是由经验选定的参数，在多数情况下 $n=3$ 最为适宜. 例如，在忽略各种衰减和附加相移情况下，式(6.1.19)为

$$x(k)=\frac{1}{k}\sum_{j}\frac{N_j}{r_j^2}\sin(2kr_j) \tag{6.1.21}$$

上式代入式(6.1.20)可得出一系列的 δ 函数，δ 函数异于零之处给出距离 r_j，δ 函数的权重可以给出配位数 N_j.

总之，EXAFS 可以测定出复杂的非晶态固体中不同种类原子的最近邻和次近邻环境，给研究无定形短程结构提供了普通 X 射线衍射所不能替代的方法；而且它的原理对晶体也同样有效，也可用于晶体短程结构研究.

最后指出，在式(6.1.19)的推导过程中曾作了一系列的理论近似，包括忽略多重散射的单散射近似和平面电子德布罗意波近似. 这种近似只能在大于吸收边 80eV 以上的能量范围才适用，而在 30～80eV 之间需对平面波进行修正. 在靠近吸收边 30eV 范围以内，多重散射十分重要，此时称为 X 散射吸收近边结构(XANES)，EXAFS 理论不再适用.

6.2 非晶态的结构模型

6.2.1 非晶态结构模型

结构模型方法是固体物理学重要的研究方法. 由于现有实验技术的局限，至今尚不能对非晶态固体内部的原子排列结构进行精确的测定和描述，因而结构模型方法在非晶态结构研究上就显得更为重要.

结构模型是人们对非晶态固体原子在三维空间分布的一种猜想，其正确与否必须由根据实验测定的物理量进行判定. 当根据模型结构计算出的物理量与实物的实验测量结构达到一致时，该结构就被认为是所研究物质的一种可能结构. 径向分布函数是检验结构模型最重要的实验判据.

结构模型可以是实物，也可以是计算机中的数据. 由于计算机模拟方便、快速，较容易地控制一些参量，故已成为模拟非晶态结构的主要手段.

由于短程结构是由原子间键合的性质和特点所决定的，因此对具有明显方向性的共价键结合的非晶态半导体和无方向性的金属键结合的非晶态金属及合金，必显示出不同的结构特征，因而必须采用不同的模型. 下面仅介绍两种与实验适配较好的模型.

1. 刚球无规密堆(DRPHS)模型

DRPHS 模型是目前公认较好的非晶态金属和合金的结构模型. 这是由于刚

球高度的对称性与金属键的无方向性质及原子具有密堆积趋势的特点相一致所致.设想把金属原子看成不可压缩的刚性球,把大量等大的刚性小球做无序的,尽可能密集的堆积.通常是把刚球放入有伸缩性的形状不规则的容器——如橡皮袋内,通过挤、压、揉、搓等使刚球尽可能地紧密堆积,然后设想固定刚球位置,例如用石蜡封固,即获得 DRPHS 模型.在此模型中,不存在可容纳一个球的间隙,同时刚球是无规则排列的;当任何两球之间的间距大于直径的 5 倍时,它们位置之间的相关性很弱,不出现规则性周期排列的有序区.

通过对模型中各球球心坐标的记录,可确定堆积密度及计算径向分布函数.根据 DRPHS 模型计算获得的结果与实验的径向分布函数基本符合,特别是对过渡族金属非晶态合金,两者符合较好.因而 DRPHS 被公认为是描述非晶态合金结构较成功的模型.

Finney 曾经建造了一个包含有 793 个硬球的模型.发现其无规密堆有一个明确的堆积密度上限 0.6366,比密堆晶体的最紧密堆积密度值 0.7405 低.实验表明,企图通过增加密度而连续地从无规密堆积过渡到晶态密堆积是不可能的,要实现这种从非晶态到晶态的转变,必须先拆散原来的结构,然后重排.这种转变是一个重构过程,需要拓扑上的变化.

另外,DRPHS 模型结构并非粒子的完全混乱无序状态,它具有一些不同类型的局域短程序.如果以某原子为中心作其最近邻原子的连心线,以这些连线为棱边所构成的多面体,称为 Bernal 空洞,则可以用来描述这些短程序.实验发现,DRPHS 只可以,且仅仅有 5 种不同的 Bernal 多面体,它们是:①四面体;②八面体;③有三个半八面体的三角棱柱;④带有三个半八面体的阿基米德反棱柱;⑤四角十二面体.如图 6.2.1 所示.这 5 种多面体以一定的概率在 DRPHS 模型中出现.把非晶态结构中的这些局域结构单元与晶体中的情况比较,两者的差别是显而易见的.例如,在密排结构晶体中,这种结构单元仅有两种:占 66.7%的正四面体和占 33.3%的正八面体.由此说明,非晶态结构虽是短程有序,而且最近邻结构与相应的晶体很相似,但表征其近邻几何状态的多面体与密排晶体的情况之间有重大差别,这正是其长程无序性的必然反映.

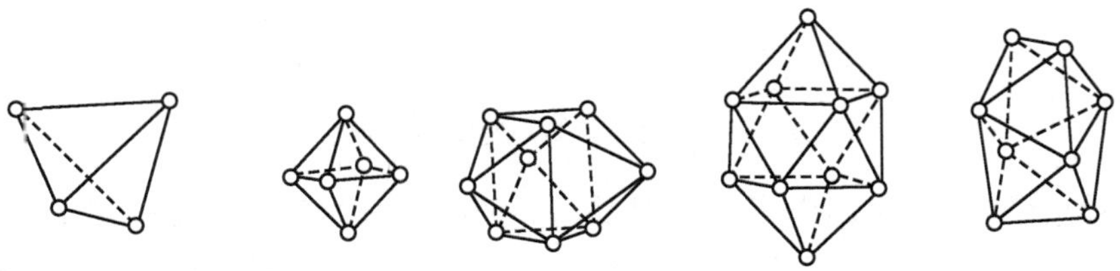

(a) (b) (c) (d) (e)

图 6.2.1 理想的 Bernal 多面体

2. 连续无规网络(CRN)模型

对以共价结合的非晶态固体，由于共价键的方向性，原子排列只能在一定的方向上形成. 例如，对非晶态锗、硅薄膜进行电子和 X 射线散射研究表明，它们的最近邻四面体结构单元仍然存在. 但是，与晶体相比，键长可有百分之几范围内的变化，四面体的键角可有 $\pm 10°$ 以内的畸变. 基于这些实验结果，Polk 首先提出了非晶态半导体结构的无规网络模型. 模型假设每个原子仍满足 $8-N$ 定则所要求的配位数，但共价键的键长和键角允许在一定范围内发生畸变. 这样，原子最近邻的键长、键角与晶体相比变化不大，有类似的短程结构. 但是由于从一个结构单元到另一个结构单元无固定位形上的联系，而且是随机性的连接，因而无长程序. 如果用球代表原子位置，线段代表键的大小，线段间的夹角代表键角，则所有球和线段组成的网络即为非晶态的**无规网络模型**.

为了对非晶态无规网络模型有一个具体的认识，现以 Polk 在 1972 年建立的四价元素 Si、Ge 等的非晶态模型为例予以说明. 我们知道，金刚石晶体中，每个原子周围有 4 个最近邻原子，构成正四面体结构单元. 其在(110)面上的原子排列构成图 6.2.2(a)所示的正六边环状蜂窝结构. Polk 建立了一个 440 个原子的无规网络结构，要求键长的变化限制在 1%范围内，键角的变化不超过 10°；并要求每个原子有 4 个最近邻配位，不出现悬空键；连接时产生的应力尽可能小，密度尽可能大，同时应能连续扩展充满整个空间. 此模型在相应(110)面的原子排列，如图 6.2.2(b)所示. 与图 6.2.2(a)比较可见，其中不仅有六原子环，也有五原子环、七原子环出现，也就是说晶格的拓扑性质被搅乱了. 虽然最近邻配位数和配位位形与相应晶体相差很小，但是长程拓扑却是无序的.

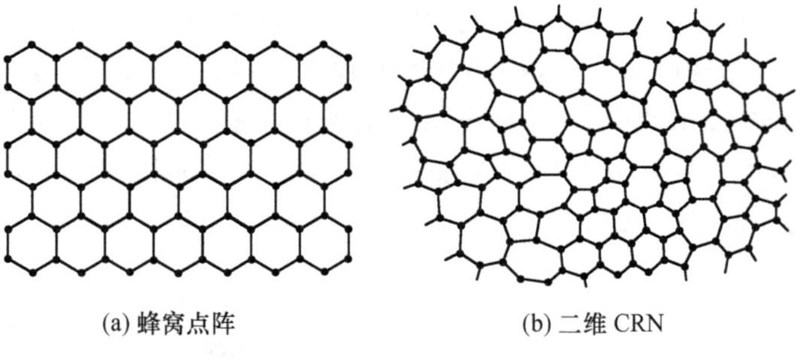

图 6.2.2　规则和无规则网络结构示意图

实验结果表明，由 CRN 模型所计算得到的径向分布函数与实验基本符合，如图 6.2.3 所示. 其他非晶态固体，如 As、SiO_2 等的 CRN 网络模型在径向分布函数、密度等方面也都获得与实验较好符合的结构. 因而 CRN 模型对非晶态半导体是有效的.

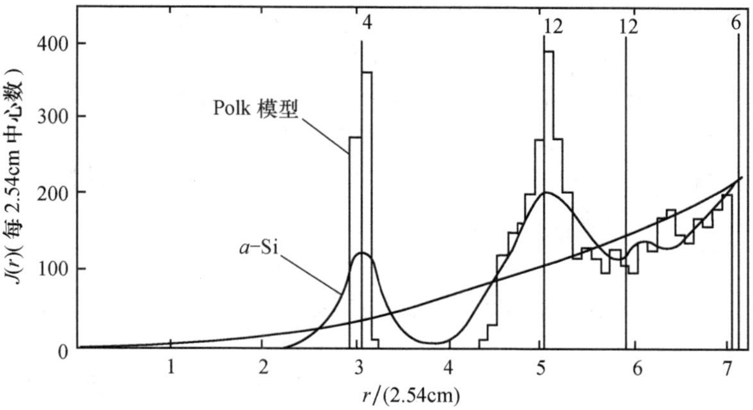

图 6.2.3 由 Polk 模型所得到的径向分布函数与非晶 Si 的径向分布函数的比较

6.2.2 非晶态材料中的缺陷

晶体的缺陷定义为对理想晶格周期性结构的偏离. 由于理想晶格本身非常明确,因而对各种偏离(缺陷)的描述也就非常清楚. 然而,对非晶体,各种偏离(缺陷)就变得难以判别和描述了. 这是因为非晶体是高度无序的,不存在适用于各类非晶态材料的统一微结构模型,即非晶体结构的理想结构本身就是不确定和不明晰的,不存在判断是否为缺陷的参照样本. 但是对非晶态半导体,倒可以把对理想连续无规网络的偏离,定义为半导体中的缺陷. 典型的缺陷有以下几种:

(1) 悬挂键. **悬挂键**即缺少配对电子的共价键. 在 Si 等四度配位的非晶态半导体中,悬挂键是一种密度很高的缺陷. 由于在悬挂键上只有一个未成对的电子,它可在半导体能隙中产生缺陷能级,成为施主能级(释放掉未成键电子,成为正电中心)或受主能级(接受第二个电子成为负电中心),因而可改变材料的性质.

(2) 空位. 如图 6.2.4 所示,显然**空位**与非晶态固体内部的悬挂键的存在相联系.

(3) 微孔. 当空位相互聚合时,将在固体中形成**微孔**,显然微孔表面会出现悬挂键.

(4) 杂质. 非晶态半导体中的杂质与晶体中杂质定义完全相同. 原则上说,出现在结构中的杂质都应看成是缺陷,但通常人们只注重那些电学上具有活性的杂质. 有些杂质并不强调它们作为缺陷

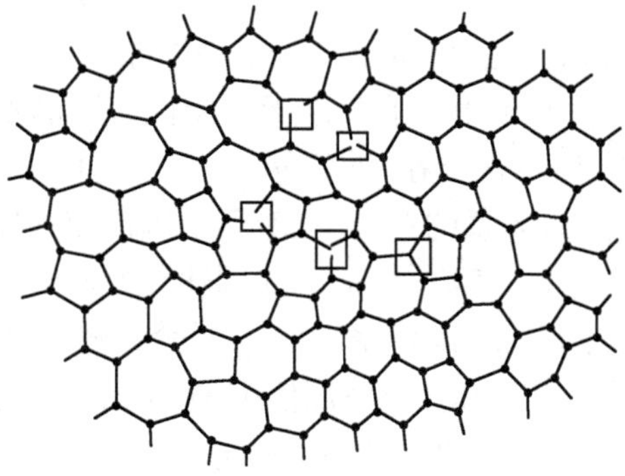

图 6.2.4 非晶体中的悬挂键与空位

的作用. 例如,Si 中的 H 具有使悬挂键饱和的作用,从而可清除悬挂键在能隙中产生的能级,使 Si 中的缺陷局域态密度降低几个数量级.

此外,在Ⅲ-Ⅴ化合物非晶态半导体中,可能存在同类原子键缺陷等. 非晶态材料通常具有很高的缺陷态密度,由于这些缺陷态的存在,使得非晶体一般具有两个特点:一是材料的掺杂效应极不明显,二是费米能级被钉扎在能隙中央. 对此我们不再进行讨论,感兴趣者可参阅有关书籍.

6.3　非晶态固体中的定域态-非定域态转变

晶态固体物理学中所处理的各种问题,尽管千变万化、丰富多彩,但还是有共性存在的,其理论的核心概念是周期结构中波的传播,不论是纵波还是横波,是弹性波还是电磁波、德布罗意波,都统一在波的运动这种共同点上. 晶格动力学所讨论的问题是弹性波或晶格波的传播,X 射线这种电磁波在晶体中的传播构成 X 射线动力学. 德布罗意波,即电子在晶格中的传播导致能带理论. 理论的共同点在于充分利用了晶体的平移对称性(周期性),把一个极端复杂的多粒子系统进行富有成效的简化处理. 采用量子力学的绝热近似,将离子和电子分为两个子系统处理,分别形成了晶格动力学和能带论两个理论支柱.

在周期结构中波都是非局域(或称非定域)的,即它扩展到整个晶体样品中,或称为**扩展波**. 只有在偏离理想周期性的缺陷周围才会产生**局域波(定域波)**. 那么在长程无序的非晶态固体中,波的传播形态如何呢? 这是固体物理学近年来的一个重要发展方向. 由于研究的对象极其复杂,理论处理难度很高,以及许多问题尚无定论,迄今为止,尚未能揭示出可以与布洛赫定理等相比拟的,带有普遍意义、威力强大的基本原理. 但是通过多年的努力,已经建立了一些重要的基本概念,如局域化、渗流、标度不变性等,且日益受到重视.

自 1958 年安德森(Anderson)提出电子局域化以来,关于非晶态固体中波的传播问题,可得出以下粗略图像:

(1) 由于非晶态无周期性,从而标志平移不变性的色散关系 $\omega(q)$,能带结构 $E(k)$不再存在,波矢 q(声子)、k(电子)量子数不再有意义. 但不论是晶态还是非晶态,体系的总自由度不变,因而模式密度、能态密度的概念依然有效,如对粒子振动来说,仍有 $3N$ 个简正坐标,因而有 $3N$ 个本征振动模式,振动模式按频率有一定的分布,即模密度 $\rho(\omega)$概念仍然有效.

(2) 在非晶态固体中,无序结构的势函数的无规分布起到重要作用. 如果无序度足够强,非晶固体中一些电子的德布罗意波、光波和弹性波被局域化,处在局域态的电子或声子、光子在空间上被限制在晶体中几个原子线度的区域内,而在其他处的振幅很小,可以忽略. 其波函数可用指数型空间局域化函数 $e^{-\frac{r-r_0}{\xi}}$ 表示,这里 r_0 为一指定的中心位置，ξ 为定域化长度.

(3) 波的态与非晶体的无序程度有关. 当无序程度超过某一临界值时，全部态都是局域态；当无序程度低于某临界值时，可出现部分是局域态，另一部分是扩展态的两态共存图像. 即无序程度可导致局域态到扩展态的相互转化. 图 6.3.1 显示了存在化学无序的三维声子系统 $\rho(\omega)$-ω 的曲线. 无序程度的增大，导致带顶区的局域化. 由图 6.3.1 可知，在低频段($\omega \to 0$)，对应于波长 $\lambda \to \infty$，即对应整体的均匀位移，不论无序程度如何，状态总是扩展的. 但随着 ω 的增大，当 $\omega > \omega_c$ 时，将出现扩展态到局域态的转变.

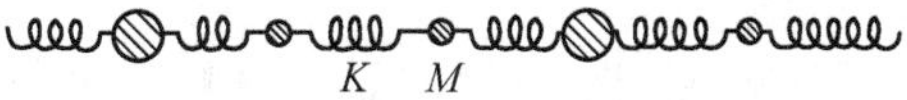

(a) 无序的弹簧－质量系统示意图

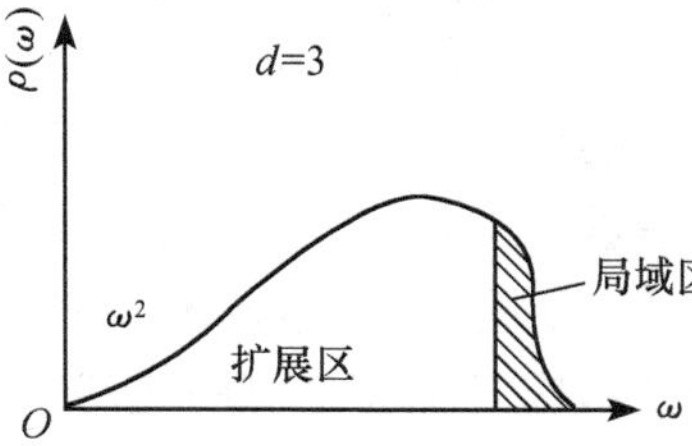

(b) 三维无序系统的声子态密度－频率曲线 无序程度的增大导致顶区的局域化，而 $\omega \to 0$ 的能态总是扩展的

图 6.3.1 无序系统的声子局域化

目前处理局域-非局域互相转变的系统的理论方法甚少，最常使用的方法是逾渗模型. 逾渗理论处理的是无序系统中由于相互联结程度的变化所引起的效应. 可把非晶态中局域-非局域转变与逾渗理论中的长程相互联结性对应起来，而这种长程联结性是由于某些参量，如某种密度、占据数、浓度等的增加而突然发生. 下面将以非晶态半导体的电子状态为例介绍局域-非局域转变及用逾渗模型的解释.

6.4 非晶态固体(强无序系统)的电子理论

非晶态固体的电子理论仍在发展之中，本节以非晶态半导体电子理论为例说明非晶态固体作为强无序系统电子理论的现状和要点.

一种材料的基本性质主要取决于短程序而不是长程序. 如 6.3 节所述，非晶态硅的近邻仍有 4 个原子，基本上呈四面体配置，形成连续无规网络，相邻原子形成共价键，因而也是典型的半导体材料，而且与晶体硅有大体相同的能带结构：导带、价带和带隙. 但熔融状态的硅具有 6 个近邻原子，其短程序与固态硅完全不同，因而其电子结构也完全不同. 基于这种考虑，目前非晶态固体电子理论仍以能带模型为其主要理论模型，它在解释非晶态半导体的电学、光学以及光电性质上取得了相当的成功. 但是，它也存在着很多困难，如不能解释 Hall 效应的实验结果等. 因此还有人提出了一些其他模型，如 Einin 的小极化子模型和 Cohen 等人的双极化子模型等，但这些模型都存在着一些不可克服的矛盾，因此像晶体能带理论那样较完整的非晶态电子理论仍处于初创阶段. 本节只介绍非晶能带理论——强无序系统单电子定域化及其带来的一些物理效应.

6.4.1 非晶态半导体能带理论要点

把 6.3 节关于非晶体中波的特点，直接用于非晶电子态，可得到非晶能带理论的要点是：

（1）能带. 虽然非晶态材料缺少长程周期性，但从本质上说电子状态取决于原子之间的成键方式，即取决于短程序. 因此当原子结合成非晶态半导体时，根据紧束缚近似——原子轨道线性组合法，非晶态固体中电子的波函数是各个原子电子波函数的线性组合，原子的能级分裂成一个能带. 晶态与非晶态的差别在于线性组合的系数不同，能级分裂成能带后能级分布的细节不同.

（2）定域态. 非晶态半导体中离子势场 $V(r)$ 不是周期函数，不存在量子数 $\boldsymbol{k}$ 及能谱结构 $E_n(k)$. 但能态密度 $g(E)=\lim\limits_{\Delta E\to 0}(\Delta N/\Delta E)$ 的概念仍然存在，也就是说对于非晶态半导体，可采用能态密度函数的办法来表示能带. 图 6.4.1 给出了晶态半导体与非晶态半导体的能态密度曲线. 对于半导体，人们最关心的是价带顶和导带底. 对晶态，价带顶和导带底的能态密度呈抛物线变化. 对非晶态，由于成分或拓扑学上的无序，势场的无序起伏在价带顶和导带底引起定域的“尾巴态”即允许

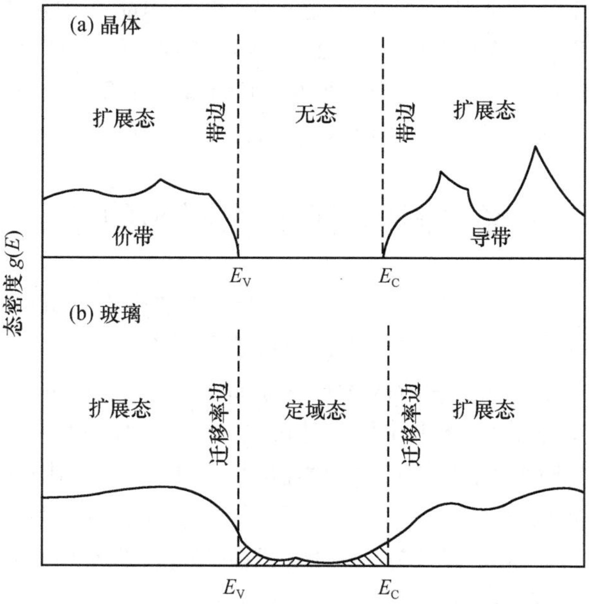

图 6.4.1　对晶态与非晶态半导体电子态密度的示意图

示意图所示的是最高占据态与最低空态附近的行为. $g(E)\mathrm{d}E$ 代表单位体积内能量处于 E 到 $E+\mathrm{d}E$ 内的电子态数. 对于许多电学性质而言，非晶态固体中迁移率边所起的作用类似于晶体中带边所起的作用

态向带隙中延伸形成“带尾”. 对于小的无序度,只有带尾的态是局域的. 定域态的能态对应于价带顶或导带底的尾巴区域. 在每个能带的主要部分内,态都是扩展的. 如图 6.4.1 所示. 对于小于临界值的中等无序度,如图 6.4.2 所示那样,有两个能量 E_C 和 E_V 把定域态与扩展态分离开来.

(3) 迁移率边. 非晶态半导体中电子的本征函数不再是布洛赫波,其电子态本征函数如 6.3 节所述可分为扩展态和定域态两种:**扩展态**电子波函数遍及整个材料,而**定域态**电子波函数仅局限在某一局域范围之内,随着与此区域中心距离的增大而以指数衰减. 图 6.4.3(a)、(b)分别示意了两类波函数的差别. 它们之间的分界 E_C 和 E_V 称为迁移率边,即导带中 $E>E_C$,价带中 $E<E_V$ 是扩展态,反之为定域态. 两个迁移率边之间的能量间距叫做**迁移率隙**,这是晶态半导体能隙概念的直接延伸. 通过改变无序度,特别是掺杂半导体的杂质浓度,费米能级的扩展态可以被定域化,这一过程可以改变电导,从而使材料出现金属—绝缘体转变,这就是**安德森转变**.

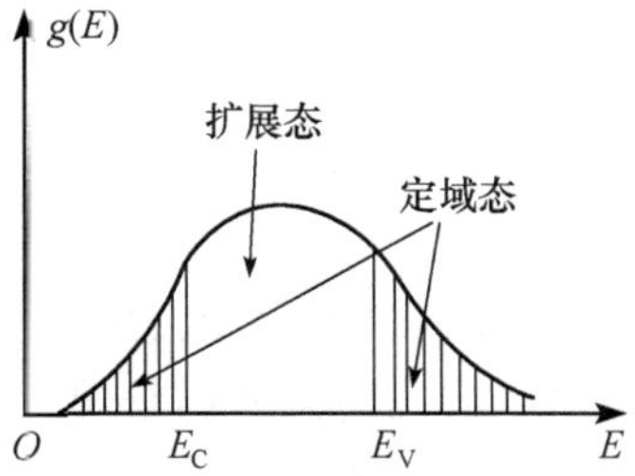

图 6.4.2 非晶态材料的能态密度示意图

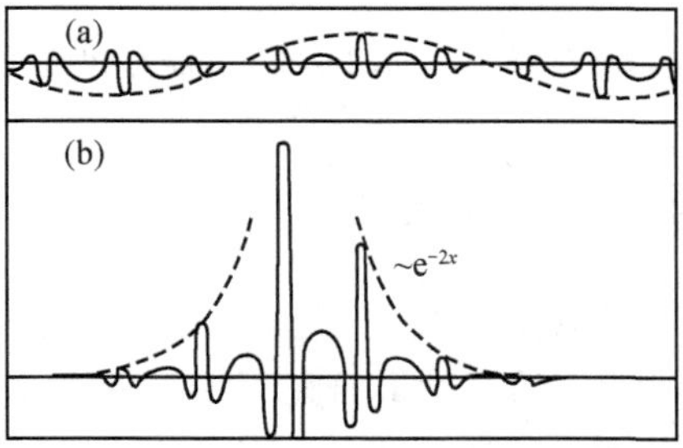

图 6.4.3 扩展与定域的电子态之间的区别
(a) 显示了布洛赫型扩展态波函数;
(b) 给出了定域态波函数

(4) 迁移率隙及迁移率突变. 非晶态结构相当于理想周期结构的畸变和缺陷,因而使得离子实对电子的散射加剧,电子的平均自由程减小. 当平均自由程接近原子间距的数量级时,关于电子在晶态半导体中的漂移运动图像 $f_t=\hbar\boldsymbol{k}$ 已变得无意义. 莫特认为,迁移率边就对应于电子平均自由程接近原子间距的情况. 扩展态中电子的平均自由程大于原子的平均间距,它们的运动规律类似于晶体中的电子,但迁移率要小得多,这是由散射加剧使平均自由程减少所致. 对于定域态电子,它们被束缚在某一范围内,电子由一个定域态跳到另一个定域态需要声子协助,形成跳跃式导电,这种跳跃式导电的迁移率很低,在室温下仅有 $10^{-2}\text{cm}^2(\text{s}\cdot\text{V})^{-1}$的数量级,当温度 $T\to 0\text{K}$ 时,迁移率趋于零. 这就是说在扩展态和定域态分界处有一迁移率突变,这就是为什么称其为迁移率边的原因. 导带、价带迁移率边之间的距离 E_C-E_V 称为迁移率隙宽度,在这个范围内只有定域态存在,它的作用犹如晶态半导体中的禁带宽度,或称为电子禁带宽度,以区别于状态的禁带 E_A-E_B,如图6.4.4(b)所示.

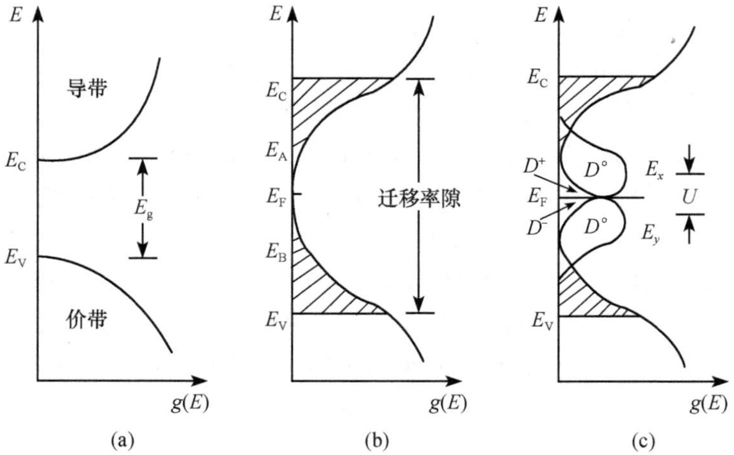

图 6.4.4 晶态和非晶态半导体的能态密度分布模型

6.4.2 安德森定域化模型

安德森在 1958 年首次提出了把无规势场和电子定域化相联系的思想. 他在紧束缚近似的基础上研究了一个三维无序系统. 假定格点的几何排列仍是规则的,但每个格点的势场是无规变化的,即实际为一化学无序系统,如图 6.4.5 所示. 安德森的数学推导极其严格且极其困难,这里只给予定性说明:若用 W 表示势场起伏幅度,V 表示对应晶体在紧束缚近似下的能带宽度. 安德森证明了当无量纲的无

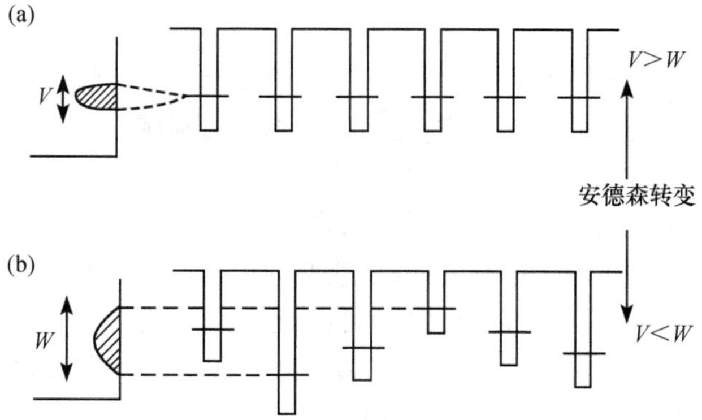

图 6.4.5 安德森转变的单电子紧束缚图像,当无序的宽度 W 超过带宽 V 时,无序引起的定域发生

序参量 W/V 足够大时，能带中所有的电子态都是定域的，称为安德森转变. 安德森指出，存在一个临界值$(W/V)_c$，当 $W/V>(W/V)_c$ 时，就发生**安德森转变**.

无序引起的定域化概念后来被莫特等人扩展，他们指出，当 $W/V<(W/V)_c$ 时，能态中的状态函数将是部分定域化的. 每个能带中心的态是扩展态，带顶和带底是定域态. 这是由长程无序引起的允许带内的状态向禁带中的延伸，即带尾所致. 从能带中心到带尾有一个临界能量，称为迁移率边，如图 6.4.1 所示. 迁移率边的位置依赖于无序程度(即 W/V 的值). 无序程度越大，带尾的区域越宽. 当一个带的带顶和带底的迁移率边相重时，就意味着全部是定域态. 这就是安德森研究的情况. 由此可见，对于一个给定的能量，其对应的波函数只能是定域态或扩展态两者之中的一个.

顺便指出，对非晶态金属来说，如果由于成分、压强、外电场等的改变，使费米能级 E_F 进入带尾定域态范围，则发生金属到绝缘体的转变. 这是由于此时费米能附近的电子不再是自由的. 此时的材料称为费米玻璃.

6.4.3 非晶体中缺陷对能态的影响

莫特和戴维斯认为，对于无缺陷的理想无序网络，即所有的键都是饱和的，此时局域的带尾很窄，只伸展到禁带中十分之几的电子伏，在带隙中无电子态. 如果材料中有悬挂键，则能隙中就会有状态存在，它们既可以作为深施主态，也可以作为深受主态，即在能隙中部可以存在一个施主带和一个受主带；它们可以重叠，也可以不重叠，如图 6.4.6 所示，此时费米能级就在这两个态之间，即把 E_F“钉扎”在禁带的中部.

Choen、Fritzche、Ovshinsky 等人认为，对存在缺陷的非理想无规网络，其无序程度大于理想无规网络. 这种附加的无序使带顶和带底的带尾深入延伸到禁带之中，以至彼此相交. 这时导带底的态来源于导带，当不被电子占据时是电中性的. 而价带顶的态则起源于价带，当有电子占据时是电中性的. 由于两种定域的尾巴态在能隙中的交叠，价带带顶的电子将向导带带底转移，因此在费米能级之上有带正电的状态，而在费米能级之下则有带负电的状态，两者的相互补偿作用使费米能级被“钉扎”在带隙中间. 所谓“**钉扎**”，即费米能级的位置不因少量的浅施主和浅受主杂质的引入而发生变化，因而表现为非晶态

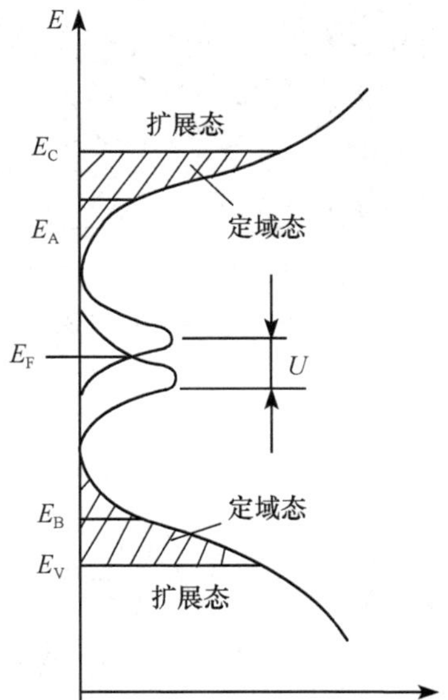

图 6.4.6 缺陷能态

半导体对掺杂的低敏感性.

上述关于非晶态半导体的能带模型统称为 Mott-CFO 模型.

6.4.4 非晶态电子态的经典模型——逾渗理论模型

无序系统电子能态的理论研究引起很多科学家的兴趣,提出了很多理论方法.其中由 Frich 和 Ziman 提出,由 Eggatet 和 Cohen 等发展的**逾渗理论**(percolation theory),物理图像清晰,可看成是安德森转变的经典极限.下面作简单介绍:

把电子看作处于无序系统势场 $V(\boldsymbol{r})$ 中运动的经典粒子;二维无序势场 $V(\boldsymbol{r})$ 可表示成图 6.4.7 所示的地形图线;其某一断面如图 6.4.8 所示;等高线代表的 $V(\boldsymbol{r})$ 等势线,对于能量为 E 的电子,$V(\boldsymbol{r})>E$ 的区域对电子是完全禁止的,电子只允许在 $E<V(\boldsymbol{r})$ 的谷区中运动,在图 6.4.7 和图 6.4.8 中用阴影线表示.显然,E 越高,允许区域所占的比例越大,禁止区所占的比例越小.存在一临界能量 E_C,按电子能量 E 与 E_C 的大小关系,可出现以下 3 种典型情况:

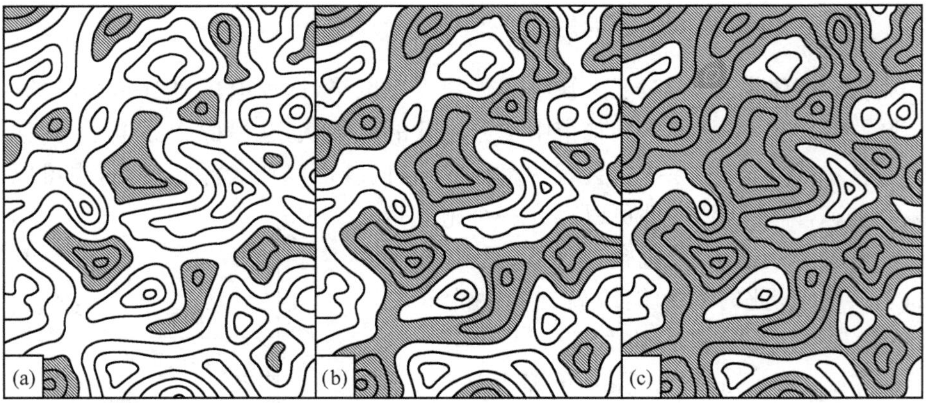

图 6.4.7 二维无规势场中一个经典粒子的逾渗(Zallen 与 Scher,1971)
其等值线代表 $V(\boldsymbol{r})$ 的等势线;(a)、(b)和(c)中的阴影区分别代表能量 E 相继增加下的允许区($V<E$).根据正文的“大洪水”类比,湖向洋的转变(安德森转变的一个经典类比)用圣经故事中在 40 天里水面的上升来表示

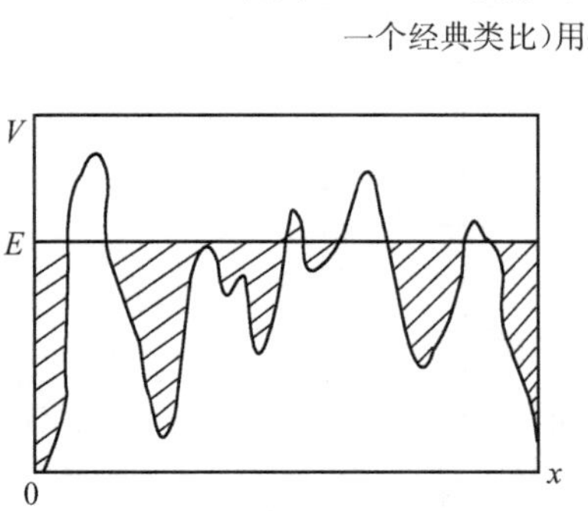

图 6.4.8 图 6.4.7 的某一断面图

当 $E<E_C$ 时,允许区占的比例小,允许区彼此间由禁止区相互分开,如图 6.4.7(a)所示.这时电子被四周的势垒包围,而只能局限在某一区域中,相当于电子处于定域态.

当 $E\geqslant E_C$ 时,禁止区范围缩小,允许区之间开始连通形成沟道,如图 6.4.7(b)所示.这时电子虽然不能到达所有的地方,但它的运动在任何方向上可无限制地扩展,相当于进入扩展态.

当 $E \geqslant E_C$ 时,允许区占有很大比例,相反,禁止区的比例变得很小,如图 6.4.7(c)所示,这时电子在空间的运动可看成是自由的.

因此,临界值 E_C 就是定域态与扩展态的分界,称为逾渗阈值.想象一群被山峰分割的湖,就可具体、生动地理解逾渗模型的几个性质:第一,逾渗阈值与湖的数目有关,当水面很低时,几乎没有湖存在;随着水面的上升,湖的数目增加.但是 $E > E_C$ 时,湖合并成更大的湖或者连成扩展的洋时,湖的数目反而减少了.所以逾渗阈值相应于湖的数目减少速度最快时的水面.这时湖合并成洋而使湖的数目迅速减少.第二,在逾渗阈值处海岸线(湖的边界线)最长,这时大湖的边线形状具有**统计自相似性**.所谓自相似性.就是缩放对称性,即不管对结构作怎样的放大与缩小,结构看上去仍是相同的.这种存在自相似性的几何对象被称为**分形**(fractal).图 6.4.9给出了几种典型的分形结构.它们的显著标志是具有不一定是整数的维数,称之为分维(fractal dimension).分维的引入是欧几里得维数 d 的一个推广.对一个规则的 d 维物体,保持其形状不变,而放大其线形尺寸 l 倍,这时其体积增大 l^d 倍.如果放大前的体积取为 1,放大后 $V(l)$ 那么一定有

$$V(l) = l^d$$

则欧几里得维数 $d = \ln V(l)/\ln l$.在普通实空间取正整数 1、2、3.现在把上述维数定义推广到分形结构,可得到分维的定义为

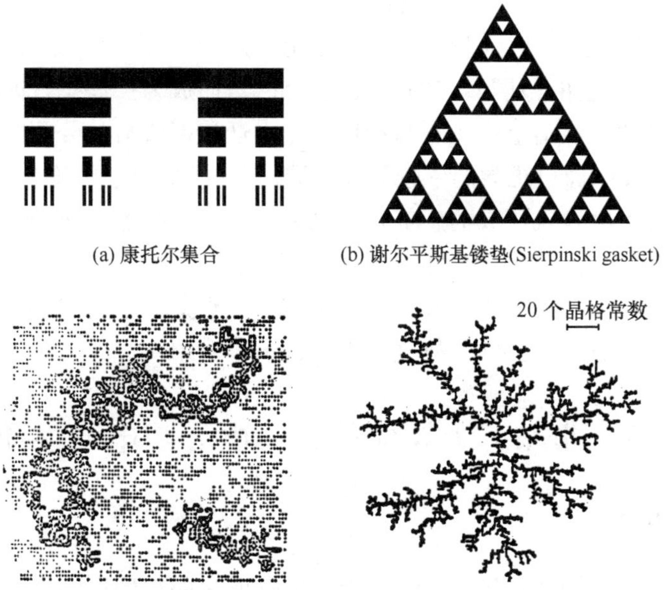

(a) 康托尔集合 (b) 谢尔平斯基镂垫(Sierpinski gasket)

(c) 二维点逾渗集团 (d) 二维扩散限制聚集 (DLA)

图 6.4.9 4 个典型的分形结构

$$D=\frac{\ln V(l)}{\ln l}$$

由此可求得：①康托尔集合 $D=\ln 2/\ln 3$；②谢尔平斯基镂垫 $D=\ln 3/\ln 2$；③二维点逾渗集团 $D=91/48$；④二维扩散限制聚集（DLA）$D=1.71$. 对逾渗模型，当连通沟道刚刚形成时，湖的边界是如此弯曲复杂，以至于其湖岸线与湖面积之比是一个大于 1 的值，按照 1977 年芒德布罗（Mandelbrot）的说法，这些湖的外观特征是“全是皮，没有肉”. 这种湖的精细特征可用分形维数 $D=91/48\approx 1.9$ 来表征. 它比所研究的逾渗过程本身的空间维数 $d=2$ 稍低. 这一分形维数与控制临界点 E_C 附近逾渗系统性质的临界指数有关，对此不再介绍.

由逾渗模型可看出：对二维三维无序系统，都可出现定域—扩展态之间的转变，但一维体系，由于无法像在较高维空间那样绕过 $V(\boldsymbol{r})$ 的山峰，因而一维无序系统都是定域态.

以上用经典物理讨论了逾渗模型. 若考虑到量子效应，有很多地方需作修正. 首先是由于隧道效应，电子能透入 $V(r)>E_c$ 的区域，因而上述绝对清晰的允许区和禁止区的分界线消失了. 但这种半经典近似，在 $V(\boldsymbol{r})$“湖”的特征长度尺寸（可定义为湖的跨越长度的平均值）比典型的德布罗意波长大得多的情况下，仍是合适的.

最后，对非晶态半导体的经典处理（连续区逾渗）和量子力学的处理作一对比. 第一，在经典处理中，当 $E>E_C$ 时，孤立的湖与连通的洋共存，即在扩展态存在的相同能量上定域态也存在. 而量子力学的结论与此相反，由于定域态的波函数不可避免地要与相同能量的包围着它的扩展态相混合，而成为扩展态，即 $E>E_C$ 时，不存在定域态. 因此在能谱上定域态与扩展态是由迁移率边清楚分开的，迁移率边就是 E_C. 第二，两种图像对维数的依赖关系不同. 在一维情况下无论是逾渗处理还是量子力学处理，无序导致所有的态都是定域的. 在高维情况下，经典处理的逾渗转变发生在二维以上的无序系统，即对 $d\geqslant 2$ 维的无序系统存在着逾渗转变. 而安德森转变发生在 $d=2.001$ 维以上（$d\geqslant 2.001$）的无序系统. 由于无序系统定域—扩展态转变的理论仍在发展之中. 故这里不作进一步介绍.

6.5　非晶态半导体的直流电导与电光性质

6.5.1　直流电导

分析非晶态半导体的电导率时，必须考虑非晶态能带结构的以下特点：①在非晶态半导体中存在着两类电子态，一类是价带和导带中的扩展态，另一类是尾带和带隙中的局域态. 处于这两类不同态上的载流子，其导电机理是不同的. ②非晶态半导体的费米能级被“钉扎”在禁带中，基本上不随温度变化. 这些特点使非晶态半导体的电导机理较晶态半导体更为复杂. 处在扩展态的电子，其导电机理类似于晶体的行为. 而局域态中的电子，则要依靠热激发及隧道效应实现从一个中心到另一个中心的跃迁而形成跳跃导电. 在不同温度下，他们对电导的贡献是不同的，因此在不同温度下，电导率的公式也是不同的. 下面从半导体电导率的基本公式 $\sigma=en\mu$ 出发，分别对不同的导电机制进行讨论，为简单计，假设只有一种载流子控制着电荷的输运.

1. 带隙中的缺陷定域态的电导

在低温下，费米能级以下的电子只能被激发到费米能级附近的缺陷定域态上，这些电子只能通过热助隧穿机制产生电导. 由于电子从一个定域态中心迁移到另一个中心必须借助于晶格振动对电子的作用，即吸收一个或几个声子，这是一个热激活过程. 若用 W 表示缺陷定域态之间跳跃的平均激活能，则跳跃概率正比于 $\exp[-W/(k_{\mathrm{B}}T)]$；而电子浓度 n 就是费米能级 E_{F} 附近的能态密度，非晶态半导体的费米能级通常被“钉扎”在带隙中. 基本不随温度变化，所以由 $\sigma=ne\mu$ 可知，局域态之间的**跳跃电导** σ_1 为

$$\sigma_1 = \sigma_0 \exp[-W/(k_{\mathrm{B}}T)] \tag{6.5.1}$$

但是，在极低温度下，声子数及声子能量都很小，因而靠热激活是很困难的. 这时，电子跳跃到最近邻的较高能态的方式就不一定是最可取的；相反，电子可通过跳跃较远的距离而遇到能量相近的空态的概率增加，从而对电导有贡献. 这种电子在带隙缺陷定域态之间做距离不等的跳跃引起的电导，称为**变程跳跃电导**，其电导率公式为

$$\sigma_1' = \sigma_{01}' \exp(-A/T^{1/4}) \tag{6.5.2}$$

式中，σ_{01}' 和 A 为与温度无关的常量，这个结果是通过比较简单的模型得到的，不少试验结果比理论值要高几个数量级. 当跳跃距离和样品的厚度可以比拟时，理论分析认为 $\sigma \propto \exp[-(1/T)^{1/3}]$. 实验还发现有些非晶态材料没有变程跃迁电导，因此有关变程跳跃的实验和理论研究仍在进行之中.

2. 带尾定域态电导

当温度稍高时，热能足以把载流子激发到接近迁移率边的定域态，然后通过热助隧道效应由一个定域态中心跳到另一个定域态中心，这种电导机制产生的电导率为

$$\sigma_2 = \sigma_{02} \exp\left(-\frac{E_{\mathrm{A}} - E_{\mathrm{F}} + W_1}{k_{\mathrm{B}}T}\right) \tag{6.5.3}$$

式中，W_1 为隧道跳跃过程所需的激活能，迁移概率与 $\exp[-W_1/(k_{\mathrm{B}}T)]$成正比.

$E_A - E_F$ 是把电子激发到导带带边能量 E_A 所需的能量. 因为电子浓度 n 与 $e^{-(E_A-E_F)/(k_BT)}$ 成正比,故带尾定域态对电导率的贡献可写为式(6.5.3)的形式.

3. 扩展态的电导

当温度足够高时,热能有可能把电子激发到迁移率边以上的状态,此时电导率可表示为

$$\sigma_3 = \sigma_{\min} \exp \frac{-(E_C - E_F)}{k_B T} \tag{6.5.4}$$

式中,E_C 是迁移率边的能量,$\sigma_{\min}$ 是迁移率边附近的电导率,其值随无序模型的不同而不同,式(6.5.4)所表示的形式与晶态半导体的电导公式相同,这是因为非晶态半导体的 E_F 基本上不随温度变化,迁移率随温度的变化较小,而激发到导带扩展态的电子浓度正比于 $\exp[-(E_C - E_F)/(k_B T)]$,所以具有式(6.5.4)所表示的结果.

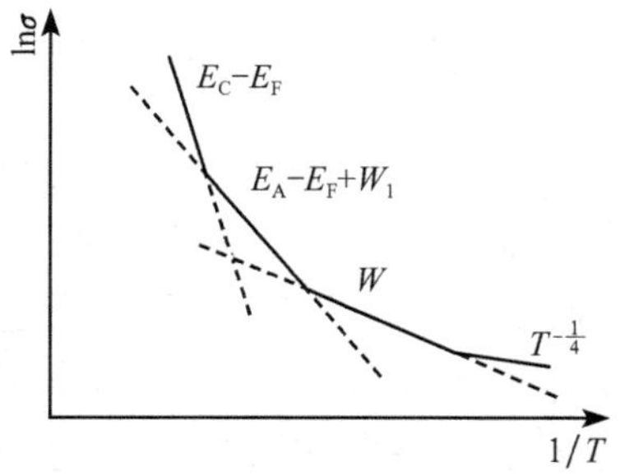

图 6.5.1　非晶态半导体的 $\ln\sigma$-$1/T$ 的关系示意图

综合以上不同机制对电导率的贡献,非晶态半导体的直流电导率 σ 与温度 T 的关系可表示为

$$\begin{aligned}\sigma = \sigma_1 + \sigma_2 + \sigma_3 &= \sigma_{01} \exp[-W/(k_B T)] \\ &+ \sigma_{02} \exp[-(E_A - E_F + W_1)/(k_B T)] \\ &+ \sigma_{\min} \exp[-(E_C - E_F)/(k_B T)]\end{aligned} \tag{6.5.5}$$

在不同的温度区间,上述 3 种导电机制分别只有一种起主要作用. 图 6.5.1 给出了非晶态半导体的 $\ln\sigma$-$1/T$ 关系曲线.

6.5.2　非晶态半导体的光电性质

非晶态半导体的光吸收、光致发光、光电子学等光电性质,不仅仅是技术应用上的需要(如太阳能电池、光敏器件等的制作),而且由于这些光电性质紧密依赖于其电子的能带结构、杂质缺陷和原子振动情况等,因此通过对上述性质的研究,可以获得关于非晶态半导体电子态和原子振动的重要信息. 下面先由对固体的光吸收和光辐射作一般介绍,然后介绍非晶态半导体的光电性质.

1. 晶体的光吸收和光辐射过程

当光波进入固体内部时,将会被固体吸收. 不同固体对不同光谱区段的吸收强弱及吸收机制是不同的. 半导体具有一般绝缘体介质和金属的全部光学性质,它的

吸收谱如图 6.5.2 所示，其光谱各区段的吸收机制是不同的. 按照光子能量从大到小的顺序其吸收谱段可分为：

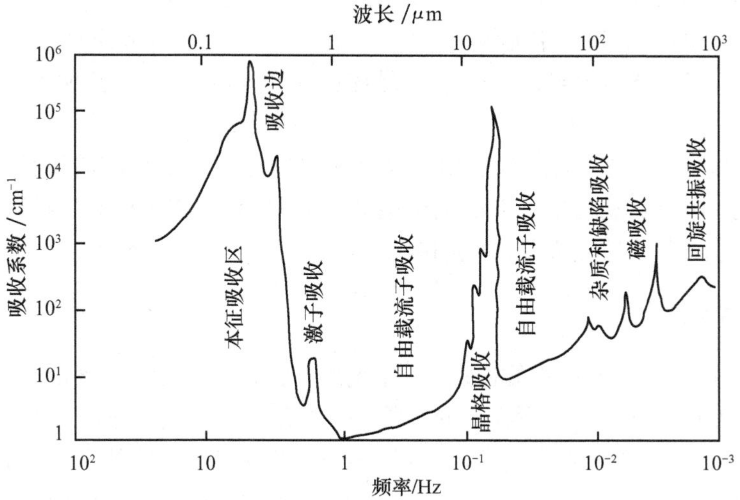

图 6.5.2 晶态半导体的吸收光谱

(1) 本征吸收. 这是相应于价带电子吸收光子跃迁到导带的吸收，也称为带间吸收或带间跃迁. 当电子吸收光子从价带跃迁到导带时，同时产生电子空穴对，从而出现本征导电. 由于各类材料能带结构的差别，吸收区可处于紫外、可见光，以至近红外区. 其特点是吸收系数很高，可达 $10^5 \sim 10^6 \text{cm}^{-1}$. 吸收区的低能端吸收系数下降很快，低能端的边界位置与能隙宽度相对应，称为**本征吸收**.

(2) 激子吸收. 在吸收边附近，常可看到一些吸收光谱的精细结构谱线，这是因为价电子吸收光子能量后不足以跃迁到导带，而处于导带下方不远的禁带中，形成电子-空穴束缚激发态，称为**激子**(exciton). 若这种电子空穴对束缚较弱，即电子与空穴平均距离较大(小于晶格常数)，则称为万尼尔激子；反之，则称之为紧束缚激子或弗仑克尔激子. 前者出现在半导体中，后者出现在离子晶体中.

(3) 自由载流子吸收. 当入射光波长超过激子吸收区段后，吸收系数缓慢单调上升. 这是由导带中的电子和价带中空穴吸收光子后在同一带中的内跃迁引起的. 其吸收谱段包括整个红外波段和微波波段. 吸收系数的大小是载流子浓度的函数. 对金属，自由载流子浓度很高，自由载流子吸收很强以致可掩盖所有其他吸收光谱的特征.

(4) 晶格吸收. 由于长光学横波声子和红外光子耦合，形成称为极化激元的激发态，从而引起的光吸收称为晶格吸收. 因为光电场使正负离子发生位移极化，导致电偶极矩从光场中吸收能量. 当光频率与晶格振动频率发生共振时，吸收达到最大. 在二元离子晶体中，这种吸收特别显著，吸收系数可达 $10^5 cm^{-1}$. 这种与晶格振动有关的吸收峰对所有的固体都出现在红外区段.

(5) 杂质和缺陷吸收. 与杂质、缺陷有关的吸收是多种多样的. 如杂质半导体中施主能级上的电子和受主能级上的空穴，在低温下因吸收光子而激发成为自由载流子，从而产生杂质电导. 又如，离子晶体中正负空位形成的各种吸收中心——色心等.

(6) 磁吸收和回旋共振吸收. 由于光吸收可以造成电子自旋的反转，自旋波量子的激发等. 在交变磁场中运动的电子吸收电磁场能量后将发生在磁次能级间的跃迁. 这些与磁有关的光吸收谱线如图 6.5.2 最右边的曲线所示.

2. 固体发光

固体发光过程是光吸收的逆过程. 在光照、外加磁场或电子轰击下，若不发生化学变化，其电子被激发到不稳定的高能态，当电子返回到原态时，可以以电磁辐射和热的形式将多余的能量放出，前者称为光发射或发光. 外部作用去掉后，发光有一个持续过程. 发光持续时间短于 10^{-8}s 的发光称为**荧光**，大于 10^{-8}s 的称为**磷光**. 有些发光可持续达数小时. 这些说明受激与发光之间存在着一系列的中间过程. 与光吸收对应，发光可分为带间跃迁发光、激子复合、能带和杂质能级之间的跃迁，以及离子晶体中各种色心等.

这里需要指出，发光过程除满足能量守恒外，也必须满足动量守恒. 对Ⅱ-Ⅵ族化合物和大多数Ⅲ-Ⅴ族化合物等直接能隙材料，发光过程中动量守恒. 但对Ⅳ族元素半导体等间接能隙材料，在发射光子时，还必须伴随着发射或吸收一个声子，以满足动量守恒. 另外，固体中电子-空穴复合，也可以仅发射声子而不发光，这种无辐射复合过程更为常见，称为**声发射**.

研究固体的发光过程，不仅有助于掌握它的机制和规律，了解杂质和缺陷的作用，了解载流子在固体中的运动以及能量传递和转换等问题，而且有助于制备和发展新型光学材料和器件，如光源、显示、显像、光电器件等.

3. 非晶态半导体的光吸收和光致发光

由于非晶态半导体和晶态半导体有几乎完全相同的短程序，这使两者的基本能带结构相似，从而两者也有大致相同的本征吸收谱，并且都存在本征吸收边. 但是，由于非晶态半导体不具备长程序使其出现晶态所没有的带尾定域态，而且导带和价带中的扩展态不能用波矢 $\boldsymbol{k}$ 描述，即处于这些扩展态的电子不具有动量 $\hbar\boldsymbol{k}$. 此外，非晶态半导体在带隙中有密度相当高的缺陷定域态，且其原子振动情况也不同于晶态. 因此，非晶态半导体与晶态半导体光吸收谱和发光有着重要差别，主要表现在：

(1) 对非晶态半导体的本征吸收,由于非晶态半导体不能引入波矢 $\boldsymbol{k}$,因而不再有竖直跃迁与非竖直跃迁之分,从而电子跃迁不再受选择定则的限制. 这就使得非晶态半导体的吸收边附近 1~3eV 能量范围内的吸收远比晶体的吸收强,如图 6.5.3所示. 此区间正在太阳光光谱的能量范围,所示非晶态半导体更适合于制作太阳能电池.

(2) 在非晶态半导体的吸收边附近,吸收系数 α 与光子 $\hbar\omega$ 的 $\ln\alpha$-$\hbar\omega$ 关系一般呈现如图 6.5.4 所示的曲线. 该曲线分为 3 个不同的区域:区域 A 为高吸收区,对应于电子从价带到导带扩展态之间的跃迁;区域 B 为指数区,对应于电子由价带扩展态到导带带尾定域态,或由价带带尾定域态到导带扩展态之间的跃迁;区域 C 为弱吸收区,与杂质和缺陷态有关.

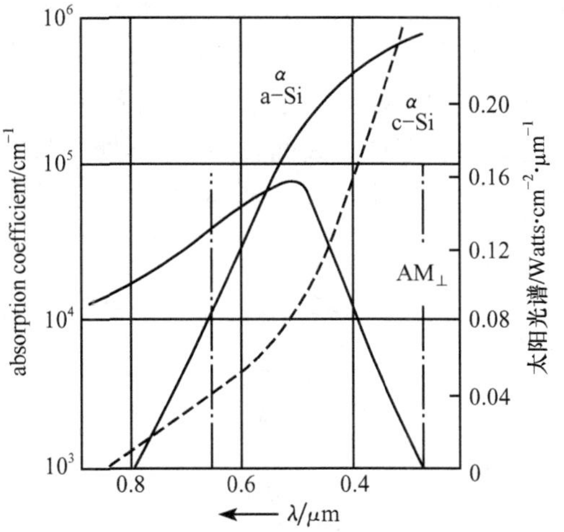

图 6.5.3 晶体硅与非晶硅(a-Si:H)光吸收系数的比较

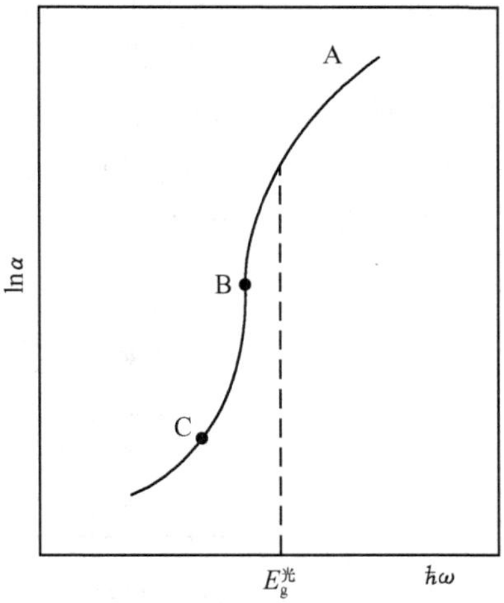

图 6.5.4 非晶态半导体典型 $\ln\alpha$-$\hbar\omega$ 关系曲线

(3) 在非晶态半导体中,原子振动与光相互作用时,由于不受准动量守恒关系的限制,原则上在整个频率范围所有的振动模都有贡献,因而其红外吸收光谱和拉曼光谱比晶态吸收谱线变得弥散、光滑.

(4) 对高吸收区 A,理论分析和实验观测结果表明:光吸收系数 $\alpha(\omega)$ 和光子能量 $\hbar\omega$ 之积的平方根 $\sqrt{\hbar\omega\alpha(\omega)}$ 与 $\hbar\omega$ 之间有线性关系,如图 6.5.5(a)所示;由该曲线外推到 $\hbar\omega$ 轴上的截距所确定的 $E_g^{光}$,通常称为光学禁带宽度(光学隙),它一般比迁移率边间隙 E_g 小,如图 6.5.5(b)所示.

(5) 在非晶态半导体,特别是硫系非晶态半导体中,存在着发射光子的频率低于吸收光子频率的现象,称之为**斯托克斯效应**. 黄昆认为,这种现象是因为强的电子-声子相互作用,使定域态上的电子在处于基态和激发态时,原子的平衡位置不

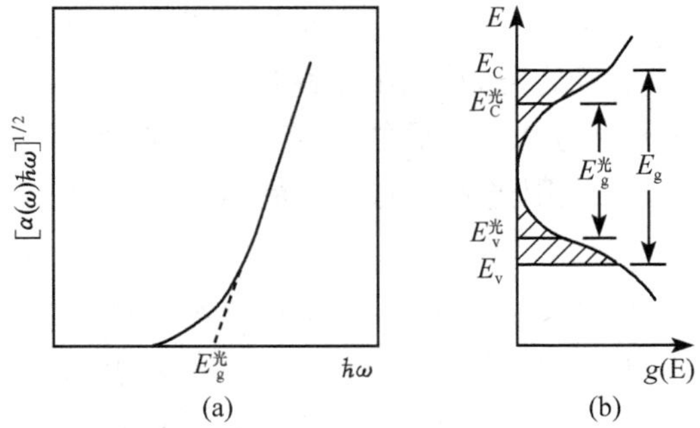

图 6.5.5　非晶态半导体的光学禁带宽度

同. 图 6.5.6 中的曲线 1 和曲线 2 分别表示基态和激发态时原子的平衡位置不同时的能量与原子位形坐标的关系. 曲线极小值对应平衡值. 两基态能量差为 E_{12}. 电子基态与激发态之间的跃迁进行得非常迅速，以至可以认为在电子跃迁过程中原子的相对位置不变. 在图 6.5.6 中用一条竖线表示电子跃迁过程. 图 6.5.6(a) 表示吸收光子的情形. 由于电子从基态跃迁到激发态后的瞬间，原子并不处于激发态的平衡位置，因而所吸收光子的能量 $h\nu_1$ 大于跃迁中电子获得的能量 E_{12}，其差

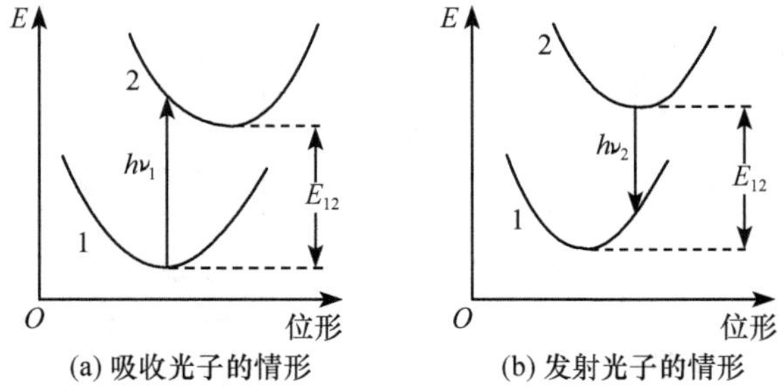

图 6.5.6　存在强电子-声子耦合作用时的位形示意图

额成为与原子相对位置有关的势能. 此势能使原子的激发态平衡位置移动，并转化为原子的振动，即多余的能量以发射声子的形式传递给原子网格. 图 6.5.6(b) 表示发射光子的情形，由于与前类似的原因，所发射光子的能量 $h\nu_2$ 小于跃迁中电子的能量 E_{12}，其差额也以发射声子的形式传递给原子网格. 实际上，原子总是围绕平衡位置作热振动，电子跃迁的瞬间，原子可以处在各种不同的位置上，因而吸收光谱和发射光谱都存在较大的带宽. 图 6.5.7 定性地说明原子热振动对光吸收谱宽度的影响.

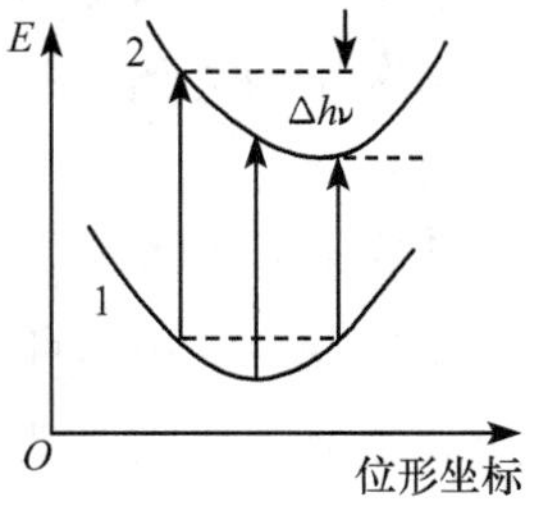

图 6.5.7　原子热振动对光吸收谱宽度的影响的示意图

4. 非晶态半导体的应用

(1) 非晶态硅太阳能电池. 1975 年,Spear 用辉光放电方法制成的非晶态薄膜中,含有大量氢原子(H 浓度约为 10^{12} cm^{-3}或约为原子数的 10%~35%,实际是硅氢合金). 这些类氢原子使非晶态硅中的悬挂键饱和,从而大大降低了隙态密度,解除了费米能在带隙中的"钉扎",从而可通过掺杂制成 pn 结,使制造非晶态硅太阳能电池成为现实. 与晶态硅相比,由于非晶态硅的本征吸收不受动量守恒关系的限制,无需声子参与,这使在太阳光谱范围内的吸收系数提高一个数量级以上. 有人估算,1μm 厚的非晶态硅氧化膜可以吸收太阳光的 90%以上,而 10μm 厚的晶态硅薄膜只能吸收太阳光的 80%,因而可大大降低造价. 另外,非晶态硅薄膜的制备工艺较单晶硅简单,成本较低,可大面积生产,因而日益受到人们的重视.

(2) 非晶态光电器件. 利用非晶态半导体的光电导性质,可制成一些有用的器件. 例如用作静电复印机中的感光器件,是用在 $A1$ 衬底上蒸发形成 10~50μm 厚的非晶态硒膜制成的. 非晶态硒膜的暗电阻率很高,复印时,首先使膜表面相对于衬底并使其具有正电压,电晕放电使非晶态硒薄膜表面上均匀带正电荷. 然后将所印资料的图成像在非晶态硒表面,光照部分产生的光电导使该区域表面上的电荷通过非晶态膜放电,电势随之降到与衬底相同. 未受光照的部分,电荷及电压不变,即非晶态硒膜表面出现所复印图文的静电"潜像". 随后在非晶态硒膜表面撒上增色剂,使静电图像变为增色图像,再复印到纸上,并通过加热"定影",即完成一次复印过程. 最后清扫膜表面,通过光照清除表面残留电荷,以备下次复印.

(3) 非晶态半导体的信息记忆器件. 非晶态硫系半导体在电、热、光的作用下,可从非晶态转变为多晶态,或从一种非晶态转变为另一种非晶态. 转变前后两种状态的光透射、反射、二次电子发射等性质相差很大,而且这种转化是可逆的. 利用硫系非晶态半导体的这种在外界作用下的结构响应性质,可作为信息记忆材料. 1970 年美国 IMB 公司利用非晶态的光致结构变化效应制成光信息存储盘(简称光盘). 现在,只读存储和可擦重写的电视光盘已经商品化. 在存储信息时,用调制激光脉冲,通过光致结构变化将要存储的信息刻录到非晶态的记录介质上,使非晶态介质盘上出现亚微米级的非晶态-晶态交替变化的区域,称之为信息轨道. 提取信息时,采用功率较低的激光扫描信息轨道,利用非晶态和晶态对光反射性质的差异,可由反射光经光电探测器检测并解调,取出存入的信息. 光盘比磁盘可存储的信息量大得多,而且价格低廉,成像质量好.

6.6 弱无序系统的量子相干效应

从上面的讨论,我们已经知道强无序会导致波从扩展态向定域态转变. 这是因为无序系统中，波在无规分布的散射体中会经过多次无规散射，散射过程导致了波的定域化.

本节讨论弱无序效应，它介于周期结构中单一杂质或缺陷的散射和大量无规杂质相干散射(强无序)这两种情形之间. 此时，结构虽然并非周期性的，但依然存在大量处于扩展态的能量本征态. 这时我们将会发现作为强定域化前兆的弱定域化效应.

6.6.1　特征长度与特征时间

为了区别固体介质的无序程度，需要定义四个特征长度：第一个是在固体中传播的波的波长 λ，通常与本征波矢及本征能量有关. 第二个是弹性碰撞平均自由程 l(电子与杂质的碰撞)，可用来表征无序，按照气体动力学理论，$l\approx(n\cdot\sigma)^{-1}$，这里 σ 是一个散射体的典型弹性散射截面，n 是单位体积中散射体的数目. 第三个非弹性碰撞自由程 l_{in}(如电子和声子之间的碰撞)，是温度的函数. 第四个是样品的尺寸 L.

这四个特征长度的相对值决定了波在介质中的传播性质：①当 $l_{in}>l>L>\lambda$ 时，该介质是均匀的，如对缺陷、杂质很少的理想周期结构，以及处于低温下的介质对电子来说都满足这一条件. 可以证明，此时除了入射波，只有一个反射波，因而是传播态情形；②当 $\lambda<l<l_{in}<L$ 时，如高温下，此时存在足够多的非弹性散射，使得波丧失了对其初始方向的记忆，电子运动可看成是扩散过程，可用多重散射来描述. 但是由于仍存在着弹性散射，产生附加的相干效应，即起源于背散射波的干涉效应而导致的弱定域化；③当 $l\leqslant\lambda<L$ 时，系统满足 $\frac{l}{\lambda}<1$，即波长大于平均自由程，散射消失从而导致扩散过程消失，此称为 Ioffe-Regel 判据. 平均自由程是电子波保持相位相干的尺度，波长是相位变化 2π 的距离，显然此时物理上应有本质的区别，实际上正是强无序情形. 当样品尺寸 L 足够大时，波将不会透过该体系，这就是被称为安德森定域化的情形.

我们可以用 $l=v\tau$ 来定义一个碰撞时间 τ，这里 v 是特征速度. 对电子而言即费米速度 v_F，τ 表示两次连续弹性散射的平均时间间隔，这两次散射属于能量简并，但动量不同的本征态之间的跃迁.

6.6.2　弹性散射与非弹性散射

在讨论金属电导率时，我们知道电子会经受两种类型的散射，一类是电子和静态杂质(广义的是杂质原子和晶体中的各种缺陷)的弹性散射，它不改变电子的能量，只改变其晶格动量，使电子从波矢 $\boldsymbol{k}$ 标记的布洛赫态散射到 $\boldsymbol{k}'$ 态，设 τ 是相应的碰撞时间(弛豫时间). 另一类是电子、声子之间非弹性散射，电子吸收或放出声子,导致能量改变,引起不同能量本征态之间的跃迁,τ_{in}是相应的非弹性碰撞时间,通常条件下,$\tau_{in}>\tau$,这意味着在两个连续的非弹性散射之间会发生多次弹性散射.尽管两类散射有不同的来源,不同的随温度变化的关系,但在产生电阻方面,认为它们的作用是一样的.但是,到 20 世纪 70 年代末,人们认识到两类散射更为深刻的差别:弹性散射的散射波和入射波的相位之间有确定的关系,通常称为相位"记忆",这种相位记忆使散射波保持相位相干性.而电子与声子的散射,实际上是电子受到振动晶格的散射,如果散射中心随时间无规运动,散射波和入射波间的相位关系也随着时间无规变化,最终失去了相位的记忆,从而破坏散射波的相干性.

一个非常重要的量是非弹性散射长度,用以描述这种破坏相干性的散射,也称退相干长度,定义为

$$l_{in}=v\tau_{in}$$

实际上非弹性散射率$\frac{1}{\tau_{in}}$会随温度的增加以指数规律 T^P 的形式增加,这里 P 是一个常数.作为例子,我们对电子 τ_{in}作出估计:室温下,声子的振动频率 $\nu\approx\frac{k_B T}{h}\approx 10^{13}s^{-1}$.电子受到声子的非弹性散射,故 $\tau_{in}=\frac{1}{\nu}=10^{-13}s$,因为电子的费米速度 $v_F\approx10^8cm\cdot s^{-1}$,故有 $l_{in}=v_F\tau_{in}\approx100nm$,而金属电子的费米波长约为 0.1nm 量级,平均弹性自由程 10nm 量级,所以对于一般尺寸为 L 的宏观样品,电子失去相位记忆,可被处理为经典粒子.

6.6.3 相干背散射

特征尺寸满足 $\lambda<l<l_{in}<L$ 的系统为微弱无序系统.如前所述,对金属电子采用经典描述方法,即把电子看作一个粒子.由于杂质的散射,其轨道为经典的无规行走路径.但是应该强调指出,由于电子的波动性,电子等微观粒子从不同路径达到某点的概率应该是各路径概率幅叠加的模方,而并非是各波的强度之和.另外,微观粒子的量子力学特性体现在有一个随时间和路程变化的相因子.

现在我们讨论波在无序介质中的扩散行为.设想波从原点 O 到某一点 O'扩散过程,如图 6.6.1 所示.因为从 O 到 O'的输运可以沿着不同的路径,对每一个路径 i 有一个输运概率幅 A_i,于是从 O 点到 O'点总的输运概率就是所有路径概率幅之和的绝对值的平方,即

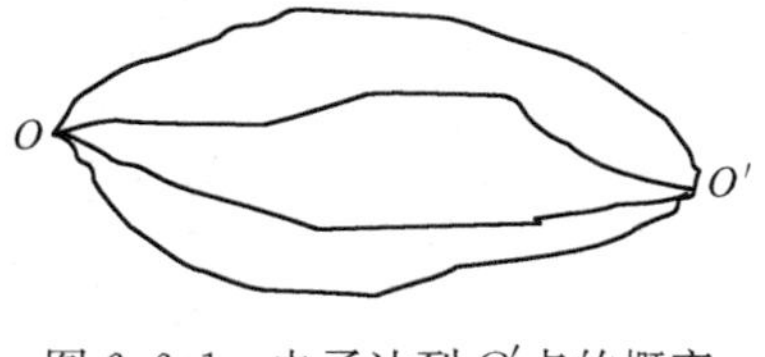

图 6.6.1 电子达到 O'点的概率应是各路径概率幅叠加的模方

$$P=\left|\sum_i A_i\right|^2=\sum_i |A_i|^2+\sum_{i=j} A_iA_j^* \tag{6.6.1}$$

式中，A_i 可表示为

$$A_i=|A_i|e^{i\varphi_i} \tag{6.6.2}$$

φ_i 是与第 i 条路径相关的相位因子. 式(6.6.1)右边第一项是经典扩散概率，而第二项描述了源于不同路径方向的干涉效应. 在很多情况下干涉项是可以忽略不计的，这是因为在宏观体系中，许可的路径数目很多，各路径的长度明显不同，因而各概率幅 A_i 有明显不同的相位，平均来说，这导致相消干涉. 因而图 6.6.1 所示的情形中量子干涉通常并不重要. 这也是讨论输运问题时，如自由电子电导、经典扩散理论等略去相干性的原因.

但是，在无规行走路径中可能形成一种自相交路径，如图 6.6.2(a) 所示 O 点的闭合路径. 它相当于图 6.6.1 中 O 与 O' 点是同一点，起点与终点相同. 两点之间的中间路径就有顺时针和反时针两个不同的方向，其反时针的路径相当于在 k 空间处于 $\boldsymbol{k}$ 态的电子经过时间反演，对称的多次散射到 $-\boldsymbol{k}$ 的背散射. 由于顺时针路径与反时针路径是全同的，相应的概率幅 A_1 和 A_2 在相位上是相同的. 又因为过程的随机性，概率幅应有相同的绝对值 $|A_1|=|A_2|=A$. 这样由式(6.6.1)给出的自相交路径的输运概率，即在 O 点找到电子的概率

$$P(O)=|A_1|^2+|A_2|^2+2A_1A_2^*=4|A|^2 \tag{6.6.3}$$

是经典值 $2|A|^2$ 的二倍，这是相干涉的结果. 上述结果说明，电子在原点出现的概率增大，意味着在观察点[如图 6.6.2(a)中的 N 点]电子出现的概率下降，导致电导率减少. 这就是弱定域化的物理图像：由于量子力学波函数的叠加原理导致具有波动性微观粒子，如电子在无序介质中比经典粒子活动性差、扩散较慢，这一现象称为相干背散射效应. 显然，光在无序介质中传播的相干背散射效应可用同样的机制来说明.

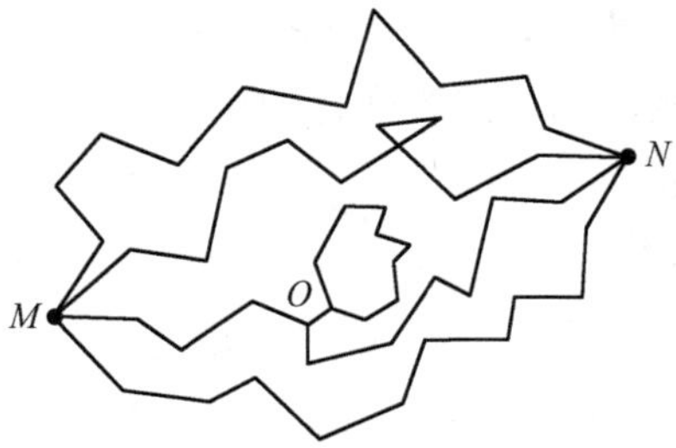

(a) 从 M 到 N 有多条无规行走路径

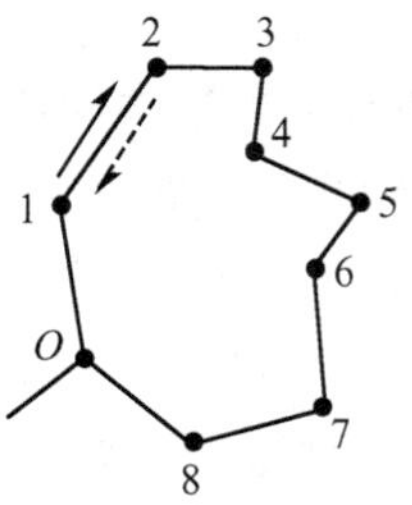

(b) 从 O 点出发的闭合路径

图 6.6.2　无规行走路径和闭合距径

6.6.4 电导的背相干修正

背相干散射导致的电导率减小，与无规行走中的自相交路径发生的概率成正比，现在我们来计算这个概率.

t 时刻在 x 处发现粒子概率密度

$$\frac{n(x,t)}{N}=\frac{1}{2\sqrt{\pi Dt}}\mathrm{e}^{-\frac{x^2}{4Dt}}$$

(注意，这里是双边扩散，而不是单边扩散). 若令 $x=0$，则在 t 时刻粒子回到出发点的概率为

$$P(x=0,t)=\frac{1}{(4\pi Dt)^{\frac{1}{2}}} \tag{6.6.4}$$

推广到 d 维情形，为

$$P(\boldsymbol{r}=0,t)=\frac{1}{(4\pi Dt)^{\frac{d}{2}}} \tag{6.6.5}$$

式中，D 是扩散系数. 在三维情形，熟知的结果是

$$D=\frac{1}{3}v_{\mathrm{F}}l=\frac{1}{3}v_{\mathrm{F}}^2\tau_{\mathrm{F}}$$

对于 d 维体系

$$D=\frac{1}{d}v_{\mathrm{F}}^2\tau_{\mathrm{F}} \tag{6.6.6}$$

这里的 v_{F} 是电子的费米速度，τ_{F} 是一次弹性碰撞时间.

电子的特征波长是费米波长 $\lambda_{\mathrm{F}}=\frac{2\pi}{k_{\mathrm{F}}}$，电子无规行走的路径实际上应该是直径为 λ_{F} 的折线，考虑一个 d 维，其截面积为 $\lambda_{\mathrm{F}}^{d-1}$，如图 6.6.3 所示. 在 $\mathrm{d}t$ 时间内电子移动 $\mathrm{d}l=v_{\mathrm{F}}\mathrm{d}t$ 距离，在此 $\mathrm{d}t$ 时间内电子出现自相交路径的概率是与 $P(0,t)$ 和电子走过路径的体积 $\lambda_{\mathrm{F}}^{d-1}v_{\mathrm{F}}\mathrm{d}t$ 的乘积成正比，即

$$\mathrm{d}P=P(0,t)\mathrm{d}V_{\mathrm{d}}=P(0,t)\lambda_{\mathrm{F}}^{d-1}v_{\mathrm{F}}\mathrm{d}t \tag{6.6.7}$$

如果用 τ_{in} 表示非弹性散射时间，由于非弹性散射导致相位记忆丧失，称为退相位时间(dephasing time)，是可能发生相干的最大时间，那么从第一次弹性散射起到非弹性散射发生时间 τ_{in} 内，电子出

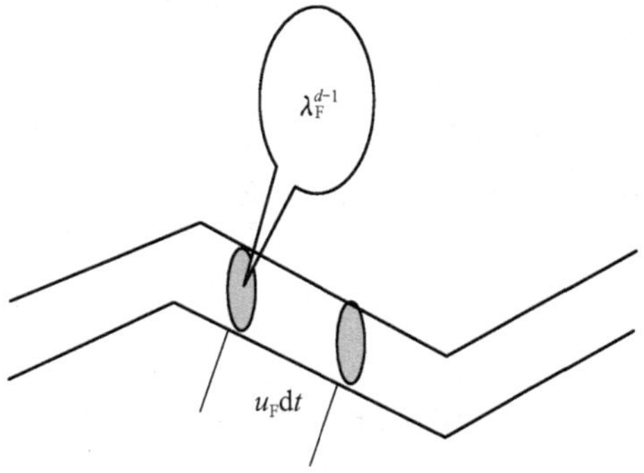

图 6.6.3 电子在 d 维空间走过路径的体积

现自相交路径的概率为

$$P=\int_{\tau}^{\tau_{\mathrm{in}}}\mathrm{d}P=\int_{\tau}^{\tau_{\mathrm{in}}}P(0,t)\lambda_{\mathrm{F}}^{d-1}v_{\mathrm{F}}\mathrm{d}t=\lambda_{\mathrm{F}}^{d-1}v_{\mathrm{F}}\int_{\tau}^{\tau_{\mathrm{in}}}\frac{\mathrm{d}t}{(4\pi Dt)^{\frac{d}{2}}} \tag{6.6.8}$$

因此相干背散射对金属电导率 σ 的修正(减小)$-\delta\sigma$ 与 P 成正比,即

$$\frac{\delta\sigma}{\sigma}\propto -P=-v_{\mathrm{F}}\lambda_{\mathrm{F}}^{d-1}\int_{\tau}^{\tau_{\mathrm{in}}}\frac{\mathrm{d}t}{(4\pi Dt)^{\frac{d}{2}}} \tag{6.6.9}$$

对于不同维度的系统,电导率修正值可表示为

$$\frac{\delta\sigma}{\sigma}\propto -k\times\begin{cases}\left(\dfrac{\tau_{\mathrm{in}}}{\tau}\right)^{\frac{1}{2}}, & d=1\\ \hbar\ln\left(\dfrac{\tau_{\mathrm{in}}}{\tau}\right), & d=2\\ \hbar^{2}\left(\dfrac{\tau_{\mathrm{in}}}{\tau}\right)^{-\frac{1}{2}}, & d=3\end{cases} \tag{6.6.10}$$

这里 k 是系统的无序参量. 由于 $\tau_{\mathrm{in}}\propto T^{-P}$,$P$ 为正常数,P 的大小与散射机制、维度等有关,于是式(6.6.10)成为

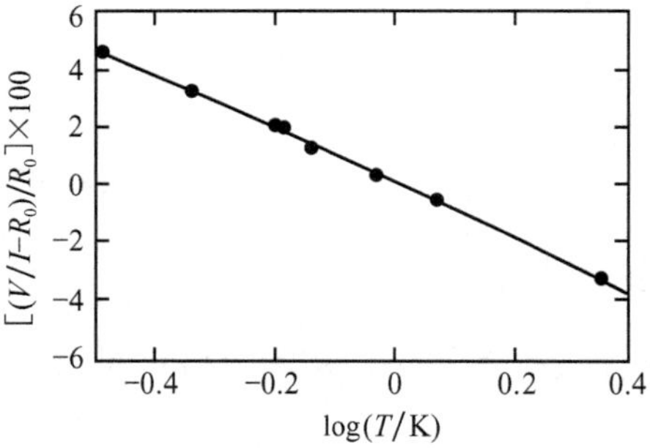

图 6.6.4　无序 Au-Pd 薄膜的电阻与温度的依赖关系

$$\frac{\delta\sigma}{\sigma}\propto -k\times\begin{cases}T^{-\frac{P}{2}}, & d=1\\ \hbar P\ln\dfrac{1}{T}, & d=2\\ \hbar^{2}T^{\frac{P}{2}}, & d=3\end{cases} \tag{6.6.11}$$

给出了电导率修正的温度依赖性. 对二维和三维情形,修正来源于量子力学效应. 当 $\hbar$ 可看作零时,修正将消失. 但对一维情形,因为只允许出现正向和背向散射,所有路径一定闭合,因此与经典处理一致. 图 6.6.4 给出了实验测量得到的无序合金薄膜的电阻-温度关系,验证了式(6.6.11)中二维的结果.

习　题

6.1　习题 6.1 图示为 10nm 厚 Si 膜 50keV 电子衍射的结果,粗曲线是在非晶态 Si 膜上得到的,细曲线是同一膜经 600℃退火部分晶化后得到的. 请指认衍射峰所属晶面,并讨论两曲线的异同.

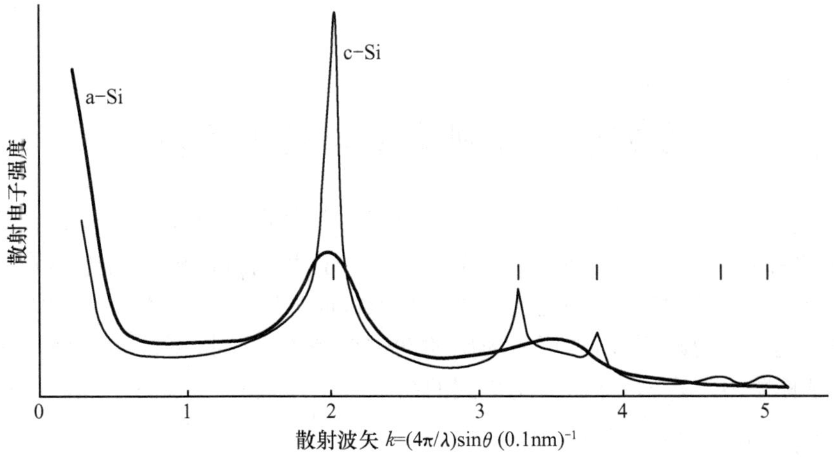

习题 6.1 图

6.2　对于无序体系，假定单电子波函数为 $\phi(r)=\sum_i a_i\varphi(r-R_i)$，这里 $\varphi(r-R_i)$ 为格点 i 的原子轨道波函数，证明薛定谔方程可写为 $(E_j-E)a_j+\sum_{i\neq j}T_{ij}a_i=0$，试说明 E_j 和 T_{ij} 的意义.（提示，用紧束缚近似.）

6.3　金属的电导率 $\sigma=ne^2\tau/m$，若电子自由程 l 小到晶格常数 a 时，被认为电子态定域化了，试估算此时的电导率 σ.

6.4　证明磁场中粒子的薛定谔方程

$$\left[\frac{1}{2m}(-\mathrm{i}\hbar\nabla-q\mathbf{A})^2+V\right]\psi(r)=\varepsilon\psi(r)$$

的解可写成

$$\psi(r)=\psi^0(r)\exp\left[\frac{\mathrm{i}q}{\hbar}\int_{C(r)}\mathbf{A}(\boldsymbol{r}')\cdot\mathrm{d}\boldsymbol{r}'\right]$$

的形式. 其中 $\mathbf{A}(r)$ 磁场的矢势，$\boldsymbol{B}=\nabla\times\boldsymbol{A}(r)$，线积分沿端点在 $\boldsymbol{r}$ 的任一路径 $C(r)$ 进行，$\psi^0(r)$ 是零磁场情况下薛定谔方程的解.

6.5　在强定域区，从跳跃电导机制出发，给出电流密度 J 和外加电场强度 E 的关系，并由此得到跳跃电导率的表达式.

第7章　介观体系与纳米固体

在第6章中介绍了有关固体的三个特征长度，分别是波长λ、特征相干长度l_φ（即6.6节中的l）和固态物体的线度L. 在此之前，我们所讨论的固体都是由大量粒子组成宏观固体，其线度都远大于另外两个特征长度，即$L>l_\varphi$，$L>\lambda$. 因此边界效应的影响可以忽略不计，故可采用周期性边界条件；同时，系统的物理性质可采用热力学极限方法求得，即认为所得到的结果应是体积$V\to\infty$和粒子数$N\to\infty$，而$\frac{N}{V}$保持有限的体系的统计平均行为.

随着微加工技术的发展，如分子束外延及光学、电子蚀刻技术，特别是大规模集成电路的成熟，人们可以制备出尺寸L小于$1\mu m$的半导体或金属样品，如前面所提到的一维半导体超晶格等. 对于这样大小尺度的样品，在温度$T<1K$时，其相干长度l_φ大于样品尺寸，即$l_\varphi>L$. 此时，样品中的微观粒子，如电子等的德布罗意波的相干性等量子力学效应该充分显现. 样品的性质与宏观样品相比出现很大的区别，热力学极限条件下的统计平均行为不再成立，样品体系进入了新的研究层次，我们称之为**介观体系**. 由于在常温下，l_φ具有纳米量级，故也把$l_\varphi>L$的体系称为**纳米固体**.

在介观体系或纳米固体中，只存在弹性杂质散射，因而电子相位是相干的，于是出现了很多与此相关的量子现象，包括AB效应、量子化电导、磁指纹、量子限制效应以及前面提到的弱定域化等现象.

介观体系是处于宏观与微观体系之间的一个新的研究领域. 对宏观（经典物质体系）和微观（原子分子）体系，人们已经有了较多的研究，相继建立起了经典物理学和量子物理学的理论方法. 相对而言，对处于这两者之间的介观体系，目前了解还是较少. 但是由于其广阔的应用前景，以及技术的发展为制备和测量这些微小样品提供的实验支撑，认识和利用介观体系都不是遥远的梦想.

7.1　介观体系中的量子相干效应

在$l_\varphi>L$的介观体系内，由于弹性散射占主导地位，电子将在整个散射过程保持相位记忆，量子相干效应是介观体系与一般体系的最显著的区别之一. 量子相干效应除了第6章叙述的由背相干散射引起弱局域化外，还表现为介观体系在外磁场中出现的阿哈罗诺夫-玻姆效应（Aharonov-Bohm effect，AB效应）及阿尔特舒勒-阿罗诺夫-斯皮瓦克效应（Altshuler-Aronov-Spivak effect，AAS效应）.

7.1.1　AB 效应

作为磁场中电子状态和输运的延伸和扩充,现在我们考虑介观体系中电子在磁场中的输运现象.

我们知道在矢势为 $\boldsymbol{A}$ 的外磁场中运动电子的正则动量 $\boldsymbol{p}=m\boldsymbol{v}-e\boldsymbol{A}(r)$,用算符表示即

$$\hat{\boldsymbol{p}}=-\mathrm{i}\hbar\nabla=m\boldsymbol{v}-e\boldsymbol{A}(r)\tag{7.1.1}$$

设有磁场时,自由电子的波函数

$$\psi(r)=A\mathrm{e}^{\frac{\mathrm{i}}{\hbar}\boldsymbol{p}\cdot\boldsymbol{r}}=A\mathrm{e}^{\mathrm{i}\boldsymbol{k}\cdot\boldsymbol{r}}=A\mathrm{e}^{\mathrm{i}\frac{p}{\hbar}\boldsymbol{k}_0\cdot\boldsymbol{r}}\tag{7.1.2}$$

式中,$\boldsymbol{k}=\dfrac{\boldsymbol{p}}{\hbar}$,$\boldsymbol{k}_0=\dfrac{\boldsymbol{k}}{k}$为单位矢量,如果电子波传播 $\Delta\boldsymbol{r}$ 距离,则波函数的相位增加 $\Delta\varphi(r)=\dfrac{\boldsymbol{k}}{k}\cdot\Delta\boldsymbol{r}$. 因此可以把动量算符的本征函数一般地写成

$$\psi(r)=C\mathrm{e}^{\mathrm{i}\varphi(r)}$$

有

$$\hat{\boldsymbol{p}}\psi(r)=-\mathrm{i}\hbar\nabla\psi(r)=\hbar\psi(r)\nabla\varphi(r)=\hbar\nabla\varphi(r)\psi(r)=\boldsymbol{p}\psi(r)$$

所以有 $\hat{\boldsymbol{p}}=\hbar\nabla\varphi(r)$,即

$$\hbar\nabla\varphi(r)=m\boldsymbol{v}-e\boldsymbol{A}(r)\tag{7.1.3}$$

或者

$$\nabla\varphi(r)=\frac{1}{\hbar}[m\boldsymbol{v}-e\boldsymbol{A}(r)]$$

此式表明,与没有外场情况相比,波函数的相位梯度增加了一项$\dfrac{e\boldsymbol{A}(r)}{\hbar}$. 若我们选定一个原点 O,则当波传播到某一点 P 时,因磁场的存在而附加了一个相位

$$(\Delta\varphi)_{磁}=\frac{e}{\hbar}\int_O^P\boldsymbol{A}(r)\cdot\mathrm{d}\boldsymbol{l}\tag{7.1.4}$$

一般说来这个积分与路径无关.

有了以上的准备,我们就可以叙述 AB 效应了. 如图 7.1.1 所示,电子束在 O 点分成 1、2 两束分别通过螺线管的两侧,然后会聚到右边的 P 点上. 由于磁通量完全限制在无限长的螺线管内,电子束通路上没有磁场,因而没有磁力作用在电子上. 但是,如果我们用式(7.1.4)来计算 1、2 两束电子在 P 点会聚后的相位差,有

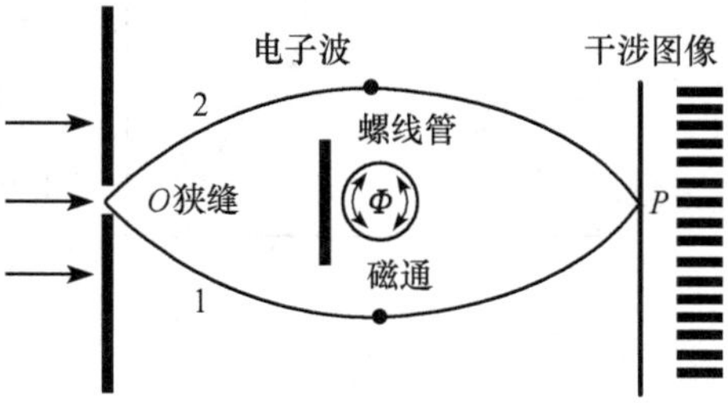

图 7.1.1　AB 效应示意

$$\Delta\varphi(r)\mid_P=\frac{e}{\hbar}\left[\int_{O1}^P\boldsymbol{A}\cdot\mathrm{d}\boldsymbol{l}-\int_{O2}^P\boldsymbol{A}\cdot\mathrm{d}\boldsymbol{l}\right]=\frac{e}{\hbar}\oint\boldsymbol{A}\cdot\mathrm{d}\boldsymbol{l}=\frac{e}{\hbar}\Phi_{\mathrm{B}}\tag{7.1.5}$$

Φ_B 为 1、2 两束电子束所围面积内的磁通量.

由于两束电子相遇后,电子有恒定(与 Φ_B 有关)的相位差,因而将在 P 点产生干涉现象. 这一理论预言已被精心设计的实验完美地证实. 这些清楚表明矢势不仅仅是经典电动力学中为计算方便而引进的辅助工具,而且矢势也有实在的物理效应,确实能产生一些用“力”的表述不能解释的物理结果.

7.1.2　弱定域化磁致电阻

在 6.6 节中我们已经讨论了在弱无序固体中由于弹性背散射导致电导率减小的**弱定域化**物理图像. 同样,在磁场中运动的电子,由于矢势 $\boldsymbol{A}$ 引起的相位差由式(7.1.4)决定,对于一个闭合路径,顺时针运动一周的波函数为

$$A\exp \frac{\mathrm{i}e}{\hbar}\oint_{C_r}\boldsymbol{A}\cdot \mathrm{d}\boldsymbol{l} = A\exp\left(-\frac{\mathrm{i}e}{\hbar}\iint \boldsymbol{B}\cdot \mathrm{d}\boldsymbol{S}\right) \tag{7.1.6}$$

而逆时针运动的波函数为

$$A\exp \frac{\mathrm{i}e}{\hbar}\oint_{C_l}\boldsymbol{A}\cdot \mathrm{d}\boldsymbol{l} = A\exp\left(\frac{\mathrm{i}e}{\hbar}\iint \boldsymbol{B}\cdot \mathrm{d}\boldsymbol{S}\right) \tag{7.1.7}$$

式中,$\iint \boldsymbol{B}\cdot \mathrm{d}\boldsymbol{S} = \Phi$ 是闭合路径包围的磁通量. 由式(6.6.1)知,在 O 点找到电子的概率为

$$\rho(O) = 2\mid A\mid^2\left[1+\cos\left(\frac{2\pi\Phi}{\phi_0/2}\right)\right] \tag{7.1.8}$$

式中,$\phi_0 = \dfrac{h}{e}$ 是普通的磁通量子.

与无磁场情况 $\rho_0 = 4|A|^2$ 相比,附加的因子 $1+\cos\dfrac{2\pi\Phi}{\frac{\phi_0}{2}}(\leqslant 2)$ 表明:由于磁场的存在破坏了相反走向回路的时间反演对称性,导致电子回到闭合路径始点的概率有所下降,并呈现随磁场变化而振荡. 振荡周期为 $\dfrac{h}{2e}$. 这就是**弱定域化磁致电阻**的物理机制.

1982 年,Sharvin 父子从实验证实了以上推测,他们在细石英丝上蒸镀锂膜,形成直径约为 1μm 的导体圆筒,沿圆筒轴线上加一磁场,清晰地观察到周期为 $\dfrac{h}{2e}$ 的磁阻振荡,如图 7.1.2 所

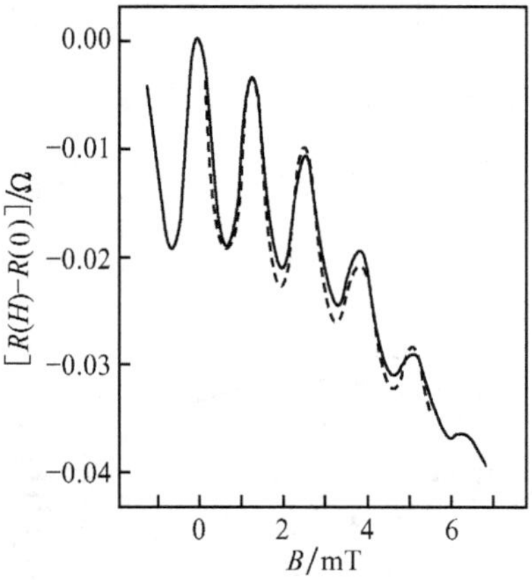

图 7.1.2　Li 圆筒的磁阻
圆筒长 1cm,直径 1.1μm,厚 0.12μm,
实线为实验曲线,虚线为理论曲线
(取自 B. L. Altshuler et. al. JETP Lett.,
35(1982),588)

示. 由于 Altshuler 和 Sharvin 父子相继推出和实验证实了这一现象,故被称为 ASS 效应. 但多数时候取最早从理论上预言该效应的 Altshuler、Aronov、Spivak 三人姓氏首字母命名为 AAS 效应.

从上述可以看到,当样品的线度小到介观尺度($<l_\varphi$)时,量子力学的相位呈现出不可忽视的重要性,这时如图 7.1.1 所示的样品结构,不能简单看成是两半圆形电路的并联. 经典电导相加法则失效了.

7.2 电导涨落与非定域效应

对宏观体系,欧姆定律成功地描述了电流和电压之间的线性关系曲线 $V=RI$. 但是当体系的尺度小到介观尺度时,即 $L<l_\varphi$ 时,理论和实践都发现,电压和电流的线性关系不再成立,出现了不同于欧姆定律的非线性效应和具有普遍性的涨落现象,反映出了与宏观体系本质上的差别.

7.2.1 非定域效应

当 $L<l_\varphi$ 时,电子的波函数扩展到整个样品,在某个点的任何扰动将会影响到整个波函数,特别是将调整样品里各点的相位. 所以,两极之间的电导与电极之外的整个样品的弹性散射(杂质分布)有关,电导的局域性失去了意义,欧姆定律不再成立. 图 7.2.1 所示的是用四引线法测量介观体系电导所表现出来的非定域的涨落. 对图 7.2.1 所示的介观样品,让稳恒电流通过样品,虽然 V_1、V_2 是从电流通路的同一点引出的,但 V_1-V_2 并不等于零. 测得的电压涨落的方均值与不同点引出的 V_3、V_4 之间的测量值相同,只要 V_3、V_4 的间距小于 l_φ.

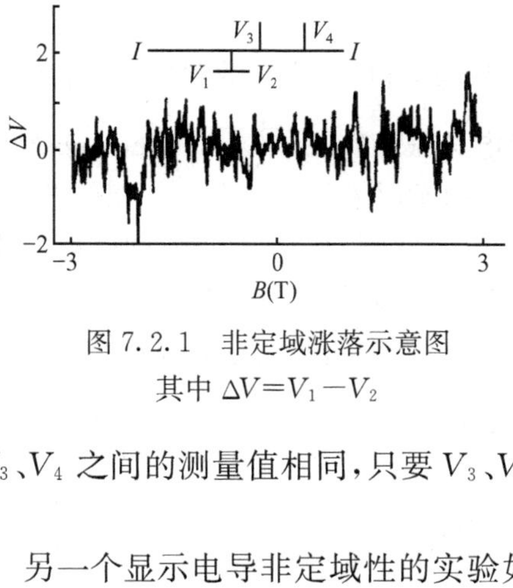

图 7.2.1 非定域涨落示意图
其中 $\Delta V=V_1-V_2$

另一个显示电导非定域性的实验如图 7.2.2 所示. 当样品的尺寸 L 大于 l_φ 时,在 2、3 端可测出一确定的电压,此时电压与 2、3 间距离 L 成正比,平均电阻 V_{23}/I_{14} 线性的依赖于 L,这就是我们经常看到的经典情况. 当 2 和 3 之间的距离 L 小于 l_φ 时,电压及电压涨落 ΔV 与 L 无关,ΔV 是个常数,即使 $L\to 0$ 电压涨

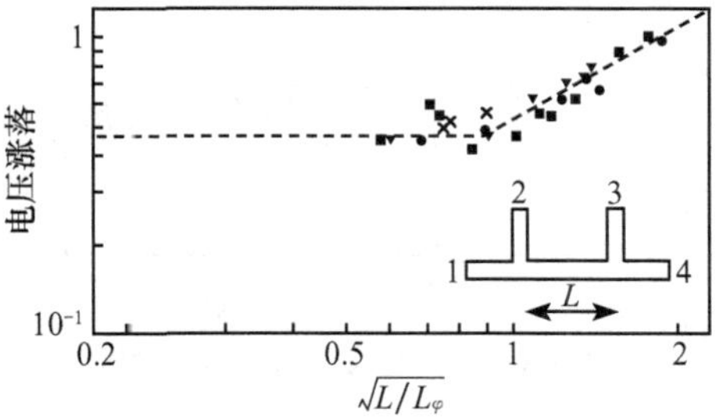

图 7.2.2 电压涨落振幅的长度依赖关系

落也不消失. 如图 7.2.2 所示. 这种与长度无关的原因是，在介观体系中，ΔV 并不依赖于样品尺寸，而是决定于相干长度. 当 $L<l_\varphi$ 时，2 和 3 间的电压不仅仅由 2 和 3 间的电子路径决定，而且也与 1 和 3 及 2 与 4 之间的电子路径有关.

7.2.2　普适电导涨落

介观体系导电性另一不同于宏观体系的是所谓的普适电导涨落. 由于宏观体系电导是在热力学极限下的系综平均值，因此导电性可用扣除了形状和尺度因素的电导率和电阻率描述. 但对于一个介观体系，它相当于宏观统计系综的一个样本，甚至即是杂质浓度也相同，但由于各个样本的杂质分布组态不同，电子在不同样本中无规行走其波函数的相位不同，由于量子相干性，导致干涉项的不同. 因而各个样本有各自特有的电导涨落模式，这可称为是样本的“指纹”. 而按照定义，电导涨落

$$\langle \delta G^2 \rangle = \langle G^2 \rangle - \langle G \rangle^2 \tag{7.2.1}$$

式中，$\langle G \rangle$ 为杂质系综平均值，实验与理论都表明：对 $L<l_\varphi$ 的介观体系，在 $T=0\text{K}$ 时，其电导涨落

$$\delta G = \langle \delta G^2 \rangle^{\frac{1}{2}} \approx \frac{e^2}{h} \tag{7.2.2}$$

即 δG 具有量级为 $\frac{e^2}{h}$ 的普适量，与样品的材料、尺寸、无序程度无关，因此被叫做**普适电导涨落**(universal conductance fluctuation).

由于磁场会改变电子的相位，因此它可等价于样品中杂质粒子位形的变化. 在实验中，常用同一样品在不同磁场中的电导涨落的变化，替代研究宏观参数相同的而杂质位形不同样本. 图 7.2.3 是三个不同的一维样品的电导涨落随磁场的变化关系. 显然它们的电导本身有着巨大差异，但它们在磁场中的电导涨落的幅度都是 $\frac{e^2}{h}$ 的量级.

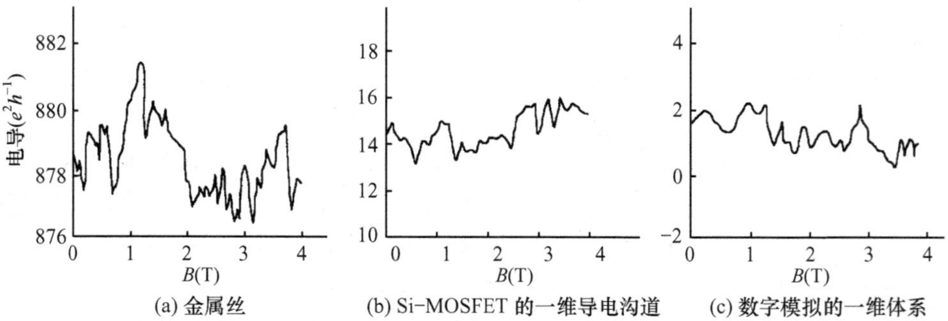

图 7.2.3　三个不同体系中的非周期磁电导涨落

对 d 维立方材料，若电导率为 σ，依据欧姆定律电导 G 应为

$$G = \sigma L^{d-2} \tag{7.2.3}$$

而电导率 $\sigma \approx e^2$，所以相对电导涨落为

$$\left\langle \frac{\delta G}{G} \right\rangle = \left[\frac{\langle (\delta G)^2 \rangle}{\langle G^2 \rangle} \right]^{\frac{1}{2}} \approx [L^{4-2d}]^{\frac{1}{2}} = L^{2-d} \tag{7.2.4}$$

上式说明相对电导涨落对不同维度的体系其与材料线度的依赖关系是不同的. 可以看出，对二维体系，相对电导涨落与 L 无关，而当 $d=1$ 时，相对电导涨落与 L 成线性关系.

现在从介观体系电子扩散的内在过程来说明普适电导涨落现象. 因为电导涨落行为对杂质位形非常敏感，如果移动一个杂质原子，与这个杂质原子散射有关的路径的相位将随之发生变化. 若涉及该杂质原子的无规行走路径在总路径中占有比例为 f，再假设这些路径是相互独立的，则与该杂质有关的路径对电导涨落的贡献正比于 f，为

$$(\delta G_{\mathrm{I}})^2 \approx \left(\frac{e^2}{\hbar} \right)^2 f \tag{7.2.5}$$

与该杂质有关的路径占总路径数的比例也就是一条路径遇到的杂质数占总杂质数的比例. 假定样品的边长为 L，电子无规散射 N_{e} 次后通过样品，则

$$L = (dDN_{\mathrm{e}}\tau)^{\frac{1}{2}} \tag{7.2.6}$$

式中，τ 为弹性散射弛豫时间，d 为体系维度. 设 $l = v_{\mathrm{F}}\tau$ 为弹性散射平均自由程，考虑到扩散系数 $D = \frac{v_{\mathrm{F}} l}{d}$，代入式(7.2.6)，得

$$N_{\mathrm{e}} = \frac{L^2}{l^2} \tag{7.2.7}$$

如果把电子路径看成是一条圆形折线管道，截面积为 $\lambda_{\mathrm{F}}^{d-1}$，步长为 l，因而一条路径管道所占有的体积为

$$V_l \approx N_{\mathrm{e}} \cdot l \cdot \lambda_{\mathrm{F}}^{d-1} = N_{\mathrm{e}} \cdot l \frac{1}{k_{\mathrm{F}}^{d-1}}$$

于是

$$f = \frac{V_l}{L^d} \approx \frac{1}{(k_{\mathrm{F}} l)^{d-1}} \left(\frac{l}{L} \right)^{d-2} \tag{7.2.8}$$

代入式(7.2.5)，得

$$\delta G_l \approx \left(\frac{e^2}{h} \right) \frac{1}{(k_{\mathrm{F}} l)^{\frac{d-1}{2}}} \left(\frac{l}{L} \right)^{\frac{d-2}{2}} \tag{7.2.9}$$

由式(7.2.9)可以看出，对于二维体系，移动一个杂质引起的电导变化与体系的尺寸无关，因而也与体系中的总杂质数无关. 尤其是在 $K_l l \approx 1$ 时，移动一个杂质引起的电

导分布与所有杂质重新分布的效果是一样的. 这是一个令人吃惊的结果,但也是可以理解的. 因为 $k_F l \approx 1$,相当于 $l \approx \lambda_F \approx \frac{1}{n^{\frac{1}{3}}}$,与晶格常数相当. 弹性散射自由程如此短小,相应于电子被强定域化,电导处于最小值. 因而与杂质总数没有关联,电导涨落对单位杂质位形变化的极端灵敏性,可用以研究与此有关的物理现象,如无序金属中的 $\frac{1}{f}$ 噪声、自旋玻璃中的杂质弛豫、金属玻璃中的隧穿过程等.

7.2.3　朗道尔电导模型

由于介观体系电导行为表现出与宏观体系完全不同的特点,因此半经典方法失效. 朗道尔(R. Landauer)提出了一个考虑到路径之间相干的电导模型,可以用来描述介观体系的电导行为. 如图 7.2.4(a)所示,1 和 2 是两个理想的电子库,可以毫不散射地吸收流向它的任何电子,连接两电子库的是理想导体 A 和 B 及夹在 AB 中间的杂质体 C,假设杂质体 C 的反射率和透射率分别是 R 和 T,$R+T=1$,因此电子库 1 发射的电子将有 T 部分进入电子库 2. 设 A,B 是一维的,由于垂直方向的量子尺寸限制,A,B 中电子被分裂成一系列一维子带

$$\varepsilon_n(k) = \varepsilon_n + \frac{\hbar^2 k^2}{2m^*}, \quad n = 1,2,3,\cdots \tag{7.2.10}$$

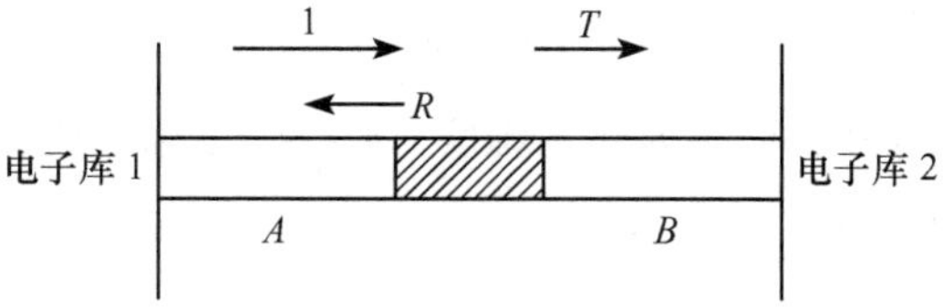

(a) 与电子库相连的两端导体示意图

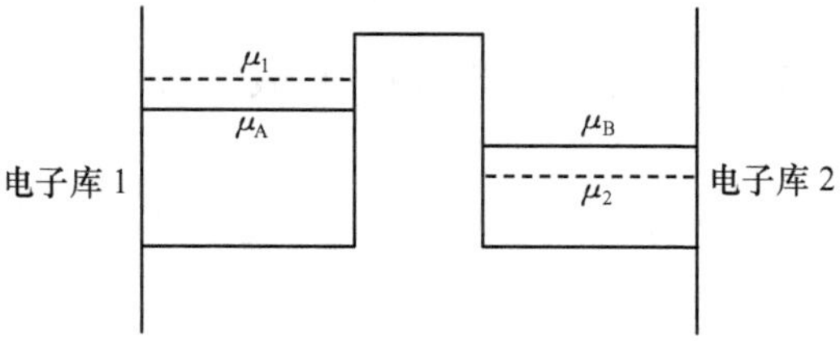

(b) 相应的能量图

图 7.2.4　朗道尔导电模型示意图

为简单计,只考虑一个传播模式或只有一个通道,即式(7.2.10)中 $n=1$,设两个电子库的化学势分别为 μ_1 和 μ_2,外加电压 V 使 μ_1 比 μ_2 高出 eV[如图 7.2.4(b)所示],即

$$\mu_1 = \mu_2 + eV \tag{7.2.11}$$

使电子库 1、2 之间维持一稳恒电流. 在 0K 下把中间散射体看成一个散射壁垒,净

的向右的电流为

$$I=\frac{2eT}{2\pi}\int v_{\mathrm{k}}\mathrm{d}k=\frac{2eT}{2\pi}\int_{\mu_1}^{\mu^2}v_{\mathrm{k}}\frac{\mathrm{d}k}{\mathrm{d}\varepsilon}\mathrm{d}\varepsilon=\frac{2e}{h}T(\mu_1-\mu_2)=\frac{2e^2}{h}VT \tag{7.2.12}$$

这里 T 为透射系数,因子 2 来源于每个 k 态有自旋相反的两个电子,并且在推导中用到了 $v_{\mathrm{k}}=\hbar^{-1}\frac{\mathrm{d}\varepsilon_{\mathrm{k}}}{\mathrm{d}k}$,这样两电子库单通道电导为

$$G=\frac{I}{V}=\frac{2e^2}{h}T \tag{7.2.13}$$

此式称为比特克公式.

考虑到实际上电子库 1 的化学势并不等于导体 A 的化学势 μ_{A},它们之间有接触电阻. 导体 B 和电子库 2 之间也是一样,接触电阻的效应可以用反射率 R 代表,此时电导公式应为

$$G_{\mathrm{c}}=\frac{2e^2}{h}\frac{T}{R}=\frac{2e^2}{h}\frac{T}{1-T} \tag{7.2.14}$$

此式称为朗道尔电导公式. 与比特克公式相比较,有

$$G_{\mathrm{c}}^{-1}=G^{-1}-\frac{h}{2e^2} \tag{7.2.15}$$

此式可理解为两段体系的总电阻是势垒电阻 G^{-1} 和接触电阻$\frac{h}{2e^2}$之和,而每个接触电阻是$\frac{h}{4e^2}$. 而且这个接触电阻是普适的,这可以从接触电阻与透射率 T 的取值无关得出. 比如 $T=1$ 时,没有势垒电阻而只有接触电阻,由比特克公式得出 $T=1$ 时 $G_{\mathrm{c}}\rightarrow\frac{2e^2}{h}$.

对多通道电导,可由上述单通道电导的结论推广而得到

$$G=\frac{2e^2}{h}\sum_{i,j=1}^{N_{\mathrm{c}}}T_{ij} \tag{7.2.16}$$

这里 T_{ij} 为电子库 1 的第 i 通道与电子库 2 第 j 通道的透射率,N_{c} 为总通道数,其量级为 Sk_{F}^2,S 为理想导线截面积.

7.3 纳米微粒与纳米固体

本节讨论纳米微粒及由纳米微粒组成的固体.

纳米微粒线度约为 1～100nm,是一种介于原子尺度与宏观尺度(微米)之间的微小微粒,属于介观物理研究的范畴. 在纳米微粒中,电子波函数的相干长度与体系的尺寸相当. 此时电子不能被看作是处于外场中运动的经典粒子,在这一尺度内电子的波动性在输运过程中得到充分体现. 另外,纳米微粒在维度上的限制,也

小，表面原子占总原子数的比例很大，因此表面原子的状态对体系性质的影响不可忽略. 这些都说明纳米微粒不同于通常的固体材料. 本节主要说明纳米微粒的量子尺寸效应和表面效应.

7.3.1　量子尺寸效应

大块金属一个能带中电子能谱 $E(k)$ 是准连续的，这主要是因为大块金属电子总数 $N=10^{24}$ 量级，导致相邻波矢 $\boldsymbol{k}$ 之间的间距 $\Delta k \sim k_F/N^{\frac{1}{3}}=10^{-8}k_F$，非常之小.

按照自由电子近似，有

$$E_F = \frac{\hbar^2 k_F^2}{2m} = \frac{\hbar^2}{2m}(3\pi^2 n)^{\frac{2}{3}} \tag{7.3.1}$$

即费米能 E_F 与微粒尺寸无关. 另外从态密度定义，可由式(4.8.10)与式(5.1.11)联立求得自由电子费米能附近的态密度为

$$g(E_F) = \frac{3N}{2E_F} \tag{7.3.2}$$

若用 Δ 表示 E_F 处的能级间隔，则由一个能级有两个自旋态，即

$$2 = g(E_F)\Delta \tag{7.3.3}$$

得

$$\Delta = \frac{2}{g(E_F)} = \frac{4}{3}\frac{E_F}{N} \tag{7.3.4}$$

可知能级间隔与体系的总电子数成反比. 显然在保持电子密度不变的情况下，颗粒线度越小，能级间隔越大. 纳米材料中电子能级显现出明显的分立现象. 图7.3.1是

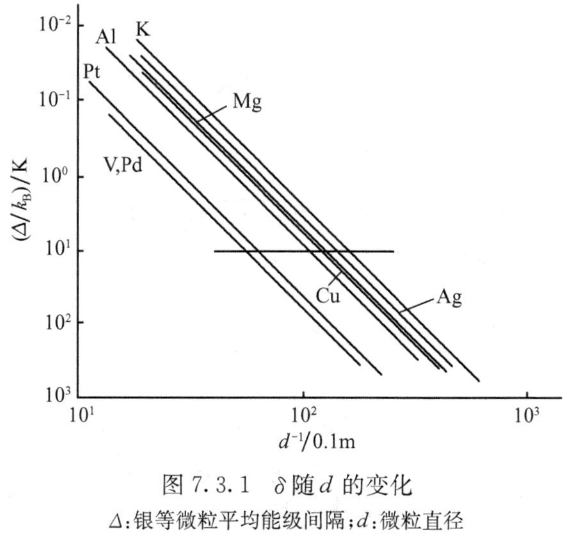

图 7.3.1　δ 随 d 的变化

Δ：银等微粒平均能级间隔；d：微粒直径

银等纳米微粒电子能级间的平均间距 Δ 与线度 d 的关系曲线. 当温度足够低时，能级间距 Δ 大于 k_BT，此时费米能级处在最高占据态和空态之间的能隙中，属于绝缘体类能带结构. 这时量子效应显现出来，将导致纳米微粒宏观特性明显不同. 有人估计在 1K 时，20nm 银微粒将变绝缘体.

7.3.2 比热和磁化率

由于纳米颗粒线度的 d 很小，因此在颗粒上增加或减少一个电子，需要静电能有相应的变化为

$$V=\frac{e^2}{4\pi\varepsilon_0 d} \tag{7.3.5}$$

当 d 很小时，V 远大于 k_BT，热涨落很难使电子逃离或进入颗粒. 因此，电子数 N 是固定的，是一个正则统计系综. 但是由于微粒的电子总数较少，只能分布在很窄范围的能级上.

如果把含有偶数个电子的颗粒如 Zn、Sn、Cd 等放在一磁场 $\boldsymbol{B}$ 中，其电子在能级中的分布如图 7.3.2(a)所示，图中 Δ、Δ' 分别为第一、二激发态的能级间隔，$2\mu_BB$ 为能级在磁场中的赛曼分裂. 最左边是基态，随着温度升高，向右为一些能量渐增的激发态. 因为在低温下，基态和第一激发态对微粒物性比较重要，若只考虑三能级模型，则体系的配分函数为

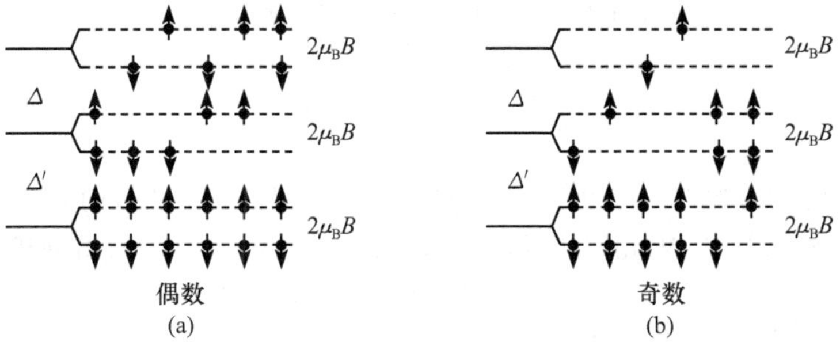

图 7.3.2 微粒中含电子数为偶数、奇数情形的电子能级结构示意

左边为基态，向右为能量逐次增加的激发态

$$Z_{偶}=\sum_i e^{-\beta E_i}\approx 1+2[1+\cosh(2\beta\mu_B B)]e^{-\beta\Delta}+e^{-2\beta\Delta} \tag{7.3.6}$$

式中，$\beta=(k_BT)^{-1}$，由此得出比热

$$C_{偶}=k_B\beta^2\frac{\partial^2}{\partial\beta^2}\ln Z_{偶}=4k_B\beta^2\Delta^2\frac{e^{-\beta\Delta}+e^{-2\beta\Delta}+e^{-3\beta\Delta}}{(1+4e^{-\beta\Delta}+e^{-2\beta})^2} \tag{7.3.7}$$

磁化率

$$\chi_{偶}=\mu_0\beta^{-1}\frac{\partial^2}{\partial B^2}\ln Z_{偶}=8\mu_0\mu_B^2\beta\frac{e^{-\beta\Delta}}{1+4e^{-\beta\Delta}+e^{-2\beta\Delta}} \tag{7.3.8}$$

同理,对含有奇数电子的颗粒,如 Cu、Ag、Au 等,其电子在能级中的分布如图 7.3.2(b)所示. 同样激发两个电子,这时配分函数

$$Z_{奇} \approx 2\cosh(\beta\mu_B B)\cdot(1+e^{-\beta\Delta}+e^{-\beta\Delta'}) \tag{7.3.9}$$

涉及了 Δ 和 Δ' 两个能级间隔,比热为

$$C_{奇} = k_B\beta\frac{\Delta^2 e^{-\beta\Delta}+\Delta' e^{-\beta\Delta'}+(\Delta-\Delta')e^{-\beta(\Delta-\Delta')}}{(1+e^{-\beta\Delta}+e^{-\beta\Delta'})^2} \tag{7.3.10}$$

磁化率为

$$\chi_{奇} = \mu_0\mu_B^2\beta \tag{7.3.11}$$

从以上的讨论可以看出,纳米金属颗粒中电子数目的奇偶性导致物性行为的差别. 为简化计算,只考虑能量最低的激发态(在极端低温下),前面的计算结果变为

$$C_{偶} = 4k_B\beta^2\Delta^2 e^{-\beta\Delta}, \qquad C_{奇} = k_B\beta^2\Delta^2 e^{-\beta\Delta} \tag{7.3.12}$$

$$\chi_{偶} = \Delta\mu_0\mu_B^2\beta e^{-\beta\Delta}, \qquad \chi_{奇} = \mu_0\mu_B^2\beta \tag{7.3.13}$$

由此可知,极端低温下,比热随温度按指数形式变化,含偶数电子的微粒的磁化率遵从指数规律,而含奇数电子的微粒服从居里定律.

但是,实际上单个纳米微粒的物性量是无法测量的. 实际样品大约含有10^{15}个微粒,微粒的线度也不一样,各种线度的微粒且按一定的比率分布,实际样品的物性应该由这些不同微粒组成的统计系综得出.

设物性量为 $F(\Delta)$,在实际样品中 $F(\Delta)$出现的概率记为 $w(\Delta)$,所以对实际样品有

$$F = \int_0^\infty F(\Delta)w(\Delta)\mathrm{d}\Delta \tag{7.3.14}$$

当温度趋于绝对零度时,$e^{-\beta}$也趋于零,而且 $T\to 0$K 时,由于能级简并的解除,$\Delta\to 0$ 时分布系数 $w(\Delta)\to 0$,因此参照式(7.3.12)和式(7.3.13),$w(\Delta)$可简单假定为

$$w(\Delta) = a_n\Delta^n \tag{7.3.15}$$

由式(7.3.14)计算,可得比热

$$C = r_n T^{n+1} \tag{7.3.16}$$

r_n 对奇偶电子数是不同的.

同样可以计算磁化率,对偶数电子实际样品的磁化率

$$\chi_{偶} = \alpha_n T^n$$

而奇数电子数样品的磁化率与式(7.3.13)相同,仍与 Δ 无关,为一常数

$$\chi_{奇} = \mu_0\mu_B^2\beta$$

7.3.3　表面效应

随着微粒直径的减小,表面原子所占比例迅速增加,如对 Cu,微粒直径为

20nm 时，表面原子数占总原子数的 10%，当微粒直径减小到 2nm 时，这一比例增加到 80%. 表面层的物理性质和电子态结构可以和体内的非常不同. 同时由于表面增大，和表面有关的过程，如氧化、吸附化学效应也不能忽略. 因此，除了前面讨论的量子效应外，表面效应必须考虑.

实际研究中，常用比表面积来描述表面积的大小，比表面积的定义是每克物质具有的表面积(平方米)数，如 20nm Cu 微粒的比表面积为 $330m^2/g$.

与内部原子不同，表面原子大多都缺少一个或数个近邻原子，原子配位不足，存在大量悬键或不饱和键，因而具有很高的表面活性，极不稳定，易与其他原子结合，发生化学反应. 这使得纳米材料对环境，如对温度、气氛和光照等十分敏感，因而可用作敏感材料或催化剂材料.

由于纳米微粒具有较多的不稳定的能量较高的表面原子，这就大大降低了纳米微粒的熔点，如 20nm 的 Pb 微粒熔点降低到 288K，这低于大块铅的 600K.

另外，由于表面原子的配位不足，使得表面原子的晶格振动，电子状态与内部也不相同，形成晶格振动的表面波和表面电子态，也极大地影响纳米微粒的性质.

实际上，最常遇到的纳米材料是由纳米微粒凝聚成的块体、薄膜等，称为纳米固体. 在纳米固体中，处于微粒之间界面区域的原子数约占总数的 30%～40%. 这些界面原子处于无序到有序的中间状态，具体结构很大程度上取决于材料的制备方法，受温度、压力等因素影响很大，因而使纳米固体与晶态、非晶态固体的物理性质相差甚大. 如热胀系数，300K 时 Cu 晶体材料为 $17\times10^{-6}K^{-1}$，Cu 非晶体为$18\times10^{-6}K^{-1}$，而 Cu 纳米固体为 $38\times10^{-6}K^{-1}$.

7.4 团　　簇

团簇(cluster)是尺度在 1nm 以下的微粒聚集体，由几个原子到上千个原子、分子组成. 是从原子、分子向宏观固体过渡区域靠近原子、分子一端的新的凝聚态物质层次，代表了凝聚态物质的初始状态. 具有既不同于宏观固体又不同于分子、原子的特殊规律. 对团簇的深入研究有助于人们对分子间相互作用性质和规律的认识，以及对成核和凝固，晶体生长，催化，相变等过程的机制和规律的认识.

团簇的产生基本上有两种方法，一种是物理制备，另一种是化学合成. 物理方法的基本原理是用加热，溅射，光辐照等方法使固体源物质气化，产生原子气体. 然后通过绝热膨胀使原子气体冷凝，从而使原子相互碰撞聚集，形成中性团簇. 团簇质量探测可用飞行质谱仪或电四极谱仪，电、磁质谱仪进行. 探测时需要用紫外光辐射等方法使团簇电离，成为带电离子. 常用的飞行质谱仪的原理是，用电压为 V 的栅极加速团簇离子，使所有的团簇得到 $\frac{1}{2}mv^2$ 的动能，粒子探测器放在距栅极

L 处，团簇的飞行时间 $t=\frac{L}{v}=L\left(\frac{m}{2V}\right)^{\frac{1}{2}}$，正比于团簇质量 $m^{\frac{1}{2}}$，通过测定飞行时间即可测得团簇质量的大小.

7.4.1　简单金属团簇的幻数

通常简单金属的块材，其晶格为面心立方或体心立方结构，其电子态结构可用自由电子近似描述.

在简单金属团簇的产生过程中通过质谱分析发现，由 2、8、20、40、58 等一定数目的分子和同样数目的电子组成团簇显得特别稳定，称为简单金属的**幻数**(magic number). 图 7.4.1 是金属 Na 团簇的丰度谱. 团簇形成类似于化学元素周期表的周期系统，只不过数目很大而已. 由此可以猜到简单金属团簇里的价电子形成有序的量子态，类似于原子中的电子壳层结构，幻数取决于这些团簇中的价电子数目. 由于碱金属和贵金属的原子只有一个价电子，当团簇包含了幻数所表示的原子个数时，团簇的价电子填满了某些壳层，此时团簇的总能量最低，较稳定.

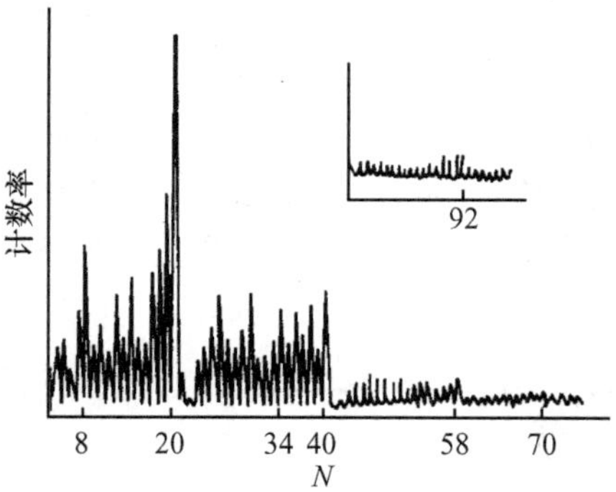

(a) 实验得到的丰度谱

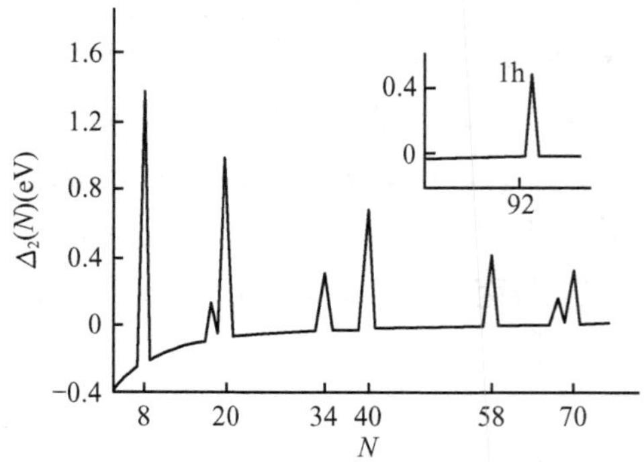

(b) 用能量二阶差分得到的谱

图 7.4.1　Na 原子簇的丰度

团簇幻数实际上是量子尺寸限制效应的表现，如果把团簇看成是有限尺寸的势阱，势阱内电子在原子核的正电背景上自由运动，在这个模型(凝胶模型)下利用局域密度函数计算所得出的结果与实验观察很好符合.

7.4.2　非金属的团簇

由于半导体原子之间的键为非金属键，所以半导体团簇与金属团簇的结构和电子态也不完全相同. 图 7.4.2(a)是 Si_n 或 Ge_n($n<10$)，(b)是 Ga_nAs_m 的团簇结构.

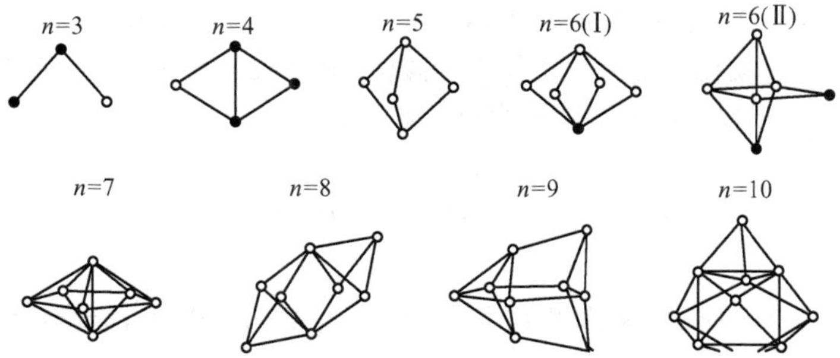

(a) Si_n 或 $Ge_n(n<10)$

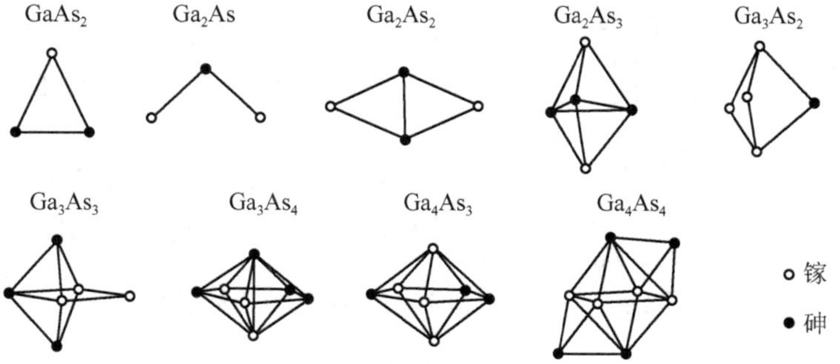

(b) Ga_nAs_m

图 7.4.2 半导体团簇结构

除了半导体团簇外，非金属团簇还有 C 团簇，如 C_{60}、C 纳米管等. 1985 年 Smalley、Kroto 等用激光轰击石墨靶、并用苯来收集碳团簇，用质谱仪分析发现由 60 个碳原子组成的 C_{60} 团簇的丰度最高，表明它具有特别的稳定结构. 通常我们知道碳有两种同素异构体，一种是石墨，一种是金刚石，而 C_{60} 是第三种同素异构体. C_{60} 的发现大大丰富了人们对碳的认识，引起了人们极大的研究兴趣. 结果发现 C_{60} 是 60 个碳原子排列于一个截角 20 面体的顶点上构成的足球形状的中空的空球形分子. 具体地说，它是一个 32 面体，其中 20 个六边形、12 个五边形，每个五边形被五个六边形包围，形成共有 60 个顶点的足球，如图 7.4.3所示. C_{60} 具有二十面体群(I_h)对称性，五边形环由单键构成，边长 0.145nm. 两个六边形的公共边为双键，键长 0.140nm. 这些键并不完全等同于石墨的 SP^2 杂化或金刚石的 SP^3 杂化，而是介于两者之间.

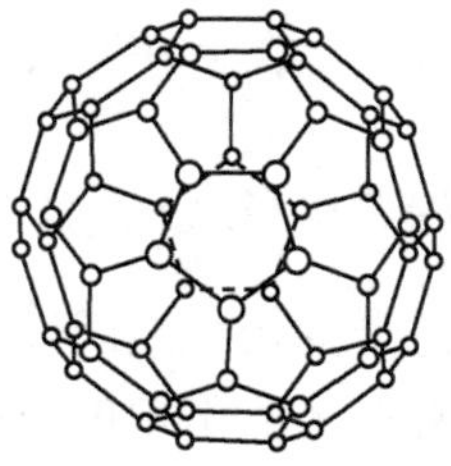

图 7.4.3 C_{60} 分子的结构

由 C_{60} 团簇构成的固体材料中，C_{60} 团簇之间主要靠范德瓦尔斯力结合，属于分子晶体. 室温下 C_{60} 固体具有面心立方结构，晶格常数 $a=1.4198$nm，C_{60} 分子在固体中的取向是无序的，并作高速无规自转，转速可达 10^9 转/s. 当温度降低到 249K 以下时，C_{60} 转动停止，取向有序，固体变为简单立方，将此相变称为旋转相变.

C_{60}固体中，C_{60}分子之间波函数交叠很少，为直接带隙半导体，能隙约为1.5eV. 但通过金属掺杂的C_{60}固体，波函数的交叠大大增加，是金属性导电行为，甚至超导性行为. 有兴趣的读者可参阅文献[7.1].

7.5　库仑阻塞

如图7.5.1(a)所示，把A微粒上一个电子移到B微粒上，当微粒线度d很小，导致微粒静电能的变化$\frac{e_s^2}{d}$，远远超于k_BT，因而此时电荷的移动非常困难. 同理对尺寸非常小的平面电极，单电子从一个极板通过绝缘介质层隧穿到另一极板，如图7.5.1(b)所示，由于体系能量改变过大，而在一定温度范围内被禁止，这种现象称为隧穿过程中的库仑阻塞现象.

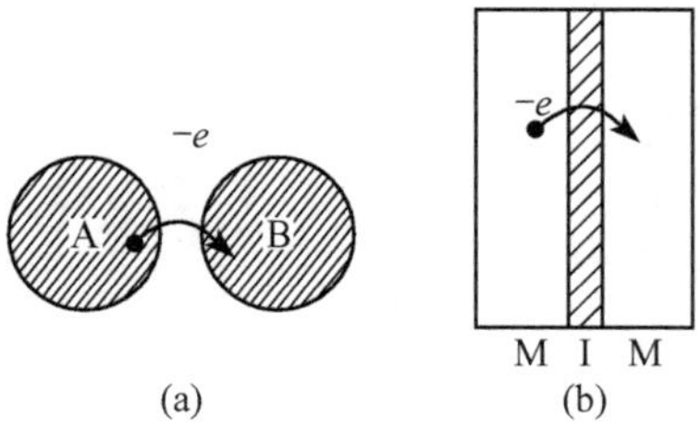

图7.5.1　电子在微粒间(a)和MIM结中(b)的量子隧穿

7.5.1　隧道结的 *I-V* 特性

为方便定量研究，考虑电子在平行板电容器内的隧穿过程. 当移动一个电子由一个极板到另一个极板，这时由平行板电极和其中介质构成的隧道结的电压改变$\Delta V=\frac{e}{C}$，静电能增加$E_c=\frac{e^2}{2C}$. 当极板面积为0.1mm×0.1mm，厚度为0.1mm时，可计算出单电子隧穿引起的结电压的改变$\Delta V=10^{-9}$V，如此小的变化对宏观电压来说只能看作是散粒噪声而已. 但当极板的线度减小到0.1μm，且介质层厚度0.1nm，这时结的电容$C\approx10^{-15}$F，电压改变约为$\Delta V=10^2$V，相应静电能改变$E_c=\frac{e^2}{2C}\approx10^{-23}$J，与1K温度时的热涨落能$E=k_BT$相当. 如果实验是在$m$K温区，即$E_c=\frac{e^2}{2C}\gg k_BT$，静电能$E_c$就会阻止电子在这样的极板之间转移，出现库仑阻塞现象. 即要求结的尺寸足够小，工作温度要足够低才能出现库仑阻塞现象. 另外，电子隧穿通过介质，相当于一个等效电阻R_T，称为隧穿电阻，它与电容C的乘积为电路的时间常数$\tau_T=R_TC$. 由时间-能量不确定关系可给出该系统的能量涨落$\Delta E=\frac{h}{\tau_T}=\frac{h}{R_TC}$，显然只有这个能量涨落远小于$E_c$时，$E_c\gg\Delta E$，库仑阻塞才能实现，即

$$R_T\gg\frac{h}{e^2}\approx26\text{k}\Omega$$

由于库仑阻塞效应，微小电容的充放电过程应明显区别于通常的电容器. 现在

来讨论这个问题,假设结电容为 C,电阻为 R_T.

给上述微小隧道结加一偏置电流 I,如图 7.5.2 所示,当结的 A 极板上的电荷由 Q 变为 $Q-e$,B 极板上的电荷由 $-Q$ 变为 $-Q+e$ 时,系统静电能的改变为

$$\Delta E=\frac{(Q-e)^2}{2C}-\frac{Q^2}{2C}=-\frac{e}{C}\left(Q-\frac{e}{2}\right) \tag{7.5.1}$$

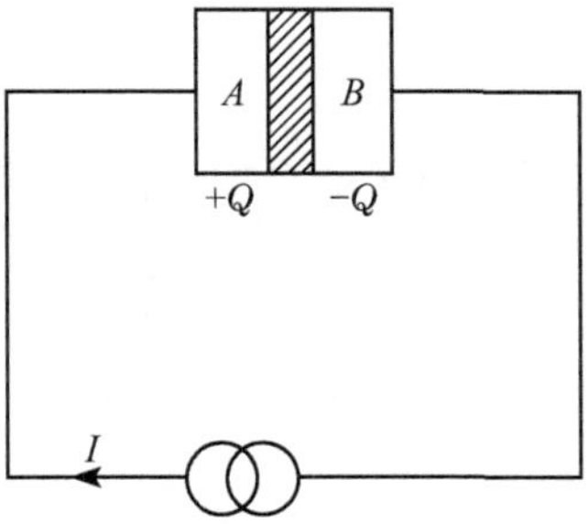

图 7.5.2 电流源驱动的隧道结

如果 A 极板增加 e,则系统能量改变

$$\Delta E'=\frac{(Q+e)^2}{2C}-\frac{Q^2}{2C}=\frac{e}{C}\left(Q+\frac{e}{2}\right) \tag{7.5.2}$$

在绝对零度下,自发隧穿过程必然向着有利于能量降低的方向进行,即 $\Delta E<0$,得 $Q>\frac{e}{2}$;$\Delta E'<0$,得 $Q<-\frac{e}{2}$. 因而在$\frac{e}{2}<Q$ 和 $Q<-\frac{e}{2}$范围内发生隧穿效应. 而发生库仑阻塞恰与自发隧穿过程相反. 即 $\Delta E>0$,由此可得到发生库仑阻塞的微粒的电荷须满足的条件

$$-\frac{e}{2}<Q<\frac{e}{2} \tag{7.5.3}$$

当电流 I 很小时,极板 A 上的电荷按照$\frac{\mathrm{d}Q}{\mathrm{d}t}=I$ 的速率线形增加. 当 Q 超过阈值$\frac{e}{2}$时,发生隧穿,Q 突然下降到$-\frac{e}{2}$,反向充电被阻止,于是开始正向充电. 如此循环变化,隧穿结两端电压呈锯齿波振荡,振幅为$\frac{e}{2C}$,图 7.5.3 给出了隧穿过程和库仑阻塞交替作用的情景. 图中实线是系统能量降低的过程,虚线为系统能量升高的过程. 显然,这种单电子隧穿的重复频率为

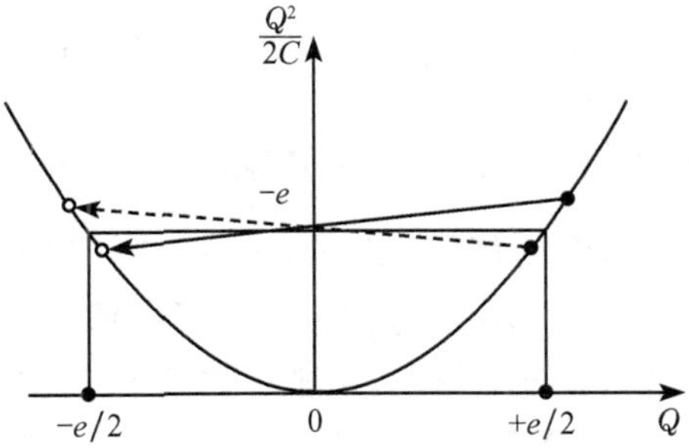

图 7.5.3 隧穿过程库仑阻塞示意实线所示过程使体系能量降低,虚线所示过程使体系能量升高

$$f=\frac{I}{e} \tag{7.5.4}$$

在极低温条件下,静电能引起的变化远大于 k_BT,单电子隧穿概率为电子隧穿时间 τ_T 的倒数即 $P=\frac{1}{\tau_T}$,按不确定关系 $\tau_T\cdot\Delta E=h$,而 $R_T\geqslant\frac{h}{e^2}$ 所以电子隧穿概率

$$P \approx \frac{\Delta E}{h} \geqslant \frac{\Delta E}{e^2 R_T} \tag{7.5.5}$$

ΔE 是电子隧穿引起静电能的增加. 实际上由于 R_T 远大于$\frac{h}{e^2}$，说明真实系统的单电子隧穿概率远比理想系统的小得多.

单电子隧穿概率也可由隧道结的特征参量表示. 结电压 $V=\frac{Q}{C}$，$\frac{\mathrm{d}V}{\mathrm{d}t}=\frac{I}{C}$. 隧穿发生时，电压由 V 突然下降到 $V-\frac{e}{C}$，系统相应的静电能变化为

$$\Delta E = \frac{1}{2}C\left[V^2 - \left(V - \frac{e}{C}\right)^2\right] \tag{7.5.6}$$

但电子隧穿概率为

$$P(V) = \frac{C}{2e^2 R_T}\left[V^2 - \left(V - \frac{e}{C}\right)^2\right] \tag{7.5.7}$$

若 $\bar{V}$ 为平均电压，则电压由$\left(V-\frac{e}{2C}\right)$变化到$\left(V+\frac{e}{2C}\right)$过程中对应的时间

$$T \sim \left(\bar{V} - \frac{e}{2C}\right) - \left(\bar{V} + \frac{e}{2C}\right) \tag{7.5.8}$$

内有一次隧穿吸收发生，即

$$I = \int_0^T P\mathrm{d}t = \int_{V-\frac{e}{2C}}^{V+\frac{e}{2C}} P(V)\,\frac{\mathrm{d}t}{\mathrm{d}V}\mathrm{d}V = \int_{V-\frac{e}{2C}}^{V+\frac{e}{2C}} P(V)\,\frac{C}{I}\mathrm{d}V \tag{7.5.9}$$

把 $P(V)$的表示式(7.5.7)代入，得

$$\bar{V} = IR_T + \frac{e}{2C} \tag{7.5.10}$$

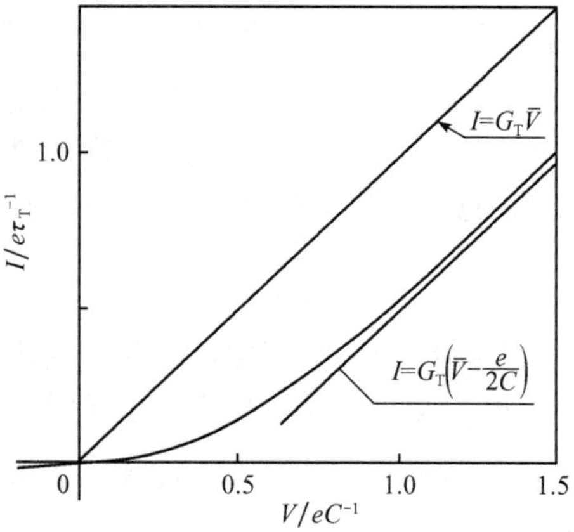

图 7.5.4　电流偏置单结的直流 I-V 特性
图中 $G_T=1/R_T$

式(7.5.10)表示，在电流较大时，伏安特性与通常欧姆定律相近，只是电压平移$\frac{e}{2C}$，如图 7.5.4 所示. $I=0$ 时，I-V 曲线的直线部分延长线交于 V 轴的 $V_G=\frac{e}{2C}$，V_G 称为**库仑能隙**(Coulomb gap)，是库仑阻塞现象存在的特征. 在 $\bar{V}<V_G$ 区域，偏置电流 I 很小，单电子隧穿振荡主要出现在这个区域. 但实际上由于引线间杂散电容远大于结电容，要观察到这种振荡并不容易. 通过更详细的计算可知在这一区域有 I-$\bar{V}^2$ 的关系.

对电压偏置情形，电子隧穿后，结点

的电荷由 Q 变为 $Q-e$，偏离了原来的平衡条件 $Q=CV$，体系处于非平衡态. 为了重建平衡，电压源要传输一个电子并使结重新充电到 Q，因而与隧穿过程相联系的体系的能量改变 ΔE 是电压源所做的功 eV，结的静电能并无变化. 所以 $P(V)=\frac{1}{e^2R_\mathrm{T}}eV$，故有

$$I=eP(V)=\frac{V}{R_\mathrm{T}} \tag{7.5.11}$$

与欧姆定律相同.

7.5.2 单电子岛的库仑阻塞

由于电极引线间的杂散电容远大于隧道结的结间电容，使上述的隧道结库仑阻塞效应不易观察，为此构造一种双结结构——单电子岛.

单电子岛结构是如图 7.5.5 所示的微小晶体管结构，C_1、C_2 之间的微小导体通过电容 C_1、C_2、C_g 与周围环境隔离，从而可以避免像单隧道结那样受电极引线间杂散电容 C_L 的影响，使库仑阻塞效应易于观测到. 只要 C_1、C_2 足够小，通过任一结的单电子隧穿即可引起岛的静电能明显改变，因此两结之间的岛称为**单电子岛**. 调节栅极电压 V_g 可有效控制单电子岛上的电荷. 岛的电容为

$$C=C_1+C_2+C_\mathrm{g} \tag{7.5.12}$$

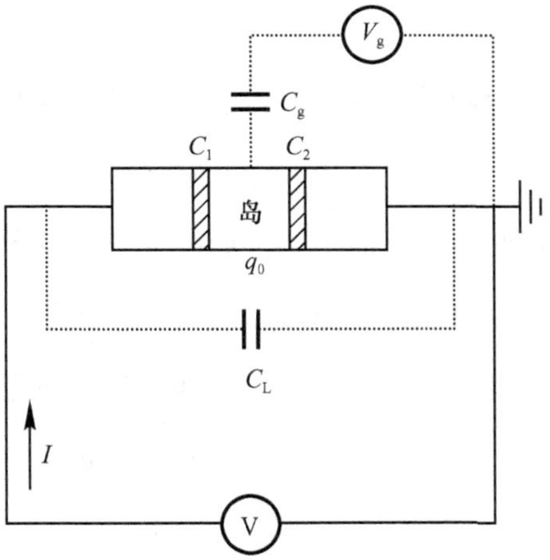

图 7.5.5 由双结构成的单电子三极管线路示意

由于岛的电荷改变以单电子电荷为单位，设岛的净电荷为 Q，则 $Q=-Ne$，栅极电压为 V_g 时，岛的静电势应为

$$V=\frac{Q}{C}+V_\mathrm{g} \tag{7.5.13}$$

库仑岛的静电能为

$$E=\int_0^Q V\mathrm{d}Q=\frac{Q^2}{2C}+QV_\mathrm{g}=\frac{(Q-Q_0)^2}{2C}-\frac{Q_0^2}{2C} \tag{7.5.14}$$

式中

$$Q_0=-CV_\mathrm{g} \tag{7.5.15}$$

由式(7.5.14)可知，当 $Q=Q_0=-CV_\mathrm{g}$ 时，E 取最小值，故称 Q_0 为平衡电荷，由栅极电压 V_g 决定. 正如前面提到的，岛的电荷改变以单电子电荷为单位，即

$$Q = -Ne \tag{7.5.16}$$

式中，N 是岛上的电子数. 如果令 $Q-Q_0=q$，则式(7.5.14)为

$$E = \frac{q^2}{2C} - \frac{Q_0^2}{2C} \tag{7.5.17}$$

如果岛电荷 Q 由于单电子隧穿增加了一个电子变为 $-(N+1)e$，q 相应变为 $q'=q+(-e)$，这时岛的静电能增量为

$$\Delta E = \frac{q'^2 - q^2}{2C} = \frac{e(e-2q)}{2C} \tag{7.5.18}$$

要使隧穿能自发进行，必有 $\Delta E<0$，由式(7.5.18)可得

$$q > \frac{e}{2} \tag{7.5.19}$$

同理，如电子从岛上隧穿而去，Q 由 $-Ne$ 变为 $-(N-1)e$，要求

$$q < -\frac{e}{2} \tag{7.5.20}$$

综上两种情况可知，发生库仑阻塞的条件是

$$-\frac{e}{2} < q < \frac{e}{2} \tag{7.5.21}$$

在此条件下岛上增加或减少一个电子都会导致静电能升高.

由式(7.5.17)可知，$q=\pm\frac{e}{2}$时，静电能是相等的. 由 $q=Q-Q_0$ 的定义，表明岛上电子数为 N 的状态与 $N-1$ 的状态是简并的，并由 $Q_0=CV_{\mathrm{g}}$ 可得

$$\left.\begin{aligned} q &= \frac{e}{2}\text{ 时}, \quad CV_{\mathrm{g}} = \left(N+\frac{1}{2}\right)e \\ q &= -\frac{e}{2}\text{ 时}, \quad CV_{\mathrm{g}} = \left(N-\frac{1}{2}\right)e \end{aligned}\right\} \tag{7.5.22}$$

以及

$$q = 0\text{ 时}, \quad CV_{\mathrm{g}} = Ne \tag{7.5.23}$$

$q=0$ 对应于平衡电荷 Q_0 等于电子电荷整数倍的情况，此时，库仑岛增加或减少一个电子需增加的能量由式(7.5.17)为

$$\Delta E_0 = \frac{e^2}{2C}$$

由于增加一个电子电荷 V_{g} 的变化为

$$\Delta V_{\mathrm{g}} = \frac{e}{C}$$

因此控制栅极电压 V_{g} 的变化，可得到单电子岛中进出一个电子产生的电导周期振荡.

如果库仑岛和左、右两侧的金属都是超导体，以上电导的周期性振荡依然存

在，只不过此时隧穿的最小电荷单位不再是单电子电荷而是库珀对的电荷，因而，控制栅极电压 V_g，岛上的电导以 $2e$ 为周期，峰值发生在 Q_0/e 为奇整数的振荡变化.

实际上图 7.5.5 所示的单电子岛，是一个量子受限结构——量子点，其能级是分立的. 量子点中典型的电子数 $N\approx100$，平均能级间隔 $\Delta\varepsilon\approx0.2$neV. 温度低于几 K 时，$\Delta\varepsilon$ 超过热能 k_BT. 量子点通过隧穿势垒与外面的电子库相连，其能量图如图 7.5.6 所示. 图中 ε_N 是量子点中第 N 个电子(最高能级)相对于导带底的单电子能量. V_N 是 N 个电子在量子点中的静电势

$$V_N = -\frac{N_e}{C} + V_g \tag{7.5.24}$$

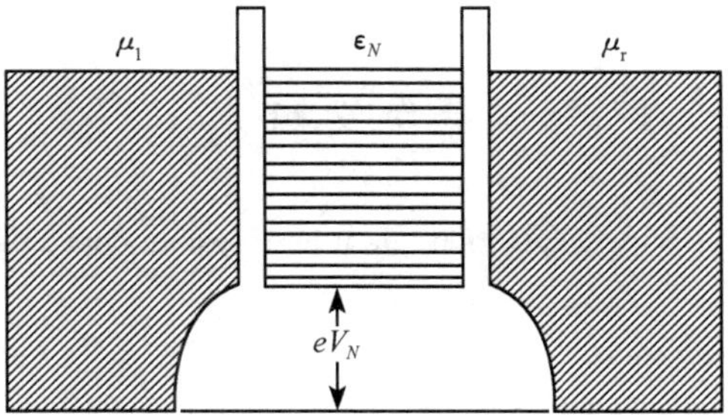

图 7.5.6 半导体量子点能级图

μ_l、μ_r 分别是左右两个电子库的化学势，调整栅极电压 V_g 使 $\mu_l = eV_N + \varepsilon_N = \mu_r$ 时，系统处于平衡状态. 如果要在量子点上增加一个电子，则量子点的能量增加为

$$\Delta E = \varepsilon_{N+1} - \varepsilon_N + (eV_N) \tag{7.5.25}$$

$\varepsilon_{N+1} - \varepsilon_N$ 为多一个电子所增加的单电子能量，eV_N 是多一个电子增加的静电能，或者说量子点的能量(化学势 μ_d)升高了 ΔE，此时

$$\mu_d(N+1) = \mu_d(N) + \Delta E \tag{7.5.26}$$

如图 7.5.7(a)所示，此时出现库仑阻塞. 如果外电压 V 作用下使 $\mu_l - \mu_r = 1$eV，左

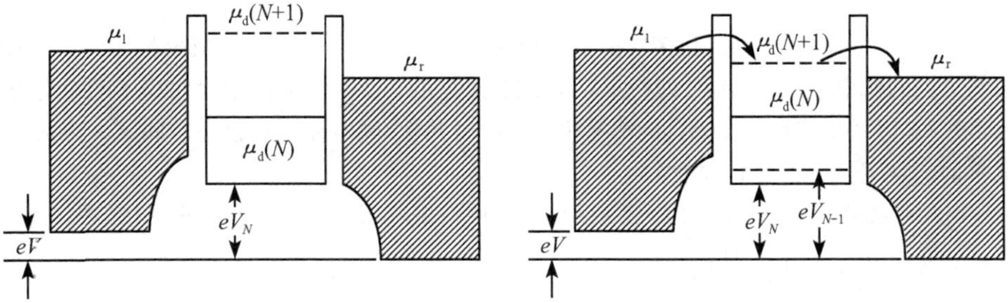

(a) 量子点的库仑阻塞 (b) 单电子隧穿

图 7.5.7 库仑阻塞下单电子的隧穿过程

边电子库化学势较右边电子库化学势上升了 1eV. 如果 $\mu_l+1\text{eV}>\mu_d(N+1)>\mu_r$，则电子从左边隧穿进入量子点并进入右边电子库，同时量子点化学势又回落到 $\mu_d(N)$，如图 7.5.7(b)所示.

由于 $\mu_d(N)$ 与 V_g 成线性关系，所以 V_g 改变时，量子点的状态将在库仑阻塞和单电子隧穿间变化，导致电导在零和非零间振荡. 通常称为库仑阻塞振荡或**库仑振荡**.

上述实验要求势能 k_BT 远小于 ΔE，而 ΔE 又要小于静电能$\frac{e}{C}$，这样就要求量子点与周围电极间电容总和 C 要很小，温度要在 mK 以下.

利用库仑阻塞，有可能实现人们对单电子输运的控制，其潜在的应用前景不可估量.

参考文献

[7.1] Palstra T T M, et al. Superconductivity at 40K in cesium doped C_{60}. Solid State Commun., 1995(93):327

习　题

7.1　在 AAS 效应中，当薄壁正常金属圆桶的直径 D 与载流子的相位记忆长度 l_φ 大体相等时，圆桶的纵向电阻随筒内磁通量做周期为 $h/2e$ 的振荡. 图 7.1.2 显示出外加磁场增加时电阻振荡的振幅有明显的降低. 试通过简单计算说明这一现象来源于金属膜有一定的厚度.

7.2　一个理想的一维金属圆环，磁通 ϕ 完全限制于环中心，环长 $L=2\pi r$，r 为半径. 取 $\chi=r\theta$ 为沿环长度的坐标，矢势 $A_\chi=\phi/L$，环中电子的能谱由薛定谔方程 $-\frac{1}{2m}\left(-\mathrm{i}\hbar\frac{\mathrm{d}}{\mathrm{d}\chi}+\frac{e\Phi}{L}\right)^2\phi(\chi)=E\phi(\chi)$ 决定. 求在满足周期性边界条件下，电子本征能量为 $E_n=\frac{4\pi^2\hbar^2}{2mL^2}\left(n+\frac{\Phi}{\phi_0}\right)^2$，式中 $\phi_0=h/e$ 为磁通量子. 提示：作矢势变换 $A_\chi\to A'_\chi=A_\chi-\frac{\Phi}{L}$，波函数 $\phi\to\phi'$ 来求解.

7.3　在不考虑电子自旋时，多次散射形成的闭合路径顺时针方向的概率幅为 $A_-=A\mathrm{e}^{\mathrm{i}\theta}$，反时针方向的概率幅 $A_+=A\mathrm{e}^{-\mathrm{i}\theta}$，这里 A 是实数，这是由于反时针方向散射相当于顺时针方向的反演过程，时间反演算符在无自旋情况相当于取复共轭. 同时注意到自由空间某一点波函数应是单值的，证明：$|A_++A_-|^2=4A^2$.

7.4　Al 微粒体积为 V，电子密度 $n=18.1\times10^{22}\,\text{cm}^{-3}$，$E_F=11.7\text{eV}$. 试求 Al 微粒在 E_F 附近能级间隔 $\delta/k_B=\frac{\alpha}{V}$ 中的 α 值.

7.5　若一根长度 $L=3\mu\text{m}$ 的金属性纳米管，电子在费米能级的速度为 $v_F=8.1\times10^5\,\text{m/s}$. 试说明一维能带因纳米管长度有限而分裂成一系列能级，并求相邻能级间隔 ΔE 是多少meV?

7.6 对于金属 Na 团簇，一种简单的模型是认为每个 Na 原子的 3s 电子在团簇中自由运动，团簇相当于一个深为 V_0，半径为 $r_N = r_0 N^{1/3}$ 的球方势阱. 利用自由电子气体模型中大块金属 Na 的参数，试估算幻数 $N=40$ 时，最高填充的单电子能级的能量.

提示：参阅钱伯初、曾谨言《量子力学习题精选与剖析(第三版)》中有关三维方势阱的讨论.

7.7 对图 7.5.5 所示的双结单电子三极管线路，当一正电荷从左向右经第一个结隧穿入单电子岛，计算体系能量的改变. 这是讨论双结体系单电子隧穿的基础.

提示：除单电子岛的能量改变外，还须计入为恢复平衡电源所做的功.

参考书目

奥默尔 M A. 1987. 固体物理学基础. 北京:北京师范大学出版社

陈金富. 1986. 固体物理学学习参考书. 北京:高等教育出版社

方俊鑫,陆栋. 1980,1981. 固体物理学(上、下册). 上海:上海科学技术出版社

方可,胡述楠,张文彬. 1993. 固体物理学. 重庆:重庆大学出版社

冯端,金国钧. 2013. 凝聚态物理学. 上卷. 北京:高等教育出版社

冯端,师昌绪,刘治国. 2002. 材料科学导论. 北京:化学工业出版社

管惟炎,等. 1981. 超导电性物理基础. 北京:科学出版社

郭贻诚,王震西. 1984. 非晶态物理学. 北京:科学出版社

黄昆,韩汝琦. 1988. 固体物理学. 北京:高等教育出版社

李正中. 2002. 固体理论. 2 版. 北京:高等教育出版社

陆栋,蒋平,徐至中. 2003. 固体物理学. 上海:上海科学技术出版社

马本堃,等. 1992. 固体物理基础. 北京:高等教育出版社

吴代鸣. 2014. 固体物理基础. 2 版. 北京:高等教育出版社

阎守胜. 2003. 固体物理基础. 北京:北京大学出版社

Imry Y. 1997. Introduction to Mesoscopic Physics. New York: Oxford University Press

Philip P. 2002. Andvanced Solid State Physics. New York: Westview Press

Zallen R. 1983. The Physics of Amorphous Solids. New York: Wiley-Interscience Publication

Hook J R, Hall H E. 1996. Solid State Physics. Chicheter, New York: John Wiley & Sons Inc

Kittel C. 1996. Introduction to Solid State Physics(7th Ed.). New York: John Wiley & Sons Inc

Kachhave C M. 1990. Solid State Physics. New Delhe: Tata McGraw-Hill Publishing Press

附录　几种常见的物理常量及单位变换

物理量	符号	数值	数值的单位	
			SI 制	CGS 制
真空中的光速	c	2.997925	$10^8 m\cdot s^{-1}$	$10^{10} cm\cdot s^{-1}$
磁导率(真空)	μ_0		$4\pi\times 10^{-7} H\cdot m^{-1}$	1
电容率(真空)	$\varepsilon_0=\frac{1}{\mu_0 c^2}$		$10^7/(4\pi c^2) F\cdot m^{-1}$	1
基本电荷	e	1.60219	$10^{-19} C$	—
电子静止质量	m	9.10956	$10^{-31} kg$	$10^{-28} g$
质子静止质量	m_p	1.62761	$10^{-27} kg$	$10^{-24} g$
中子静止质量	m_n	2.81792	$10^{-27} kg$	$10^{-24} g$
经典电子半径	$r_e=\frac{e^2}{4\pi\varepsilon_0 mc^2}$	2.817939	$10^{-15} m$	$10^{-13} cm$
质子电子质量比	m_p/m	1836.15152	—	—
普朗克常量	h	6.626176	$10^{-34} J\cdot s$	$10^{-27} erg\cdot s$
玻尔兹曼常量	k_B	1.380662	$10^{-23} J\cdot K^{-1}$	$10^{-16} erg\cdot K^{-1}$
阿伏伽德罗常量	N_A	$6.02214199\times 10^{23} mol^{-1}$	—	—
普适气体常量	R	8.314472	$JK^{-1}\cdot mol^{-1}$	$10^7 erg\cdot mol^{-1}K^{-1}$
法拉第常数	$F=N_A e$	9.648453	$10^4 C\cdot mol^{-1}$	
精细结构常数	a	7.297352×10^{-3}	—	—
里德伯常量	R_∞	2.17991	$10^{-18} J$	$10^{-11} erg$
里德伯能量	hcR_∞	13.6058eV	—	—
玻尔半径	a_0	5.29177	$10^{-11} m$	$10^{-9} cm$
玻尔磁子	$\mu_B=\frac{e\hbar}{2mc}$	9.27410	$10^{-24} J\cdot T^{-1}$	$10^{-21} erg\cdot G^{-1}$
电子磁矩	μ_e	9.284832	$10^{-24} J\cdot T^{-1}$	$10^{-21} erg\cdot G^{-1}$
电子荷质比	e/m	1.75880×10^{11}	$Ck\cdot g^{-1}$	—

相当于 1 电子伏特的	
电磁波波长 $\lambda_0\left(\frac{hc}{\lambda_0}=E\right)$	1.2398521×10^{-6} m
电磁波波数 $k_0(hk_0c=E)$	8.065479×10^{5} m
电磁波频率 $\nu_0(h\nu_0=E)$	$2.4179696\times10^{14}\,s^{-1}$
电子速度 $v\left(\frac{1}{2}mv^2=E\right)$	$5.9309435\times10^{5}\,ms^{-1}$
温度 $T(k_BT=E)$	1.160450×10^{4} K
相当于 1 里德伯的能量	2.179907×10^{-18} J
相当于 1 电子伏特的能量	1.6021892×10^{-19} J